高职高专汽车专业教材

汽车租赁

Automobile Rental and Leasing

张一兵 [主 编]
范永耀 刘冬丽 [副主编]

人民交通出版社
China Communications Press

内 容 提 要

该书是我国第一本关于汽车租赁的高职高专教材，包括基础理论、发展状况、项目决策、经营管理实务、管理技术、工作内容及标准等内容。全面、系统地介绍了汽车租赁概念、与相关行业的关系等理论知识和业务程序、经营分析、信用审核等实际操作技能。

本教材论述严谨，引用的资料和案例翔实，可作为汽车类专业汽车租赁课程的教材，也可供汽车租赁企业职工培训使用。

图书在版编目(CIP)数据

汽车租赁/张一兵主编. --北京：人民交通出版社，2009.3

ISBN 978-7-114-07593-3

Ⅰ.汽… Ⅱ.张… Ⅲ.汽车—租赁—高等学校：技术学校—教材 Ⅳ.F540.5

中国版本图书馆 CIP 数据核字(2009)第 015570 号

高职高专汽车专业教材

书　　名：**汽车租赁**
著 作 者：张一兵
责任编辑：翁志新
出版发行：人民交通出版社
地　　址：(100011) 北京市朝阳区安定门外外馆斜街 3 号
网　　址：http://www.ccpress.com.cn
销售电话：(010) 59757973
总 经 销：人民交通出版社发行部
经　　销：各地新华书店
印　　刷：北京市密东印刷有限公司
开　　本：787×1092　1/16
印　　张：14.5
字　　数：342 千
版　　次：2009 年 4 月第 1 版
印　　次：2013 年 11 月第 3 次印刷
书　　号：ISBN 978-7-114-07593-3
印　　数：5001－7000 册
定　　价：26.00 元

前　言

汽车租赁作为租赁的一个类别，其特性是交通服务，共性是租赁。就特性看，以短期租赁、网络化服务为特征的汽车租赁服务已成为满足个性化交通需求的主要服务模式。在欧美等国，汽车租赁服务的规模已超过与其功能相近的出租汽车；从共性看，以长期租赁方式获取车辆所有权为特征的汽车融资租赁，因其促进销售的优势，成为汽车销售的方式之一。有统计资料显示，国外超过15%的汽车销售是由融资租赁完成的。比如2007年世界500强排名第368位的全美汽车租赁公司（AutoNation），是美国最大的汽车零售商，融资租赁是其金融与保险服务的一个子项业务。我国汽车租赁业与欧美国家相比有相当差距，但近些年来已获得长足发展，呈现由东南经济发达地区向西北欠发达地区、从大城市向中小城市扩展和普及的趋势。2009年温家宝总理在十一届全国人大二次会议上作政府工作报告时，将"加快发展二手车市场和汽车租赁市场"作为扩大内需的措施之一，汽车租赁行业作用进一步提高。

自2002年教育部批准设立汽车服务工程专业以来，我国已形成由本科（汽车服务工程专业）、高职（汽车技术服务与营销专业）、中职（汽车商务专业）组成的完善的汽车服务教育体系。据统计，我国目前有超过300所各类院校开设此类专业。随着汽车租赁在汽车服务领域作用的增大，越来越多的相关专业开始增设汽车租赁课程。为满足这一需要，人民交通出版社决定出版高职高专教材《汽车租赁》。该教材在国内首次比较全面、系统地介绍了汽车租赁理论知识，经营管理实务和操作技能，适用于高等职业院校、中职学校或本科院校的汽车技术服务与营销、汽车商务或汽车服务工程等专业的学生学习汽车租赁相关知识和职业技能，也适用于汽车租赁从业人员提高理论和业务水平。

本教材由中国道路运输协会高级工程师、北京市运输管理局专家委员会委员张一兵主编，首汽租赁有限责任公司党委书记、原总经理范永耀，交通运输部公路科学研究院高级工程师刘冬丽担任副主编。中国道路运输协会姚明德会长、北京市运输管理局汽车租赁管理处马斌处长、中国汽车技术研究中心王再祥博士对教材编写给予了大力支持。为满足职业教育的需要，在本教材的编写过程中，编者广泛听取了首汽租赁、安吉汽车租赁、银建汽车租赁、福斯特汽车租赁、深圳至尊汽车租赁、神州租车等国内知名汽车租赁企业专业人士的意见。对于为本教材编写提供帮助的单位和个人，在此一并感谢。

编　者

目 录

绪　论

汽车租赁是一个新且复杂的概念，可以说我国第一家汽车租赁企业即是因汽车租赁概念的不明确而诞生的。在1990年北京亚运会筹备期间的记者招待会上，有外国记者问北京是否有"Car Rental"，由于翻译的原因，北京亚运会负责人对外国记者怀疑北京是否有"出租汽车"很不以为然，非常明确地予以肯定回答。但事后才意识到北京乃至全国尚没有"Car Rental"这项在国外已比较普遍的交通服务。为落实承诺，我国第一家汽车租赁企业福斯特汽车租赁公司于1989年8月诞生了，当时它的客户仅限于在京外籍人士。人们往往将此视为我国汽车租赁业务的开端，其实这并不准确，因为早在1984年中国国际信托投资公司、东方租赁公司、环球租赁公司等开始经营汽车租赁业务，以融资租赁方式向北京、哈尔滨等城市的出租汽车企业提供日本制造的小客车，累计2万多辆。当时西藏、云南、甘肃等道路条件恶劣地区运输企业使用的五十铃汽车也是以融资租赁方式引进的。随着汽车租赁行业的发展，对汽车租赁认知差异进一步扩大，国内贸易部、交通部从各自的行业管理角度出发，于1997年和1998年先后颁布了有关汽车租赁的管理规定，并对汽车租赁的定义作出有一定差异的描述，主要区别是交通部认定的汽车租赁"不提供驾驶劳务"，也有地方法规认定"车辆租赁服务是指向用户出租不配备驾驶员的客运车辆，并且按照时间收费的出租汽车经营活动"。

汽车租赁的复杂性源于租赁。租赁业是一个古老而又变化巨大的行业。一方面，虽经4000多年的发展，租赁的基本性质、主要交易过程和功能等并没有改变；另一方面，在此基础上融资租赁仅用50多年的时间就成为租赁的主要类别和组成部分，以致出现事实先于规则的情况，引发了租赁概念与定义的混乱。比如说"租赁包括租赁和融资租赁两大业务类型"，第一个"租赁"是指这个行业，第二个"租赁"是指构成这个行业的两个主要业务类型之一。有人为了区别它们，将第二个"租赁"命名为"经营性租赁"，然而经营性租赁是指具有融资租赁基本交易特征的（承租人选定设备、中长期融资），但出租人又一定程度上承担了租赁投资决策风险的非全额清偿的一种融资租赁，是与租赁完全不同的另一类业务。除了一词多义外，还有一义多词的情况，比如融资租赁又叫金融租赁，杠杆租赁又叫衡平租赁，节税租赁又叫真实租赁，非节税租赁又叫有条件销售租赁或租购。租赁是一个相对复杂的交易行为，出租人将用益物权从租赁物的物权中分解出来作为对价获得承租人的租金，由此出现了所有权、占有权、使用权、收益权、担保权的分离。这种物权的分离，使出租人、承租人得以在租赁交易中充当决策人、出资人、受益人、风险承担人等不同角色，由此产生了租赁、融资租赁、干租、湿租、杠杆租赁、经营性租赁、回租、厂商租赁、抽成租赁等众多

的租赁业务类型。这些租赁业务既有共性,但也有较大差别,按照国家统计局国民经济行业分类标准,租赁和融资租赁分别属于“租赁和商务服务业”和“金融业”。而厂商租赁以销售特定产品为目的,可划入“批发和零售业”。都是租赁,但分属三个行业,这说明了租赁交易的复杂性。

第一章　汽车租赁基础理论

第一节　租赁基本概念

一、什么是租赁

租赁是经济社会中由买卖交易发展和衍生的一种以实物为载体的重要交易形式,是指出租人在一定时期内向承租人转移一项物品的使用权与收益权,同时获得相应租金收入的交易行为。

当人类社会的生产力发展到一定水平,大致在原始社会后期,生产资料出现了过剩,为了获得生产资料的使用功能,人们开始彼此交换或买卖。后来人们发现,如果仅仅是需要物品的使用功能,用完了再还回比交换或买卖的成本更低,由此租赁诞生了。

(一)租赁产生的基础

租赁之所以能够从买卖交易中发展和衍生成一个新的交易形式,是因为物权可以分解,因此交易双方可以将租赁物的部分权益作为交易对象。物权是自然人、法人直接支配不动产或者动产的权利,物权包括所有权、用益物权和担保物权三个方面。用益物权是用益物权人(租赁交易中的承租人)对他人(租赁交易中的出租人)所有的不动产或者动产(租赁交易中的租赁物)依法(租赁交易中的租赁合同)享有占有、使用和收益的权利。任何交易的发生,包括买卖和租赁都会造成物权的变化,只是变化的范围不同。形式上租赁就是出租人以租金为代价,在租期内将所支配实物的用益物权即占有权、使用权、收益权渡让给承租人,而保留所有权和担保权。

(二)租赁的性质

根据租赁的性质,人们使用不同的词对租赁进行了描述。《中国大百科全书》定义:"租赁,是指出租人把出租财产交给承租人使用,承租人支付租金并在租赁关系终止时将原租赁财产返还给出租人的交易或行为。"中华人民共和国财政部《企业会计准则——租赁》定义:"租赁指在约定的期间内,出租人将资产使用权让与承租人以获取租金的协议。"

虽然租赁的定义有不同的描述方式和角度,并且后来演变成很多种类,特别是现代融资租赁与传统的租赁相比已有比较大的异化,交易的目的也有所不同,但所有种类的租赁,都有共同的性质,即租赁交易只形成物权中用益物权的转移,而不是像买卖交易那样形成物权的整体转移。

(三)从租赁与销售的关系说融资租赁

进入20世纪50年代后,注入金融、销售等新因素的融资租赁诞生了,租赁在融物的基础上赋予了融资的新形式。所谓融物就是将物品租给你,所谓融资即是将钱借给你购买物品,因

此融资租赁就具有租赁和销售的双重性质。《企业会计准则——租赁》定义："融资租赁是指实质上转移了与资产所有权有关的全部风险和报酬的租赁。其所有权最终可能转移,也可能不转移。"该定义中"所有权也可能不转移"的情况,本质上是承租人通过出租人的租金优惠,获得或基本获得租赁物的剩余价值(余值)后,不再要求租赁物的所有权的转移。

如图 1-1 所示,如果我们将租赁与销售看作两个相对不同的交易形式,它们之间的区别是租赁只是部分物权——用益物权转移,而销售是全部物权转移。那么从物权是否转移这个标准看,融资租赁则是租赁和销售之间的过渡形式,即融资租赁可能仍是不完全的物权转移,属于租赁范畴;也可能在租期结束时,所有权、用益物权、担保权一并转移,转化为销售。在西方国家,有一种投资税收抵免(Investment Tax Credit,ITC)政策,即政府对投资人实行一定的税收优惠。如果只是转移用益物权的融资租赁,出租人拥有租赁物的所有权,属于投资方,具有享受 ITC 的资格;如果是在租赁期结束时所有权、用益物权、担保权一并转移的融资租赁,出租人实际是销售者,就没有享受 ITC 的资格。因此,这些国家就以融资租赁是否具有销售性质为标准,将其划分为节税租赁和非节税租赁两大类,英国则将后者这种具有销售性质的融资租赁称为租购。美国干脆将这两类融资租赁称为真实租赁和有条件销售租赁,《北美行业分类体系》将那些销售倾向明显的融资租赁视为销售融资。

另外从投资风险的承担者上,亦可以看出融资租赁与销售的关联性。租赁是出租人事先购买租赁物品等待承租人,所以承担投资风险;融资租赁是由承租人选定租赁物品后出租人才购买并以租金形式获得投资的全部清偿,所以是承租人承担投资风险,在这一点上,融资租赁与销售相同。

图 1-1 租赁、融资租赁、销售的比较

从融资租赁在租赁与销售之间的过渡作用这个角度诠释融资租赁,或许可以更清晰地揭示融资租赁的诸多复杂概念和关系。比如经营租赁,是由承租人选择租赁物品,具有融资租赁特性,但租期结束后,租赁物返还出租人且租赁物的投资上有 20% 左右没有得到清偿,又具有租赁特性,所以将经营租赁认定为租赁或融资租赁,并不矛盾。如图 1-1 所示,租赁和融资租赁的界限比较模糊,所以确定融资租赁的标准相对比较复杂。《国际财务报告准则》(International Financial Reporting Standards)规定,一项租赁业务只要具备下列任何一项特征,即可称作融资租赁:

(1)在租赁期结束之际,将租赁物的所有权转让给承租人;

(2)承租人拥有购买或不购买租赁物的选择权,但由于承租人可以远远低于市场公平价值的价格购买租赁物,因此在租赁初期,就有把握确认承租人将行使购买租赁物的选择权;

(3)租赁期为租赁物使用寿命期的大部分时间,所有权在最后可以转让也可以不转让;

(4)租赁期之初的最低租赁付款额现值大于或等于租赁物的公允价值。

我国《企业会计准则——租赁》区分租赁与融资租赁的标准的前 4 条,与上述标准相同,只增加第5条:租赁资产性质特殊,如果不作较大修整,只有承租人才能使用。

从这些众多的确定融资租赁的标准中,可以归纳出共同的一点,就是融资租赁具有销售倾向,或者与销售的目的相同。

二、租赁的分类

租赁有很多种类,其类别以不同的标准划分,有短期租赁、长期租赁、融资租赁、经营租赁、湿租(带操作人员的租赁)等。如果再把经营过程中产生的业务类型考虑进去,还有转租、回购租赁、杠杆租赁等很多种类。虽然在中文中统称"租赁",但不同种类的租赁在行业属性方面有很大的差别。如租赁属于服务行业,融资租赁属于金融行业,湿租则根据租赁物的不同属于相对应的行业:租赁物为运输工具即属于运输行业,租赁物为建筑机械即属于建筑行业。与其他行业相比,租赁在分类和行业属性方面比较复杂。

租赁的分类还有一个困难的地方是中、英文在租赁的名称上有很大差异,比如在英文词典中,单词 Rental 和 Lease 都有出租的意思,但在租赁行业中,这两个单词则代表两个不同的租赁类别。到目前为止,中文如何翻译租赁行业中的 Rental 和 Lease 一直没有得以解决。由于中、英文租赁的名称一直没有准确的对照,这给我国的租赁行业的行业监管、税收以及国内外交流造成一定影响。比如《中华人民共和国合同法》将租赁分为"租赁"和"融资租赁"两类,《企业会计准则——租赁》也将租赁分为"经营租赁"和"融资租赁"两类,仅从中文字面上对比,人们自然会认为前者的"租赁"即是后者的"经营租赁"。其实从《企业会计准则——租赁》的英文版《Accounting Standards for Enterprises——Lease》可以看出,《企业会计准则》中的租赁相当于《中华人民共和国合同法》第十四章的"融资租赁",而不是第十三章的"租赁"。租赁和融资租赁的税基、税率和行业划分上都有很大不同,对经营租赁的错误认识所造成的影响可想而知。

(一)租赁的名称

这里所说的名称,是指在合同法、税法、会计准则的法规中出现的关于租赁的名称。我国《中华人民共和国合同法》、《企业会计规则——租赁》、《国民经济行业分类标准》(GB/T 4754—2002)等法规中涉及租赁的名称有:租赁、融资租赁、经营租赁。国外相关文件涉及租赁的名称有:Rental、Lease、Financial Lease、Operating Lease。

从表1-1可以看出,我国法规中没有"Rental"、"Lease"相对应的名称,而国外法规中则没有与"租赁"对应的名称;从该表还可以看出,我国与国外法规中的"Lease"概念不一致。欧美及联合国的有关法规将"Lease"视为一个与"Rental"并列的种类。我国租赁相关法规的英文版中"Lease"是租赁的意思,《中华人民共和国合同法》第十三章"租赁合同"、《企业会计准则——租赁》中"租赁"都使用的英文单词"Lease"。

国内外租赁法规中租赁名称对比　　表1-1

国外	英文	Rental	Lease	Financial Lease	Operating Lease
	译义	短期租赁	长期租赁	融资租赁	经营租赁
我国	中文	租赁		融资租赁	经营租赁
	英文	Lease		Financial Lease	Operating Lease

联合国、欧盟、北美行业分类标准中都有“Rental and Lease Services”或“Rental and Lease Activities”这个行业，相当于我国的租赁行业。《北美行业分类体系》对该行业 Rental、Lease 两个子行业的定义是：

1. renting consumer goods and equipment（出租日用物品和设备）

该行业典型经营模式是具有零售特征，在店铺类场所经营并且储备随时可以出租、适合短期出租的物品。出租物品主要是汽车、计算机、日用品等范围广泛的有形物品。

2. leasing machinery and equipment often used for business operations（出租商业经营常用的机械设备）

该行业典型经营模式是不在店铺做业务，无常备物品，只做长租期的出租业务。出租人直接面对客户以便他们在出租的状况下掌握出租物品的使用技术和知识。或者在出租合同框架下出租人协商租赁设备的供应方直接向客户提供出租物品。设备出租人通常在合同中确定客户对出租物品的特殊需要并利用专业经验，为退租的出租物品寻找其他潜在客户。出租物品主要是产业类机械设备。

对比联合国、欧盟、北美对租赁行业的划分标准及定义，本书提出英文中租赁术语的对应关系：Rental——短期租赁，Lease——长期租赁。

此处所说短期租赁、长期租赁并不是指租赁期限的长短，而是代表一种业务类型，而且租期长短是租赁期限相对于租赁物品的折旧期限而言，并不是以一个具体值，比如月、年为划分界限。上述两行业的不同点是租赁物不同、经营方式不同、租赁期限不同。其中租赁期限的不同——短期和长期，相对其他不同点最简洁、清楚。因此将 Rental 定义为短期租赁、Lease 定义为长期租赁比较合理。

（二）租赁的类别

虽然国内外，包括世界组织对租赁分类的标准不尽相同，但基本保持将租赁行业分为租赁服务（Rental and Lease Service）、融资租赁（Financial lease）两大门类的分类标准。

1. 联合国分类标准

《全部经济活动产业分类国际标准》（International Standard Industrial Classification of All Economic Activities，ISIC）是由联合国制定并审议通过，推荐各国政府进行国际统计数据比较时使用的统计分类标准，2008 年 8 月公布了该标准的第四次修订版（ISIC Rev. 4）。ISIC Rev. 4 在分类层次上包括门类、大类、中类和小类，与我国《国民经济行业分类》（GB/T 4754—2002）的分类体系基本相同。该标准将租赁行业划分为租赁服务、融资租赁。其中租赁服务又分为短期租赁、长期租赁两个中类，经营租赁作为长期租赁的一个小类。

1）租赁服务：属于管理和后勤服务门类。包括有形资产、非金融类无形资产的短期、长期租赁，出租人向客户提供各类有形物件，比如机动车、计算机、日用品和工业用机械设备，以获得固定的短期或长期租赁租金收入。经营租赁归入此类租赁。房地产短期租赁（L 门类）和带操作人员的短期设备租赁不属于此类租赁，后者的类别划分根据租用设备的类型而定，比如运输（H 门类）、建筑（F 门类）。

租赁服务分以下两个中类：

（1）短期租赁——包括机动车、休闲体育设施、个人和家庭用品。

（2）长期租赁——包括商业经营常用的其他机械设备、运输设备、知识产权资产及类似产品。

2)融资租赁:属于金融与保险门类。融资租赁的租期与租赁物的预期寿命基本相当,而且承租人实质上获得使用租赁物而产生的利益并承担租赁物所有权人应承担的所有风险。租赁物的所有权可以也可以不转让,租金包括或者几乎包括利息在内的所有成本。

图 1-2 是该标准对租赁行业划分的略图。

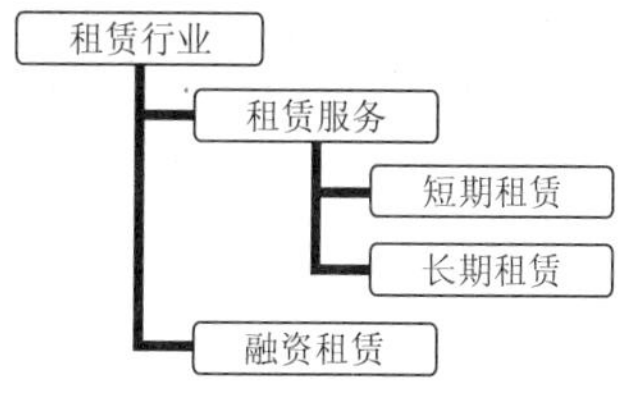

图 1-2　《全部经济活动产业分类国际标准》(ISIC)对租赁的分类

2. 欧盟分类标准

《欧盟经济活动统计分类》修订版 2(Statistical Classification of Economic Activities in the European Community, NACE Rev. 2)通过于 2006 年 12 月,是欧盟统计局制定的适用于欧盟国家经济活动的统计标准。该标准对租赁行业的划分标准与联合国相同,只是在分类层次上没有联合国标准详细。

3. 北美分类标准

《北美行业分类体系》(The North American Industrial Classification System ,NAICS)是美国、加拿大、墨西哥共同制定的用于北美地区经济统计的行业划分标准,该标准已完全替代北美各国自己的统计标准。该标准 2007 年版(NAICS 2007)对租赁行业的定义与联合国、欧盟相比比较全面,明显的区别有两点:一是将融资租赁视为长期租赁的一个子类,而不是属于金融和保险门类与租赁服务并列;二是将租赁与贷款结合的融资租赁视为金融与保险门类的销售融资或销售信贷,列入金融保险门类。图 1-3 是该标准对租赁行业划分的略图。

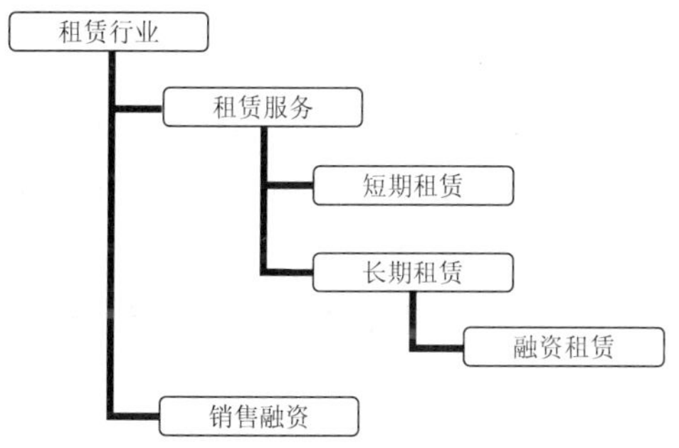

图 1-3　《北美行业分类体系》(NAICS)对租赁的分类

4. 国内分类标准

我国《国民经济行业分类》(GB/T 4754—2002)中,租赁行业包括租赁、融资租赁两类。图 1-4 是我国对租赁行业划分的略图。我国的行业划分标准中没有短期租赁、长期租赁和经营租赁,因此有观点认为,《企业会计准则——租赁》所言经营租赁只是一种会计处理方式,而不是一个业务类别。

对照联合国、欧盟、北美对租赁行业的划分及其解释,租赁基本应当分为短期租赁、长期租赁、融资租赁三个类别。

租赁行业
租赁　融资租赁

图 1-4　《国民经济行业分类》对租赁的分类

三、租赁的特征

租赁具有相同的基本特征(交易对象是租赁物的用益物权)以区别于其他交易。随着经济的繁荣,租赁在保持基本特征的基础上发展出一些具有各自特征的新类别,如融资租赁及其衍生业务,它们的特征主要表现在以下方面。

(一)租赁合同

《中华人民共和国合同法》中列名合同有 15 种,租赁合同、融资租赁合同被列其中。并不是所有的交易必须签订书面合同,《中华人民共和国合同法》规定,租期 6 个月以上的租赁和

所有融资租赁必须签订书面合同。租赁合同的名称一般应表明租赁的类别,特别是租期结束时租赁物物权的处置,比如《企业会计准则——租赁》规定:"承租人和出租人应当在租赁开始日将租赁分为融资租赁和经营租赁。"

合同上可以表现的租赁特征还有:租赁只有一个合同,融资租赁有两个以上合同,包括一个租赁物的购销合同;租赁合同可以解约,融资租赁合同不能解约,即租赁合同的承租人可以在支付一定违约金的条件下终止租赁合同而不必继续支付未到期的租金,而融资租赁合同的承租人不得以支付违约金的条件终止合同,即使退回租赁物,出租人仍有权要求承租人继续支付未到期租金直至合同期满。

(二)租赁的当事人

租赁的当事人只有出租人和承租人两方。融资租赁与租赁的一个重要区别是涉及第三方,即当事人有出租人、承租人和供货人。通常由承租人选择供货人而出租人根据承租人的意见向供货人购买租赁物。

(三)租赁物

租赁物必须是出租人具有物权的动产或不动产,不能是限制自由流通或已退出自由流通的物件。因此非物质的,如专利技术、计算机程序、工艺和版权等知识产权,理论上不能作为租赁物。但随着科技的发展,这些非物质的知识产权已广泛物化,难以与租赁物明确分离,所以实际上知识产权附属于租赁物可以出租,但这部分价值不得超过租赁物的一定比例。由于租赁物在租期结束时,除正常范围的磨损外,必须原物返还出租人,所以租赁物必须是在租赁过程状态和性质不能改变的物,因此,生产原料不能作为租赁物。

我国及部分国家规定土地、房屋、景点等不动产不能作为融资租赁的租赁物;生活消费品,包括汽车、家电等耐用消费品不得作为融资租赁的租赁物。

相当比例的融资租赁租赁物的性质、规格、型号特殊,是为承租人定制的,不能通用,这是融资租赁的典型特点,被用来区分租赁和融资租赁的类别。

(四)租赁期限

租赁期限是指租赁合同实施的阶段,是租赁合同的重要条款。租期是划分租赁与融资租赁的重要指标,租赁的租期一般比较短,不会超过 1 年,而融资租赁的租期都比较长,一般在 1 年以上。但租期的长短是相对于租赁物的使用寿命。比如《企业会计准则——租赁》规定,租赁期占租赁资产使用寿命的大部分即属于融资租赁,通常认为"大部分"是指租赁期占租赁开始日租赁资产尚可使用年限的 75% 以上。

(五)租金

租金是租赁交易的对价,通常以货币形式表现。对于租赁,租金包括出租人的投资利息和预期利润、资产折旧和租赁物的运营成本(如维修、保险、人工成本);对融资租赁,租金包括租赁物本金和在未清偿本金基础上的一定预期利润。

租赁与融资租赁的根本区别在于是否全额清偿。如果从一个租赁交易中获得的租金小于租赁物的全部投资加预期利润就是租赁;如果从一个租赁交易中获得的租金等于全部投资加预期利润就是融资租赁,由于是全额清偿,所以租期终止时租赁物的物权应当转移给承租人。但有例外,如经营租赁和租赁物物权未转移的融资租赁。对于出租人,其租金虽然没有达到全额清偿的程度,但至少达到 70%,未获得清偿的部分通过收回租赁物后在二手市场的销售实现;对于承租人,相当于将退出经营的设备销售给出租人,只是这部分的销售收益预先以租金优惠的方式由出租人转移给了承租人。

由于出租人承担了投资风险,且无法预期在多少个租赁交易中实现全额清偿,因此出租人在可能的情况下总会提高每笔交易的租金;相反,融资租赁由承租人承担投资风险,出租人在签订合同时已有具体利润期待,即出租人一般不必通过提高租金承担风险。所以相同标量的租金,租赁要高于融资租赁。

(六)合同终止时租赁物的归属

由于租赁不具有全额清偿性质,因此租赁合同终止时,承租人必须归还租赁物的用益物权,不具备要求转移物权的基础。而融资租赁具有全额清偿性质,即承租人在合同期内支付的租金相当于租赁物的价值,因此承租人只需支付象征性费用或不支付费用,即可在租赁合同结束时获得租赁物的物权。

表1-2列举了租赁与融资租赁的主要区别,将融资租赁与租赁的区别归纳后我们会得到融资租赁的特征:融资租赁的出租人在一个租赁业务中实现对租赁物投资的全部回收即全额清偿,或者即使没有全部收回租赁物的投资,出租人也有相当大的把握在租赁物收回后通过再次租赁或在市场以公平价格销售方式收回租赁物的余值。在此原则上,融资租赁又演变出在租赁期结束之际,将租赁物的所有权是否转移、租赁物未实现全额清偿等,貌似与融资租赁性质相违背,实质仍是融资租赁的业务类别。其实,如果我们将租赁物的货币价值用时间价值衡量,则可以在租期上看到融资租赁的另一个特点,即租期达到或接近租赁物的折旧年限或使用寿命。

租赁与融资租赁的主要特点和区别　　表1-2

项　　目	租　　赁	融 资 租 赁
租赁合同	可解约	不可解约。除租赁合同外,还有供货合同
当事人	出租人、承租人	出租人、承租人、供货人
租赁物	租赁物由出租人选择,主要是耐用消费品、房屋、机械设备。租赁期满后退还	由承租人选择租赁物及供货人,以机械设备为主。租赁期满后可续租、留购或退还
租期	相对于租赁物的折旧年限或使用年限较短,一般几个月或1~2年	接近租赁物的折旧年限或使用年限,通常3~5年,有的10年以上
租金金额	每期租金固定,租金相对同期租赁物的折旧较高,单笔合同总租金远远低于租赁物的总值	租金相对同期租赁物的折旧较低,单笔合同总租金接近租赁物的总值
租金构成	投资成本+运行成本+投资收益	投资成本+投资收益
租赁物投资回收	要经历几个租期才能收回	在租期内全部或绝大部分收回
租赁物使用成本承担者	出租人	承租人
风险	出租人作为租赁物的投资人,承担租赁物的投资风险	承租人作为租赁物的投资人,承担租赁物的风险
日的	满足短期或临时需要	通过融物达到融资目的

四、租赁经营主体

目前,我国租赁业市场运营主体主要有四类公司:一是银监会审批和监管的金融租赁公

司；二是商务部审批的外商投资的融资租赁、租赁公司；三是商务部和国家税务总局联合试点的内资融资租赁公司；四是无需行业审批，在工商登记注册就可以经营的租赁企业，属于服务行业，比如短期的汽车租赁、生活用品租赁等。四类租赁公司的特点对比见表1-3。

我国四类租赁公司的特点对比表　　表1-3

项目＼特点＼公司类别	租赁公司	金融租赁公司	融资租赁试点企业	外资租赁公司
租赁产品	租赁服务	融资租赁	融资租赁	融资租赁、租赁服务
企业性质	一般商业机构	非银行金融机构	内资融资租赁企业	外商投资企业
监管机构	无特殊监管	银监会	商务部、税务总局	商务部
准入门槛	无	5亿元人民币	1.7亿元人民币	融资租赁1000万美元，租赁服务无准入门槛
营业税	营业额的5%	租金与租赁物成本差额的5%	与融资租赁相同	与内资公司相同

五、租赁现行法规

（一）《中华人民共和国合同法》

《中华人民共和国合同法》是以国家主席令形式颁布的法律，其第十三章“租赁合同”、第十四章“融资租赁合同”从交易形式、合同双方权利、责任和义务等方面分别确定了租赁、融资租赁交易行为的合同内容。《中华人民共和国合同法》是我国其他有关租赁法规及租赁行业经营活动规则的基石。

（二）《企业会计准则第21号——租赁》

《企业会计准则第21号——租赁》为部门规章，从财务角度对租赁进行分类并确定租赁经营活动中财务账目的记账规则。

（三）《财政部、国家税务总局关于营业税若干政策问题的通知》

该通知为规范性文件，确定了融资租赁的营业额是以其向承租者收取的全部价款和价外费用（包括残值）减除出租方承担的出租货物的实际成本后的余额。

（四）《金融租赁公司管理办法》

该办法是对中国人民银行批准以经营融资租赁业务为主的非银行金融机构的监管部门规章，包括设立程序和资质、业务范围、监管内容等。

（五）《外商投资租赁业管理办法》

该办法是针对外商投资租赁、融资租赁企业的监管部门规章，包括设立程序和资质、业务范围、监管内容等。

（六）《汽车金融公司管理办法》

该办法是针对经中国银行业监督管理委员会批准设立的、为中国境内的汽车购买者及销售者提供金融服务的非银行金融机构的经营活动进行监管的部门规章，该办法确定汽车金融公司的经营范围包括汽车融资租赁（售后回租业务除外）。

（七）《商务部、国家税务总局关于从事融资租赁业务有关问题的通知》

该通知以试点的方式，批准符合条件的原来从事租赁服务业务的内资企业开展融资租赁业务。虽然这事实是中国银行业监督管理委员会之外第二个批准开展融资租赁业务的渠道，但仍不能批准新设融资租赁公司。

（八）其他与租赁有关的法规

《中华人民共和国物权法》、《中华人民共和国担保法》、《典当管理办法》、《中华人民共和国船舶登记条例》、《中华人民共和国民用航空器权利登记条例》、《机动车登记规定》等，这些法规对保护出租人对租赁物的合法权益有重要意义。

第二节　租赁发展概况

一、租赁发展的历程

租赁业大致经历了早期租赁、近代租赁和现代租赁三个阶段。

（一）早期租赁

按照时间阶段划分，早期租赁业是指公元前 2000 年出现租赁交易现象开始至公元 18 世纪中叶。特点是租赁物主要是土地和劳动工具，与买卖交易区别明显，只是用益物权转移而无所有权转移。在这一阶段形成的传统租赁业持续至今，并构成以后租赁发展阶段形成的各类租赁业务的基础。

（二）近代租赁

近代租赁业是指公元 18 世纪中叶以来直至 20 世纪 50 年代之前，设备租赁在工业、运输业中被较为广泛地运用，机器设备等动产租赁业得到较快发展。在此期间，传统租赁业向现代租赁业过渡。

（三）现代租赁

现代租赁指从 20 世纪 50 年代以来租赁进入的全新阶段。一般认为，1952 年 5 月美国加利福尼亚州的美国融资租赁公司成立代表现代租赁的开端。

1. 现代租赁产生的原因

第二次世界大战结束后，美国军火订单大量取消，军人大批退伍，导致大规模的工厂停工、失业人口增加，形成严重的社会问题。据统计，1946 年一年约有 460 余万人参加了 4985 起罢工，造成 1.16 亿个工作日的损失。面对如此严峻的局势，美国政府 1946 年通过了《就业法》，这项法令规定联邦政府必须负责维持“最大限度的就业、生产和购买力”，由于《就业法》强调了美国联邦政府对维持就业、向失业者提供工作机会的法律义务，美国政府出台了各种具体的经济政策以加强军事工业转为民用工业的步伐和对复员军人的安置，以融资租赁为主要代表的现代租赁业就在这种背景下产生了。

2. 现代租赁特点

在军转民的过程中，很多中小企业缺乏更新设备的资金，同时银行机构又因中小企业信用不足、无抵押资产，不愿意提供贷款。如果有向银行贷款购买了设备后再租给中小企业的这样的中介机构，就解决了这个矛盾。另外，政府不愿以现金方式向退伍军人提供创业所需贷款和补贴，以防挪为他用，希望能通过中介机构将贷款和补贴转变为创业所需装备提供给退伍军人。受政府政策和税收支持的融资租赁公司就承担了这种中介机构的角

色。此外,租赁还可以将潜在市场转化为现实市场,很多制造企业借助租赁方式销售产品。在美国,具有银行背景(银行直接或透过其子公司、附属公司从事租赁业务)的公司约占35%,具有厂商背景的公司约占25%。特别是制造商建立内部租赁机构或者租赁子公司在美国很普遍,如IBM、HP、DELL和GM都有自己的租赁机构或子公司,为其产品销售作出了巨大贡献。

现代租赁在发展后期,随着竞争的加剧,出租人不得不在融资租赁的基础上,推出一些有利于承租人的方案。例如租赁物品在期末的处理方式由原来单一的购买变成可以在留购、退还、续租方式中选择;租金支付方式由原来的定期、定额变成更灵活的方式,比如先少后多或按照营业额比例支付租金;出租人放弃通过租金实现全额清偿,降低租金和减少租期,通过在二手市场销售收回租赁物品的方式谋求实现全额清偿,并因此承担投资风险;出租人对租赁物品提供维修、升级换代等附加服务。出现了如杠杆租赁、转租赁、售后回租、合成租赁、风险租赁等方式,多种租赁产品满足了不同承租人的需要,极大地活跃了租赁市场。

由于现代市场经济发展和生产社会化、现代化程度迅速提高,现代租赁业的主体——融资租赁空前增长,使其成为在银行信用、商业信用、国家信用和消费信用基础上发展起来的现代租赁信用。该阶段租赁的特点是租赁的金融功能被充分发挥。从租赁的市场渗透率(租赁总额占固定资产投资总额的比率)看,融资租赁已成为仅次于资本市场、银行信贷的第三大融资方式。在设备投资领域,设备租赁成为仅次于银行信贷的第二大投资方式,因此,多数国家将这类租赁列入金融行业。

目前租赁业发达国家的融资租赁业务已呈现比较稳定的增长态势,如美国和日本在近几年的租赁业务额增长速度较慢,而发展中国家则呈现出较快的发展速度。

二、国际租赁业现状

随着科学技术的高速发展,资产设备的更新周期不断缩短,科技进步与信息革命使人类进入了信息社会,现代市场经济与现代金融业空前发达,现代租赁业务形式的不断丰富,使租赁业务受到更多企业的欢迎,并迅速扩展到世界绝大部分国家和地区,以融资性租赁为主的现代租赁业得到长足的发展。20世纪60年代以后,西欧、日本、加拿大、澳大利亚等发达国家和地区相继借鉴美国经验,陆续开展融资租赁业务。20世纪70年代,伴随着发达国家的资本输出,融资租赁被介绍到拉丁美洲以及亚洲国家。我国于20世纪80年代初开始引进融资租赁。

选择租赁不仅是现代企业的一种经营决策,而且成为政府推行国家产业政策,促进国民经济现代化的一种政策手段。目前全世界已有80多个国家开展租赁业务,营业额稳步上升,表1-4是近年来全世界租赁营业额的统计。

全球1999~2005年租赁营业额一览表(单位:10亿美元)　　表1-4

年份	1999	2000	2001	2002	2003	2004	2005
租赁交易额	473.5	499.0	486.0	476.5	461.6	511.7	582.0

当一个国家的工业进入机械化、自动化时期,大量企业由劳动密集型向资本技术密集型转

化。生产规模的扩张需要补充新的机械技术设备,竞争和技术进步,使产品生命周期越来越短,设备更新的周期越来越短,工业设备价高,使用年限长,使企业设备更新改造的压力越来越大。先使用设备再以租金分期偿还的融资租赁正是适应了这种市场需求,因此,融资租赁在工业化程度发达的国家得以广泛应用。图 1-5 反映了世界租赁发展的这一形势,从图中可以看出,全世界租赁行业主要集中在欧美等少数经济发达国家和地区。

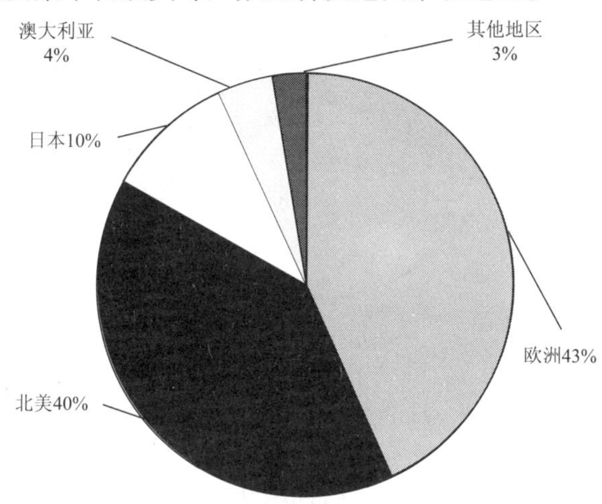

图 1-5 主要国家和地区 2006 年租赁营业额占全世界比例

(一)欧洲租赁业

欧洲是全世界最大的租赁市场,根据欧洲租赁业协会联盟 2007 年的统计,该协会成员占据欧洲租赁市场 93% 的份额,实现租赁营业额 3389 亿欧元,比 2006 年增加 13%,其中租赁车辆达到 1700 万辆,租赁资产达 7131 亿欧元,占当年欧洲投资额的 20% 左右。图 1-6 是 2003~2007年欧洲租赁营业额和租赁资产的统计数据,显示欧洲租赁的营业额逐年稳步上升。

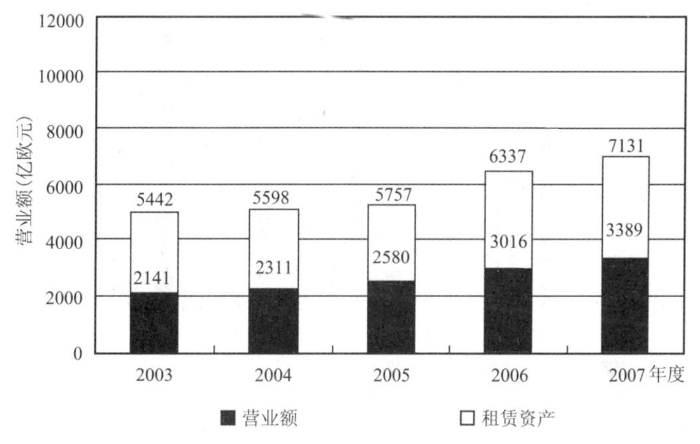

图 1-6 欧洲 2003~2007 年租赁营业额统计

欧洲租赁在当地的经济活动中占有比较重要的地位,根据 2007 年欧盟统计局统计年报的数据,27 个成员国工业和商业服务业营业额比例中(图 1-7),房地产、租赁、商业活动作为一个类别,位居 8 种主要经济活动的第二位。

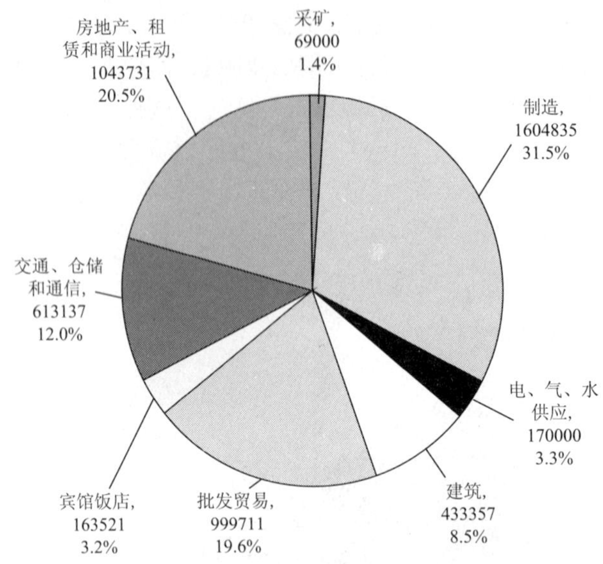

图 1-7　欧洲工业和商业服务产值及比例(单位:百万欧元)

1. 租赁市场份额

欧盟 27 个成员国,包括近年新加入欧盟的东欧国家,在租赁市场规模上差距比较大。根据欧盟统计局对各国租赁营业额的统计数据(图 1-8),租赁市场的规模最大的国家依次是英国、德国、意大利、西班牙。2000 年以前,德国租赁市场规模位居欧洲第一,但此后这个位置被英国牢牢占据了。2004 年以前,西班牙一直位居第四位,从 2005 年开始意大利超过西班牙的规模。

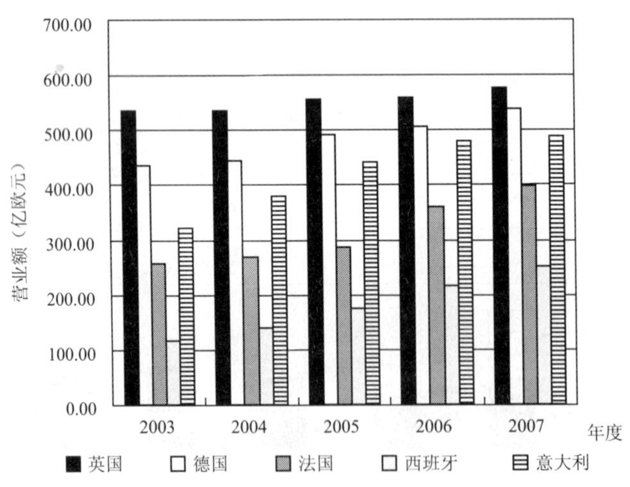

图 1-8　欧洲主要国家租赁营业额

2. 租赁业务构成

欧洲租赁业务中设备和机动车租赁占主要部分,2007 年设备和机动车租赁营业额为 2924 亿欧元、租赁资产 5046 亿欧元,分别占总营业额和总资产的 41% 和 71%。图 1-9 是 2003 ~ 2007 年欧洲设备和机动车租赁的统计数据。

欧洲是全球租赁业最发达的地区，其租赁经营模式也非常成熟，已形成了短期租赁、长期租赁（包括融资租赁）两个在市场划分、营业方式、行业管理体系都很明确的经营模式。比如欧盟统计局对短期租赁、长期租赁和融资租赁三个类别分别统计并公布数据。欧洲的租赁行业协会有欧洲租赁联盟（European Federation of Leasing Company Associations）、欧洲租赁协会（European Rental Association）两个分别侧重于长期租赁、短期租赁市场管理的组织，每年发布内容不同的行业年报。表1-5是根据欧盟统计局和欧洲租赁联盟的统计数据计算的欧洲主要国家短期租赁占全部租赁的比例。

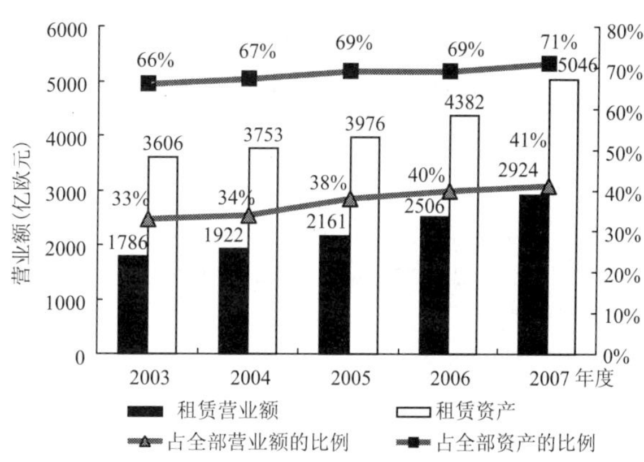

图1-9　欧洲近年设备和机动车主要经营数据

欧洲主要国家短期租赁占全部租赁的比例　　表1-5

国家 \ 时间 / 比例	2003年	2004年	2005年
英国	49.79%	55.40%	57.45%
德国	45.93%	54.86%	54.17%
法国	82.26%	81.10%	76.79%
西班牙	63.97%	60.01%	51.79%
意大利	19.99%	20.57%	21.40%

（二）美国

美国租赁业务主要有机动车设备租赁、商业和工业机械设备租赁、生活消费品短期租赁三大类。美国生活消费品的短期租赁比一般国家和地区要发达，包括家用电器、社交服饰、音像制品等租赁。根据美国普查局2007年统计年报，仅家用电器租赁的营业额就达到37.87亿美元。表1-6是2007年美国租赁市场的组成及份额。

美国2007年租赁市场统计　　表1-6

	机动车设备租赁	商业和工业机械设备租赁	生活消费品短期租赁	其他短期租赁	合　计
营业额（亿美元）	437.85	387.42	236.41	37.91	1099.59
占总额比例	39.82%	35.23%	21.50%	3.45%	100%

机动车设备租赁位居美国租赁市场总额的第一位，机动车租赁中客车的短期租赁最大，其次是货车的短期和长期租赁，货车租赁包括通用拖车、旅行房车的租赁。美国的带驾驶员汽车租赁业务属于运输行业。表1-7是美国机动车设备租赁组成和份额。

美国2007年机动车设备租赁市场统计　　表1-7

	客车短期租赁	客车长期租赁	货车租赁	合　计
营业额（亿美元）	226.08	49.31	185.14	460.53
占总额比例	49.09%	10.71%	40.20%	100%

美国租赁业务模式与其他国家相同，包括租赁服务业、融资租赁两类。但美国的短期租赁服务非常发达。

作为现代生活方式的一部分，短期租赁渗透到美国社会的很多地方，从瓷器、婴儿床、遮阳篷等生活用品到推土机、割草机、梯子等通用机械和工具民用机械设备的租赁业务都很繁荣，包括一些生产经营活动对生产设备的临时需求，都通过短期租赁服务解决。

半个世纪前，短期租赁行业几乎还是处于家庭经营的模式，但现在已发生巨大变化。根据1998年的调查，短租行业77%都是独立的经营，他们大多数都是只有一个或两个点的非连锁的经营者，授权经营只有6%，现在地区性或全国性连锁经营的短期租赁经营者已超过13%，具有显著增长。短期租赁的经营规模自1998年以来年复合增长率为7.9%，超过其他经济活动，2007年美国短期租赁市场的营业额为365亿美元，不过预计2007～2012年的年复利增长率可能下降为4.1%，即使按此增长率，到2012年短期租赁的营业额将超过520亿美元。

三、中国租赁业发展状况

（一）发展历程

中国的现代租赁业始于改革开放初期，如同美国现代租赁业的产生具有特定条件和政府意向，我国现代租赁业也是在政府的大力推动下，为引进国外资金和技术，解决当时国民经济困难、社会物资匮乏、市场供应紧张的局面而兴起的。中国民航在中国国际信托投资公司推动下，与美国汉诺威尔制造租赁公司和美国劳埃得银行合作，利用跨国节税杠杆租赁方式从美国租进第一架波音747SP飞机，标志着我国现代租赁的开始。自20世纪80年代至今，租赁在中国经济建设中发挥了不可缺少的作用，仅中外合资的租赁公司已累计引进外资约100亿美元，支持了邮电、通信、能源、交通等基础设施建设和近7000家企业的技术改造。而金融租赁公司和非银行金融机构从事的租赁业务累计金额约200多亿元，为支持各地方经济的发展作出了贡献。

20余年的过程，我国现代租赁行业有发展，也有停滞，其发展历程可划分为四个阶段：

1. 高速成长期（1981～1987年）

1981年4月我国第一家融资租赁公司——中国东方租赁有限公司成立开始，我国现代租赁进入高速发展阶段。这一时期特点是引进外资为主，所以包括中国东方租赁公司在内，多数是外商投资企业，外方股东都是金融机构，比如日本兴业银行、樱花银行、美国第一联美银行、法国巴黎银行、意大利商业银行等。到1988年已有24家外商投资的租赁公司成立。

当时我国经济行为的主体是各级政府部门，尽管当时我国还没有征信记录和信用评估体系，企业的财务报表也没有与国际接轨，但租赁项目由各级政府部门决策，归还租金由各级政府部门提供担保，国家信用优于其他信用，所以境外的投资人仍然蜂拥而进，为充裕的资本寻找投资机会，同时希望通过投资开启中国庞大市场的大门。根据对1987年底成立的19家中外合资融资租赁企业的调查，到1987年底累计引进外资17.9亿美元，没有发生不良债权，为当时我国经济的发展提供了有力支持，像宝钢这样大型的经济建设项目，都有融资租赁参与的身影。

2. 行业整顿期(1988～1998年)

1988年4月《中华人民共和国全民所有制工业企业法》颁布，明确我国经济行为的主体由政府部门转为企业。1988年6月最高人民法院公布《关于贯彻执行<中华人民共和国民法通则>若干问题的意见(试行)的通知》，第106条规定："国家机关不能担任担保人"。

体制的迅速转变打破了原有的运行格局，一些企业经营不善不具备偿还租赁金的能力，一些企业因经营主体的变更而拒绝承认原来的租赁合同，不支付租金。由于这些原因，出现了全行业性的租金拖欠，当时的24家外商投资租赁公司的租金拖欠，总额达到3亿美元，危及租赁公司的生存，甚至上升为外交事务。

在国务院领导的过问下，国家经济贸易委员会、财政部、中国人民银行和对外经济贸易部共同采取措施，以化外债为内债的办法，到1998年完全解决了由政府担保的租金拖欠问题。

尽管如此，行业处于整顿的10年间并没有停止发展的步伐，其间新设中外合资融资租赁企业14家，完成新签订融资租赁合同金额46亿美元。

1997年亚洲金融危机波及日本、韩国，日本金融业从海外大撤退，这种形势也影响到我国当时以外商投资租赁企业为主的租赁业，占外方股东总数64%的日资开始撤离。同时我国银监部门为防止亚洲金融危机在我国蔓延，开始严格实施《商业银行法》关于"商业银行在中华人民共和国境内不得向非银行金融机构和企业投资"的规定，对商业银行参与的融资租赁进行清理，第一批成立的融资租赁企业基本倒闭或停业。

3. 法制建设期(1999～2004年)

全行业租金拖欠问题，促成我国对支持融资租赁的法律、会计准则、行业监管条例和税收政策四大体系的完善。从1999年开始，我国有关部门陆续出台了《金融租赁公司管理办法》、《企业会计准则——租赁》、《外商投资租赁业管理办法》、《商务部、国家税务总局关于从事融资租赁业务有关问题的通知》等与融资租赁有关的政策法规，基本完成了融资租赁管理四大体系的建设。

随着融资租赁政策法规的完善，全行业清理整顿进入新的时期，某些金融租赁公司乱投资、炒股票、炒房地产、高息揽存、变相吸收公共存款和拿股东资产做回租或者通过给股东贷款提供担保方式圈钱等违规经营行为被陆续纠正。1981年以来，经央行批准先后设立过的16家金融租赁公司，有4家高风险公司已先后从市场退出。

4. 恢复活力期(2004年以后)

伴随我国经济的持续发展及我国加入世贸的良好契机，我国现代租赁业又进入一个新的发展阶段。

(1)外商独资融资租赁业的开放及外商投资租赁规模的扩大。依据入世承诺，2004年12月11日商务部宣布自即日起开放外商独资融资租赁。到2007年已批准成立的外商独资融资租赁企业已达25家，卡特彼勒、通用、法兴融资租赁等国际知名融资租赁企业相续在国内开展经营活动。同时中外合资的租赁企业数量也显著增加，到2007年6月，经批准设立的中外合资及外商独资租赁公司已有143家，这些企业的注册资本超过400亿元，可承载的资产管理

规模可达4000亿元以上。

(2)内资融资租赁试点。2004年12月,商务部和国家税务总局联合批准9家内资企业为开展融资租赁业务的试点单位。按照此规定,凡符合条件的内资企业,可从事融资租赁业务并按照融资租赁企业缴纳营业税。这是国内首次由非金融监管部门批准成立融资租赁企业,2006年试点企业新签融资租赁合同金额达到65.7亿元人民币,业务涉及装备制造、冶金、电力、航空、铁路、城市公交等行业,至2007年国内已有融资租赁试点企业28家。

(3)《金融租赁公司管理办法》的修订。2007年1月,中国银行业监督管理委员会发布修订的《金融租赁公司管理办法》,重新允许国内商业银行进入融资租赁领域。2007年11月28日,中国工商银行独资设立的工银金融租赁有限公司举行了隆重的开业仪式,工银租赁是国内第一家由商业银行发起设立的租赁公司,它的成立被视为中国融资租赁业发展进入了一个崭新的阶段。随后,民生银行、招商银行、交通银行、建设银行等商业银行出资的融资租赁公司陆续成立并开展业务。如2008年8月招银金融租赁有限公司与三一重工签订开展融资租赁销售合作的协议,根据协议招银金融租赁有限公司向三一重工购买工程机械设备,并以融资租赁方式租赁给客户(承租方),销售金额达到1亿元人民币。

(二)市场特点

1.市场前景广阔

我国是世界上发展速度最快的经济体,而且总体规模不断扩大,已成为世界工厂和经济发展的发动机。根据现代租赁业发展的规律,制造业的发展必然带动租赁业的繁荣。目前我国租赁业市场规模小,市场渗透率低。2005年我国的租赁业务交易额在42.5亿美元左右,排名全球第23位,租赁渗透率仅为1.3%;租赁交易规模与GDP之比约为0.19%,全球排名第48位,与我国整体经济发展水平很不相称。随着我国融资租赁宏观经营环境的改善,我国融资租赁市场将获得长足发展。

2.租赁概念认知程度低

在国内,“租不如买”还是大部分企业经营者和个人的主导意识,许多企业特别是设备生产商还未走出认识误区,经营理念落后,还未意识到运用租赁促销的独到性、重要性和迫切性,依然停留在一次性买断的传统观念上,这在一定程度上影响了租赁业的市场发育和产业成长。

第三节　汽车租赁基本概念

一、汽车租赁的三大类别

虽然汽车租赁具有“租赁物为汽车的租赁”这一共性,但如同租赁是一个多种行业的集合体一样,汽车租赁是由汽车租赁服务、汽车融资租赁、带驾驶员汽车租赁三个类别组成。这三个类别分别属于服务行业、金融行业、道路运输行业,它们在行业特征、行业监管、经营方式等方面有比较大的差别。需要特别强调的是:虽然汽车租赁是一个由三个差异较大的行业聚合在一起的集合体,但从具体业务操作方面看,这三者并无显著区别,比如信用审核、成本核算、业务流程等。特别是汽车租赁服务与汽车融资租赁,它们的主要差别在于财务的记账原则,这一差别几乎对业务操作没有任何影响。因此在本书的后面几章,我们不再将汽车租赁分为汽车租赁服务、汽车融资租赁和带驾驶员租赁三个部分单独描述,而使用汽车租赁这个统一的名词。

二、汽车租赁的功能

(一)运输服务功能

从交通运输业来讲,汽车最终作为交通运输工具来使用,是汽车租赁最本质的特点。为此,汽车租赁首先具备提供客、货运输的服务功能。其服务特性主要表现在以下两个层面:一是可以满足城市客运特殊出行需求,如企业及个人的个性化用车需求,即企、事业单位的商务用车、公务用车及旅游用车、私人用车等;二是对客货运输及社会需求车辆提供汽车资产管理服务,主要表现在可以高效率地解决客、货运输企业车辆的集中采购、专业管理方面,同时还可使全社会的运力资源配置得以优化;三是带驾驶员汽车租赁是客运和货运服务的补充形式,丰富现有的包车客运、货物零担运输业务。

(二)融资功能

由于汽车租赁兼具租赁业的功能,而租赁最突出的功能就是融资功能,这种融资功能主要表现在对中小企业及个人消费者提供融资服务方面。特别是对于资本短缺的中小企业来说,利用租赁汽车的方式,可以节省固定资本投资,增加流动资本,不但可以改善企业的现金流,扩大生产经营规模,还可增强企业再生产能力和占有市场的能力。对于个人消费者则可以借助租赁方式增强汽车购买能力,提前将潜在的汽车消费需求转换为现实需求。

(三)渠道功能

在整个汽车产业链条中,汽车租赁是联系上游汽车制造厂商与下游二手车交易市场与各类消费群体的节点,属于汽车服务贸易范畴,是一种将汽车所有权和使用权分离的贸易形式,这种形式早已成为国外各大汽车厂商扩大销售、激发潜在需求向现实需求转化的重要手段。即汽车租赁在其上、下游之间促动汽车所有权、使用权的转移和货币资本的循环流动。这样,使汽车制造厂商不但开辟了一条重要的销售渠道,扩大了产品的宣传,同时还能够及时获取消费市场信息,提高产品的竞争力,在刺激投资需求、推动信用消费等方面扮演着重要角色,使汽车制造厂商能够更多地拓展潜在客户,并快速回笼货款。而且随着汽车业营销模式的转变,厂商通过租赁进行销售的方式使得供需直接见面,减少了中间流通环节,有利于降低投资与消费成本,使投资品、消费品加速进入投资领域和消费领域,从而形成投资和最终消费,进而拉动经济增长。显著的渠道功能,能够强有力地推动汽车制造业的快速发展。世界上主要的汽车租赁企业都开展二手车的销售业务,甚至建立独立的汽车销售公司,如赫兹汽车销售公司、巴基特汽车销售公司等。表1-8是2007年美国汽车销售和服务企业的排序,可以看出汽车租赁企业在汽车销售渠道中的重要地位。

《财富》杂志2007年美国500强中汽车零售和服务企业的排序 表1-8

排 序	公司名称	美国财富500强排序	年营业额(亿美元)
1	全美汽车租赁 (Auto Nation)	122	193.14
2	联合汽车集团 (United Auto Group)	205	121.10

续上表

排　序	公司名称	美国财富500强排序	年营业额(亿美元)
3	声波汽车 (Sonic Automotive)	285	87.06
4	赫兹全球控股 (Hertz Global Holdings)	301	80.58
5	安飞士巴基特集团 (Avis Budget Group)	405	56.89

(四)资源配置功能

汽车租赁公司作为一个租赁交易平台,可以使汽车设备需求企业通过租赁方式吸收各方资本形成最终的汽车设备投资,这种投资是通过租赁公司在货币市场与资本市场采取借贷、拆借、发债、上市等融资手段来实现的。从另外一个角度讲,实际是在全社会进行了资本资源的自动配置,特别是融资租赁还可为投资人提供新的投资领域和手段,投资人通过投资于租赁基金、购买租赁证券等方式,在不参与租赁经营条件下进入融资租赁市场,同时获得融资租赁和金融创新所带来的回报。

特别是对于银行来说,通过租赁公司可以减少银行直接对企业的固定资产贷款,有利于改变银行的资产信贷结构,增加银行资产的流动性。并将银行的信贷风险由直接多头对贷款客户转变为对租赁公司,可使风险达到相对集中的控制,最终减少银行的信贷风险。这样,即有利于拉动银行的信贷规模,加大投资力度,又可以更加合理地控制信用风险。同时,对于银行来说,还多了一条稳定的资金配置渠道。

由于资本资源的配置效应,同时带来的是对其他资源如生产资料资源、人力资源等资源的潜在配置作用。

三、汽车租赁的特征

由于汽车租赁是涉及出租人、承租人、汽车生产厂商、金融服务商等多个相关方的一种交易行为,特别是其所有权与使用权的分离,使其主要具备与其他交易不同的一些特征:

(一)服务性

服务性是汽车租赁具备的首要基本特性。即汽车租赁经营者通过服务在汽车上获得增值利润的特征。从广义的范围来看,汽车租赁企业能够为全社会提供“车辆资产的管理服务”。这种服务包括车辆的购置、出租、维修、车辆救援、车辆保险、车队管理等内容。而从满足需求角度来看,汽车租赁业可满足道路运输业、汽车制造业、中小企业以及个人消费者的租车需求。

(二)契约性

汽车租赁的契约性是指交易双方通过签订合同的形式进行交易,即通过将汽车作为一种商品或资产以使用权与用益物权转移的形式进入企业的生产活动中或进入个人消费者的生活中,其本质是一种新型的商品消费形式和流通形式,而不是像出租汽车一样只是一种公共运输方式。因此,这种交易形式一般需要签订相应的租赁合同将汽车租赁经营者、承租人和租赁标的物“汽车”的使用权及用益物权有机地联系起来,明确租赁双方的权利和义务,以及违约责任和特别约定等条款，从而保证双方的责任与权利有据可依、按法行事。

（三）高风险性

汽车租赁业是一个信用消费特征比较明显的行业，加上汽车本身是高价值的消费品，使得汽车租赁业成为一个高风险的资本密集型行业。这种风险主要表现在以下几个方面：

1. 信用风险

以融资租赁为例，由于融资租赁是一种将融资与融物相结合的租赁方式，在承租人选择厂商并确定租赁标的物后，由出租人提供资金购买资产提供给承租人，出租人则面临承租人欠租的信用风险，这种风险涉及承租人的信用等级。因此，对于承租人的公司结构、经营信息、债务信用等相关信息的判别则至关重要。

2. 宏观政策环境风险

主要指一个国家的宏观政策走向带来的风险，包括经济发展目标的变化带来的影响，行业的政策倾斜带来的影响，以及对外开放政策、企业制度改革政策、财政与货币政策、监管体系的变化等一些不确定因素带来的风险。仍然以融资租赁为例，我们来看一下其存在的风险因素。由于融资租赁一般使用固定利率，由于租金固定，租金除包括租赁标的货价外，主要是融资利率，但市场利率是变化的，使租赁企业面临利率风险，如果在租赁期内利率发生不利变动，租赁公司的融资成本就会增加，原定收益就会下降，这样就会给租赁经营者带来相应的收益风险。

3. 残值价格波动风险

对于租赁来说，由于在租赁期满后，承租人一般会将租赁物退还给出租人，而出租人的经营利润一般体现在资产的残值上。出租人既面临信用风险，同时由于资产的残值取决于当时的市场公允价值，还受到市场供给的影响及物价水平变化波动带来的影响，因此，同时还面临资产残值低于预期的风险。

4. 交通事故风险

由于租赁车辆最根本的用途是实现其作为交通运输工具的本质属性，而任何车辆在道路运行时，都存在潜在的发生交通事故的风险。汽车租赁公司由于拥有车辆数量较多，出于降低运营成本的考虑，一般只投保国家规定缴纳的车损险、盗抢险和责任险等险种，还有一些险种是采取自保的形式，这样，就存在发生超出租赁押金数额或保险金额的交通事故的高损失风险。

（四）规模经济性

对于汽车租赁业而言，规模经济性是指通过成批大量投入运营租赁汽车从而实现单位成本降低的一种状况，其规模经济性体现在出租人通过规模化采购汽车，从而降低整体运营成本并向消费者提供有竞争力的价格与服务。而由于汽车是一种高价值消费品，因此，汽车租赁业务的运营起步要求较高，需要投入一定数量规模的汽车实物，同时还需要运营站点的网络化与快速反应的信息系统做支撑，其中，固定成本在总成本中占有很大的比例，“成本最小化”的效能较弱，“规模经济”更多地通过“利润最大化”的效能体现出来，而支持利润最大化的条件主要是集中采购功能、合理的业务流程安排、服务增值等。因此，一般汽车租赁公司的车辆只有达到一定规模的数量后，方可达到最低盈亏平衡点，这种状况决定了只有随着租赁车辆规模的扩大，租赁产品的成本才会呈现出下降的趋势。从市场竞争的要求看，也只有形成一定的规

模,才能确保市场价格大于其平均成本,才可能赢利。因而,一定的规模是汽车租赁企业生存的必要条件。

四、汽车租赁的业务类型

(一)按照汽车租赁类别划分

按照汽车租赁类别划分,汽车租赁的业务类型有租赁服务、融资租赁、带驾驶员租赁三种。

(二)按照车型划分

由于中外汽车划分标准不同,因此按照车型划分汽车租赁的标准也不同。美国将汽车租赁分为客车、货车、通用挂车、休闲用车租赁四类。

我国汽车租赁行业按照车型划分汽车租赁业务的习惯标准是小客车(≤5 座)租赁、旅行车(>5 座且≤9 座)租赁、大客车(>9 座)租赁、货车租赁。

(三)按照车辆等级划分

按照车辆等级划分,汽车租赁分低档车、中档车、高档车租赁。

(四)按照租期划分

按租期长短划分,汽车租赁可分为长期租赁和短期租赁。虽然相对而言,汽车租赁服务业是短期租赁,汽车融资租赁是长期租赁,但此处所说的长、短期租赁是指对汽车租赁服务的划分标准。

1. 长期租赁

长期租赁是指出租人与承租人签订长期(一般以年为单位计算)租赁合同,按照长期租赁期间发生的费用(通常包括车辆价格、维修费、各种税费开支、保险费及利息等)扣除预计剩余价值后,按照合同月数平均收取租赁费用,并提供汽车功能、税费、保险、维修及配件等综合服务的租赁形式。租赁时间较长,一般超过1年,属中长期租赁。此类承租人一般为企业,租赁车辆一般用于企业商务活动,有部分承租人为个人,主要是个人生活、工作自用。

2. 短期租赁

短期租赁是指出租人根据承租人要求签订短期(一般以小时、日、月为单位计算)租赁合同,按照租赁期间发生的费用收取租赁费用,以解决承租人在短期租赁期间的各项服务要求的租赁形式。短期租赁一般以个人零散租赁为主,主要用来满足个人休闲旅游需求,还有部分承租人为企、事业单位会议、商务接待等临时用车。在实际运营中,一般不超过半年,又进一步细分为短期(15 天以内)、中期(15~90 天)及长期(90 天以上)。

(五)按照承租人的使用目的划分

按照承租人的使用目的划分汽车租赁分商务租赁与私人租赁。商务租赁是指单位租赁车辆用来满足商务用车需求,而私人租赁一般指个人租赁车辆用来满足个人工作、生活、旅游用车需求为主。

(六)按照是否提供租赁车辆的驾驶员划分

如果上述任何一类汽车租赁业务同时也提供操作人员即驾驶员,则属于客运包车业务,应按照有关客运管理规章办理包车客运手续。但如果承租人雇佣驾驶员驾驶租赁车辆,则仍属于汽车租赁范畴。

第四节　汽车租赁服务

目前我国对汽车租赁的定义,准确地讲是汽车租赁服务的定义。如国内贸易部1997年出台的《汽车租赁试点工作暂行管理办法》(已废止)称"汽车租赁为实物租赁,是以取得汽车产品使用权为目的,由出租方提供租赁期内包括汽车功能、税费、保险、维修及配件等服务的租赁形式。"其中对"实物租赁"国内贸易部《实物性租赁业务试点工作管理试行办法》的解释是:"实物性租赁,是区别于融资性租赁,以取得设备(包括汽车)、工具和耐用消费品等使用权为目的的租赁形式。"可以看出,实物租赁就是《中华人民共和国合同法》中的"租赁",而不包括融资租赁。中华人民共和国交通部和中华人民共和国国家发展计划委员会1998年发布的《汽车租赁业管理暂行规定》(已废止)对汽车租赁的定义是:"汽车租赁是指在约定时间内租赁经营人将租赁汽车交付承租人使用,收取租赁费用,不提供驾驶劳务的经营方式。"应当说这个定义包含了租赁最基本的概念,也说明了汽车租赁服务与客运的区别。《上海市出租汽车管理条例》(2006年修订)比较明确地提出了汽车租赁服务的概念,不过该条例将汽车租赁服务称为"车辆租赁服务",而且认为"车辆租赁服务"是出租汽车经营活动。

一、行业属性

汽车租赁服务主要解决客户交通方面的一时之需,属于服务行业,目前多数地区不需要行业审批,只需在工商管理部门登记注册后即可营业。汽车租赁按照服务行业纳税,营业税是营业额的5%,使用服务行业发票。车辆承租人的租金支出只能记入费用项目,不能列入资产项目。

二、经营特点

多数在商业区、居民区、交通枢纽设立门店,实行柜台式营业和异地租还车的连锁服务;租赁车辆陈设在营业场所供客户挑选;租期较短,租期单位一般为天、月。出租人为客户提供车辆维修、救援、保险理赔服务但不承担车辆使用过程中发生的费用;需要签订租赁合同,租赁费用预付,租赁双方当面交接租赁车辆。

三、赢利模式

汽车租赁企业根据经验设定某车辆经营周期内的出租率,根据成本、出租率、经营周期计算出一个保证租金收入与成本基本持平的租金标准,按此标准收取租金。经营周期结束时销售租赁车辆的收入即为该租赁车辆在经营周期内的盈利。由于实际出租率和二手车销售价格的不可预测性,汽车租赁企业承担汽车租赁的经营风险。

四、经营主体

我国最早的汽车租赁服务企业无一例外都是从出租企业派生出来的。这主要是由于汽车租赁服务行业早期的业务特点和服务概念与出租比较接近,而且当时正赶上出租行业的不景气时期,部分停驶出租车需要寻求出路,出租汽车企业非常迫切地要将租不出去的出租车(承租人为出租车驾驶员)租出去,这样出租汽车行业较容易实现汽车租赁的业务转型。近年来,

由于看重汽车租赁将成为重要的交通方式和汽车销售渠道并对我国汽车租赁行业发展充满信心，一些具有风险投资和汽车行业背景的资本以及国外汽车租赁企业开始进入这个行业。国内代表性企业有：首汽租赁有限责任公司、安吉汽车租赁有限公司（使用安飞士品牌）、深圳市至尊汽车租赁股份有限公司、神州租车（中国）有限公司，其中后两家企业侧重汽车短期租赁；国际代表性企业有：赫兹全球控股（Hertz Global Holdings）、安飞士巴基特集团（Avis Budget Group）、欧洲汽车（Europcar）、美元繁荣汽车（Dollar Thrifty Automotive）。

五、行业监管

由于汽车租赁与出租汽车的这种渊源，我国汽车租赁行业发展的初期汽车租赁被作为出租汽车行业进行监管，必须获得行政许可后才能办理工商登记。1998 年交通部和国家计委发布的《汽车租赁业管理暂行规定》规定各级道路运输管理部门负责汽车租赁的行业监管及汽车租赁开业的行政许可。2004 年《汽车租赁业管理暂行规定》废止后，道路运输管理部门对汽车租赁行业的监管力度大幅削弱。除上海外，包括北京、天津、广州等在内的多数地方放弃了汽车租赁的行政许可并探索其他行业监管模式，比如北京市颁布汽车租赁经营服务的地方标准，实行备案管理，部分省市将汽车租赁作为道路运输辅助服务纳入进行管理。在对汽车租赁的数量控制上，多数城市采取放开政策，上海实行严格的规模控制。

第五节　汽车融资租赁

汽车融资租赁是指出租人根据与承租人签订的汽车融资租赁合同，向承租人指定的汽车供应方购买合同规定的车辆并交付承租人使用，并以承租人支付租金为条件，在合同结束时将该车辆的物权转让给承租人。与其他融资租赁相比，汽车融资租赁的销售特征更明显，有统计资料显示，在国外汽车销售中全额付款、分期付款和融资租赁的比例分别为 30%、54.6%、15.4%，融资租赁已成为汽车销售比较重要的渠道。

汽车融资租赁是一种买卖与租赁相结合的汽车融资方式。一般而言，汽车融资租赁须具备一定的条件，否则不属于汽车融资的范畴，而只是汽车租赁服务。这些条件包括：

1）如果消费者支付的费用（包括租金及相应赋税）已经相当于或者超过汽车本身的价值，依照汽车租赁合同，消费者有权获得该汽车的所有权；

2）如果消费者（承租人）在租期届满时所付租金总额尚未超过汽车价值，消费者（承租人）此时享有选择权，对租期届满后的汽车可以下列任何一种方式处理：

（1）在补足租赁合同中事先约定的相应余额后成为汽车的所有权人；

（2）如果汽车现值高于约定的余额，消费者可以出卖所租汽车，向零售商偿还该余额，保留差价从中获利；

（3）将该汽车返还给出租人。

（4）在租赁期间届满时，消费者欲购买所租汽车，其不必以一次性付款的方式付清。

一、行业属性

汽车融资租赁属于金融行业。汽车的流通可分为全额付款、分期付款和融资租赁三种方式，第一种属于销售行业，后两种也被称为汽车金融，属于金融行业。汽车融资租赁企业的设立需获得行业许可。汽车融资租赁的营业税与汽车租赁服务不同，汽车融资的税基是租金收入与租赁物成本(包括资本成本)的差额，而汽车租赁服务的税基是租金收入。承租人可将支付的租金计入应付资本账户，待合同终止时转入资本账户。

二、经营特点

与汽车租赁服务相比，设立门店、陈设租赁车辆并不是汽车融资租赁业务的必备条件。通常都是由承租人选定车型甚至供应商后，由出租人购买并办理完车辆所有手续后交付给承租人。除融资租赁的共同特点外，汽车融资租赁的特点是一般由汽车销售商为承租人提供维修、救援、保险理赔等服务。汽车融资租赁的租期较长，一般在 2 年以上。由于出租人是在首先确定了承租人并签订租赁合同后才开展经营活动，所以汽车融资租赁的出租人不承担投资风险，出租人承担的只是承租人是否履行租赁合同的信用风险。

融资租赁相对于分期付款，有如下特点：一是虽然以非全额付款方式获得汽车的所有权，但财务上没有负债，资产状况优于分期付款；二是在租期结束时可以选择留购、退租、续租多种方式。由于这些优势，汽车融资租赁在汽车销售中所占比例正逐步上升。汽车融资租赁由于可以附加更多的服务内容，与分期付款相比更为灵活和发展空间广阔，目前已发展出更为丰富的融资租赁业务品种：

(一)合同雇用

就事先确定的期限和里程决定一个租赁价格，通常包括车辆维护和其他由用户选择的服务。出租人拥有车辆的所有权，并承担车辆运营和车辆残余价值的风险。

(二)合同购买

类似于合同雇用，但这是基于一个雇用购买或有条件销售协议的交易。出租人根据上述协议买回所提供的租赁车辆，因此也承担车辆残余价值的风险。

(三)车队管理

由出租人提供有关车队的管理和成本控制服务，对服务收取一定的费用。用户选择服务内容，可能包括：车辆购买、报废处理，以及所有与车辆运营有关的其他各个方面。

三、赢利模式

与金融行业相同，汽车融资租赁的赢利模式也是通过资本交易挣取利差。若我们抛开租赁的形式，将出租人出资购买租赁车辆、承租人支付租金并最终获得租赁车辆的物权的过程看作贷款的话，其实汽车融资租赁的赢利模式就是获得资本交易的利差，即出租人收取承租人支付的租金与购买租赁车辆的支出的差额，这个差额包括利润、经营成本、资本成本。

四、经营主体

开展汽车融资租赁的经营主体有三类：

(一)专业汽车融资租赁公司

这类公司属于只作汽车业务的融资租赁公司，一般都具有汽车销售公司的背景，它们和汽车金融公司的区别是所租的汽车没有特定品牌。根据审批依据不同，这类公司分内资的融资

租赁试点企业和外商投资融资租赁企业。代表型企业有联通租赁集团股份有限公司、长行汽车租赁有限公司、浙江元通汽车租赁有限公司、法兴(上海)融资租赁有限公司。国外知名的汽车融资租赁企业有 ALD Automotive、租赁方案公司(LeasePlan)等。

(二)汽车金融公司

这类公司由汽车制造企业出资设立,为本企业产品的销售服务,主要也是分期付款,但同时也作融资租赁业务。代表企业是各大品牌汽车的汽车金融公司,如大众汽车(中国)金融有限公司。

(三)汽车零售企业

目前国内的汽车零售企业尚未开展汽车融资租赁业务,但在国外非常普遍,如美国的全美汽车租赁公司(AutoNation)。

(四)汽车租赁服务企业

一些规模比较大的汽车租赁服务企业兼营汽车融资租赁业务,如国内的首汽租赁有限责任公司、安吉租赁有限公司,国外的安飞士等。

五、行业监管

目前我国的专业汽车融资租赁企业都是依照《关于从事融资租赁业务有关问题的通知》的规定由原来汽车租赁服务企业获得融资租赁经营许可后发展起来的,这些企业都由商务部负责监管。外商投资的汽车融资租赁公司依照《外商投资租赁业管理办法》由商务部监管。汽车金融公司按照《汽车金融公司管理办法》开展经营活动并由中国银行业监督管理委员会及其派出机构负责监管。

在国外,如果汽车融资租赁公司不以吸收公众储蓄的方式筹措资金,则政府不对其经营活动进行监管。

第六节　带驾驶员汽车租赁

湿租——带操作人员的租赁与租赁的历史同样悠久,《汉谟拉比法典》第 237 条规定,在承租人租用船及其驾驶者,并向驾驶者提供食物、衣服等必要保障的情况下,如果由于驾驶者疏忽导致船及货物损坏,驾驶者应负责赔偿。到了现代,很多大型机械设备的操作需要专业技术人员,带操作人员的租赁业务更为普遍,常见的有交通运输工具的带驾驶人员租赁,比如飞机、船舶的湿租。汽车租赁也同样如此,带驾驶员汽车租赁是一种常见的业务。

一、行业属性

联合国、欧盟和北美的行业划分标准中,都明确规定带驾驶员汽车租赁属于运输行业。比如联合国的《中央产品分类》(Central Product Classification,CPC)是联合国制定的用于统一国际经济活动统计标准的产品及服务目录,它包含国内外贸易中所有可流通和储存的产品和服务。2002 年公布的《中央产品分类》第 1.1 版即将带驾驶员短期汽车租赁划入道路运输服务(见图 1-10),其中带驾驶员客车租赁与出租汽车一样,被视为非班线旅客运输。

在我国,带驾驶员汽车租赁处于非常尴尬的地位:在《国民经济分类》(GB/T 4754—2002)

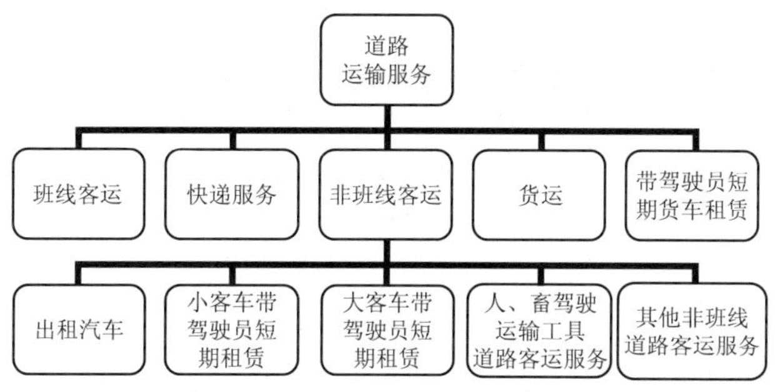

图 1-10 《中央产品分类》(Central Product Classification,CPC)对带驾驶员汽车租赁的行业划分

中租赁业(L73)不包括带操作人员的汽车租赁,在道路运输业(F51)中也不包括带驾驶员汽车租赁。

二、经营特点

国内外的带驾驶员汽车租赁多数是汽车租赁服务的辅助业务,一般没有专门从事带驾驶员汽车租赁业务的企业。带驾驶员汽车租赁以机场接送服务、礼仪用车服务及短期的包车服务为主。在经营服务方面,与旅客运输中的包车业务相同,出租人为承租人提供规定时间内的交通服务并负责车辆使用过程中发生的费用。

三、盈利模式

与客运相同,主要通过提供服务获得利润。收取承租人的费用包括利润、车辆折旧、运营费用和车辆使用过程中发生的费用。

四、经营主体

主要是汽车租赁服务企业。

五、行业监管

由于带驾驶员汽车租赁属于道路运输行业,是包车客运的一种业务,又具有租赁特性,因此多数国家对带驾驶员汽车租赁的管理有别于汽车租赁服务而倾向于客运行业的监管模式,比如伦敦、纽约规定承租人必须经过获得批准的经营商的预约,才能租用带驾驶员的车辆,而且纽约规定带驾驶员车辆的载客不得超过 20 人,承租方不得在街旁搭乘带驾驶员的租赁车。

我国各级道路运输管理部门明确禁止带驾驶员汽车租赁,不承认其为包车客运业务而拒绝按照包车客运程序接受汽车租赁服务企业的客运经营申请,或者经营申请审批的手续烦琐根本无法适应带驾驶员汽车租赁的需要。因此长期以来带驾驶员汽车租赁一直处于非法经营状况,屡屡与现行行业监管模式发生冲突。对此,部分地方已开始调整带驾驶员汽车租赁的管理政策,如 2008 年 1 月深圳市交通局宣布接受汽车租赁企业开展包车客运经营的申请,但仅限于深圳市内的大客车包车业务。

第七节　汽车租赁与其他产业的关系

汽车租赁是一个涉及多个行业的边缘性行业，与汽车租赁业密切相关的行业比较多，主要包括汽车业、租赁业、金融业、交通运输业、旅游业等。

一、汽车租赁与金融业

（一）汽车融资租赁与金融业

金融业对应于汽车工业，是在汽车服务贸易体系中为汽车销售领域和消费市场提供融资、租赁、保险等业务的服务行业，一般称之为汽车金融业。汽车金融服务主要包括三个层面的服务内容：一是为汽车生产厂商服务；二是为汽车销售商服务；三是为汽车消费者服务。发达国家的经验表明，一个国家汽车工业的发展，良好的消费环境和完善的销售体系固然重要，但也需要比较完善的汽车金融服务体系提供较强劲的支持。汽车金融服务能够有效地刺激消费，调剂社会消费资金，充分调整现实消费需求和潜在消费需求的结构性矛盾，不仅在各交易主体之间实现了新的权责利平衡，更主要的是为客户提供了新的融资方法。作为汽车金融的一个具体业务类别，汽车融资租赁成为汽车消费需求者解决企业运营资金不足的便捷、高效率的融资手段，不但能够疏通汽车产业的下游管道、避免产品的积压和库存、缩短周转时间、提高资金使用效率和利润水平，同时还可使汽车产业的高价值转移性得以顺利实现。

（二）汽车租赁服务与金融业

汽车租赁服务是一个资本密集型行业，必须有各种形式的金融支持。一方面汽车租赁服务业务以其多种多样的市场功能，可以为各交易主体提供新的投资市场，成为设备厂商配置设备资源、银行和投资机构配置信贷资金和社会投资资金的新渠道；另一方面各种投资解决了汽车租赁服务行业由于没有金融机构背景造成的融资能力不足的问题。

二、汽车租赁与汽车业

（一）汽车租赁是汽车服务贸易体系的组成部分

就汽车工业而言，可分为生产、销售及售后服务市场三个环节。国际上通常将汽车出厂后的相关环节统称为汽车售后服务贸易体系，服务贸易体系所涵盖的范围非常广泛，包括国内贸易、进出口、销售、信贷、保险、租赁、物流、售后服务和信息咨询等领域的所有相关内容。汽车租赁以两种方式参与汽车服务贸易体系：

1. 汽车融资租赁

汽车融资租赁的特殊功能使得其既是促进汽车销售的一个重要渠道，又是汽车金融服务必须依赖的一个重要环节。在发达国家，这种形式早已成为国外各大汽车厂商扩大销售、激发潜在需求向现实需求转化的重要手段。如美国的主要汽车生产企业用租赁方式营销的汽车占总产量的30%以上，在德国甚至达到70%。即使现在已经是非常成熟的市场，近几年汽车融资租赁规模仍以年均8%的速度递增。

2. 汽车租赁服务

汽车租赁服务虽然不直接销售汽车，但在整个汽车产业链条中，汽车租赁的上游是汽车制造厂商,下游是二手车交易市场与各类消费群体,汽车租赁的功能是在其上、下游之间促动汽车所有权、使用权的转移和货币资本的循环流动,通过建立汽车租赁服务、二手车产业链,可以均衡各环节利润,降低二手车的价格,促进汽车流通,而促进交易量的大幅提升,是一条重要的间接汽车销售渠道。此外,汽车租赁服务能够及时将消费市场信息传递给生产厂商,从而使生产厂商提高产品的竞争力。

(二)汽车租赁与汽车业的密切关系

汽车租赁与汽车制造是一种相互服务的关系:汽车制造通过汽车租赁的展示和渠道作用,为其新产品的推广和销售服务;汽车租赁企业依靠与汽车制造企业的合作减少资金压力,获得租赁车辆供应支持。发达国家很多大型汽车租赁公司的背后都有知名的汽车生产厂商在支持,像全球经营规模最大的汽车租赁企业赫兹国际控股,2002 成为福特汽车公司的全资子公司,安飞士汽车租赁公司的背后是通用汽车公司,而全球第三大汽车租赁公司欧洲汽车是德国大众全资控股的子公司,隶属于日本丰田汽车公司的丰田汽车租赁公司是日本第一大汽车租赁公司。在具体业务上,汽车制造和汽车租赁有非常成功的合作,如 2007 年赫兹国际控股的 31 万辆小客车是以汽车制造企业定期回购或者定价回购的方式从福特、通用汽车制造企业购买的,这样可以大大降低赫兹的因车辆残值波动所承担的经营风险,福特汽车甚至为赫兹公司负担部分广告费,因为赫兹大量使用福特汽车为福特作了良好的广告宣传。

三、汽车租赁与交通运输业

汽车作为交通运输工具使用的这一事实,是汽车租赁最重要的特点,其使用价值始终是在交通运输过程中实现的。因此,汽车租赁由于其所具备的独特的如融资、促销、资产管理等功能,在整个交通运输业中的作用越来越受到重视。从汽车租赁的功能与特性来讲,其在交通运输业中的作用主要表现在以下几个方面:

(一)丰富道路运输服务内容

租赁汽车具备道路运输业中其他所有客货运输方式的服务功能。从客运角度讲,可以满足城市客运市场商务及私人个性化出行方式的需求,以及企业和个人的多样化用车需求,如企、事业单位的商务用车、公务用车及旅游用车、私人用车等,与其他客运方式如公共汽车、地铁、电车、出租车等的运输服务作用相同,但对于单位、企业的自用车又多了一条服务内涵丰富的车源渠道;从货运角度讲,租赁汽车同样可以为货运需求提供车辆服务,满足企业临时性货运运输需求或不同类型货运车辆的需求。

(二)为道路运输企业规模化、集约化发展提供支持

融资难是制约我国道路运输企业发展的瓶颈。城市公交业、城际快运和物流业在我国具有良好的发展前景,对车辆有着大量的和持续的需求,是融资租赁服务于交通运输业的一条非常好的出路,已有杭州、西宁等城市在政府财政无法满足城市公交扩容、更新的情况下利用融资租赁的方式满足城市公交发展的需要的成功范例。部分货运、物流企业也在尝试利用融资租赁方式扩大运力。

(三)在组织运营模式方面提高道路运输功效

除通过车辆科技手段提高道路运输的资源利用功效外,汽车租赁可通过专业化的服务使道路运输行业实现资源的有效整合。汽车租赁的组织运营模式可以高效率地解决客、货运输

企业的购车融资问题及其车辆的集中采购、专业管理问题，促使客、货运输企业的运输成本降低并提高运输效率与经济效益。同时具备对运力资源进行有效配置的独特作用，不但能够提高对社会闲散运力资源的利用率，还可促进道路运输的专业化程度、降低车辆空驶率、提高车辆的里程利用率和设备利用率。

(四)改善城市交通结构

1. 汽车租赁在宏观上合理调整城市交通结构

在宏观层面，城市交通可分为使用公共交通工具和使用自备交通工具两大类。由于两种交通模式的交通资源利用率不同，从缓解城市交通拥挤考虑，鼓励使用公共交通工具。

在汽车租赁被抑制的情况下，城市交通需求向使用公共交通工具的低端和使用自备交通工具的高端两个极端分化。当汽车租赁行业的服务比较完善的时候，由于出现了更多需求选择空间，中端需求的人们可以不必因部分的高端需求而购买车辆，而购买车辆是造成车辆滥用的主要原因。因此，发展汽车租赁客观上可以减少交通拥挤。图 1-11 是不同消费能力下公交、租赁车、自备车需求的相互关系。

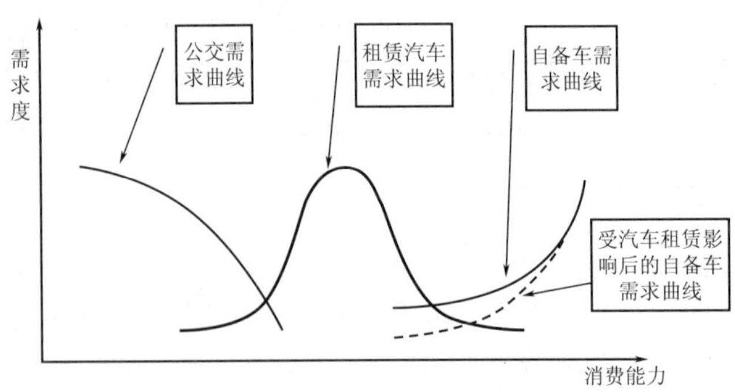

图 1-11 不同交通方式的需求与消费能力的关系

从图 1-11 可以看出，对自备车的需求，在一定消费能力范围内是上升趋势。由于汽车租赁对自备车的需求有分散作用，当汽车租赁充分发展后，自备车的需求就会下降(图中的虚线)，减少自备车数量。因此，发展汽车租赁是对城市交通结构的合理调整。

2. 汽车租赁在微观上合理调整公共交通结构

我国城市公共交通结构存在的一个比较突出的问题是出租汽车运力过剩。汽车租赁的服务功能，部分与出租汽车相重合。表 1-9 是在 4h、行驶 120km 的条件下，使用出租汽车和租赁汽车两种交通方式所需费用进行比较：

出租汽车与汽车租赁费用比较(单位:元)　　表 1-9

	车　费	租　金	燃料费	等候费	总　计	备　　注
租赁	0	120	65	0.0	185	租金 30 元/h，油耗 9L/百 km，油价 6 元/L
出租	280	0	0	8	288	车费 2 元/km，超 20km 加 50%，等候 2 元/5min，等候时间 20min

从表 1-9 可以看出，在某些条件下，若以货币成本计算，使用租赁汽车作为交通工具，比出租汽车更经济。租赁汽车还有随意性强、体面等出租汽车无法比拟的优点。

据统计，目前大城市出租汽车的空驶率已超过50%，是城市交通堵塞、空气污染、能源浪费的原因之一。而租赁汽车，只有在客户需要的时候，它才上路行驶，相对于出租汽车空驶为零。无论从经济还是社会角度来说，汽车租赁比出租汽车有更多的发展动力，更符合国民经济可持续发展的要求。在发达国家，汽车租赁与出租汽车的重要性已难分伯仲，在美国多数城市租赁汽车的数量已远远超过出租汽车。

四、汽车租赁与旅游业

在汽车租赁业比较发达的国家，汽车租赁业与旅游业及航空运输业密切相关，很多机场、码头和火车站都有汽车租赁站点并且在预订等各方面实行资源共享。很多知名的旅游企业都直接投资汽车租赁行业或者在业务上与汽车租赁企业进行车辆预订、积分优惠互换等方面的广泛合作。

随着旅游消费档次的提高，使用小型交通工具、自主设计旅游线路的需求不断扩大。近年来，我国为旅客提供用于旅游观光的车辆甚至包括驾驶员的市场需求很大。但在我国，旅游运输行业基本是客运的一个业务类别，车型相对单一，无法满足个性化旅游交通的需要。在很多旅游城市，越来越多的自主旅行都依靠汽车租赁服务企业提供交通工具和服务，比如在海南省，当地汽车租赁行业比较发达，主要为旅游者提供租赁车辆或者带驾驶员汽车租赁服务。可以预见，汽车租赁将作为一种旅游交通方式随着我国旅游行业的发展而发展。

思　考　题

1. 什么是租赁？租赁是一个行业吗？
2. 租赁与买卖的区别与联系是什么？
3. 租赁、融资租赁、销售三者的关系是什么？
4. 为什么我国租赁的概念比较混乱？
5. 我国如何划分租赁的类别？
6. 国外如何划分租赁的类别？
7. 简要说明租赁与融资租赁的主要特点和区别是什么？
8. 租赁的发展经历了哪几个阶段？
9. 现代租赁产生的原因是什么？现代租赁的特点是什么？
10. 目前世界上租赁行业最发达的四个国家（地区）是哪些？
11. 我国现代租赁发展的起因是什么？
12. 简述我国租赁发展的四个阶段。
13. 汽车租赁包括哪三个类别？
14. 汽车租赁都有哪些功能？
15. 汽车租赁的主要特征是什么？
16. 汽车租赁的业务类型可以按照哪几个标准划分？都是什么业务类型？
17. 带驾驶员汽车租赁属于哪个行业？应当如何监管？
18. 汽车租赁与哪些行业关系比较密切？
19. 汽车租赁中哪种业务类别对城市交通有一定影响？

第二章　汽车租赁行业发展状况

第一节　发达国家汽车租赁发展历程

一、汽车租赁服务

（一）初创阶段

汽车租赁最初的功能是满足客户的交通、运输需求。1918 年 9 月，22 岁的汽车租赁先驱沃尔特·L·雅各布在芝加哥设立了一家租车公司，这是第一家将汽车摆在店门口，为客户出行提供自己驾驶车辆服务的企业，这种被称为“自己驾驶”的汽车租赁业务正式风行起来。直至今日，赫兹仍然以汽车租赁服务——短期租赁为主营业务。

随后，一系列的美国汽车租赁公司相继诞生，如 1933 年成立的雷德公司、1946 年成立的安飞士公司、1958 年成立的繁荣公司和巴基特公司、1966 年成立的美元公司都是以小客车短期租赁为主。同时，欧洲地区也陆续成立了一些汽车租赁企业，如成立于 1949 年的欧洲汽车、成立于 1951 年的塞克斯。

（二）成长阶段

20 世纪的 60 年代至 80 年代，以美国为代表的发达国家的航空业、旅游业、汽车业得到充分的发展并开始向其他关联行业渗透。特别是航空运输业的发展，使得航空运输费用大幅降低，成为一种大众化的交通方式，许多以航空为主的旅行者需要与之衔接的陆上交通工具。借助这个良好契机，汽车租赁作为航空为主的各类交通运输中的一环，随着航空、旅游业的发展而快速成长，如安飞士就是在这一时期从机场的汽车租赁起家的。在这一段时间汽车租赁公司迅速增加，每个企业都在价格、服务两个方面形成了自己独特的核心竞争力，在面向公司或个人方面改进服务质量以细分市场，而其中一部分企业开始关注地区占有率并伴随航空业务，尝试开展全球连锁服务。在租赁站点网络方面，由于业务来源更多地依赖于航空运输业，因此，机场租赁站点占据大部分比例，约达到总站点数量的 70%，而客户类型主要以商务旅行用车及个人旅游用车为主。

（三）调整阶段

在 20 世纪 90 年代经济衰退以后，航空业旅游业、汽车业、汽车租赁业都受到相当程度的打击，来自公司与个人的租赁业务都大幅度降低，迫使汽车租赁企业大幅减小车队规模，市场环境使得小企业之间的竞争、兼并非常激烈，许多小企业甚至由于运营成本高而难以为继，只有一些租赁价格低廉、管理良好、租赁网络渠道畅通的企业存续下来，整个汽车租赁行业处于调整和停滞阶段。

(四)成熟阶段

20 世纪 90 年代后期,随着汽车租赁企业在控制运营成本上取得巨大进步,特别是许多汽车生产厂商开始直接控制租赁企业并进行运营,汽车租赁行业的租赁价格又有一定程度的下降,从而使市场实现了进一步的增长,竞争更为激烈。在这种背景下卫星跟踪技术、电子信息技术在企业管理中广泛应用,使企业在改善租赁站点网络、加强预约效率、提升管理水平等方面取得了巨大的进步,更是带动了行业的升级与产业技术等级的提升。这一时期汽车租赁行业发展的特点是电子商务带来的便捷服务。

电子商务的发展既为汽车租赁规模化发展创造了条件,同时也提出了规模化发展的要求,此后出现行业重组的趋势,例如美元和繁荣公司、安飞士和巴基特公司分别整合成两个大公司。这个时期基本构成了以几个大型跨国公司为主的全球汽车租赁市场格局。表 2-1 是世界主要汽车租赁服务企业的经营数据。

2007 年世界主要汽车租赁服务公司的基本数据　　表 2-1

项目 / 数据 / 租赁公司	营业额(亿美元)	利润(百万美元)	资产(亿美元)	车辆(辆)	站点(个)	雇员(人)
赫兹全球控股(Hertz Global Holdings)	86.86	264.6	192.56	550000	7600	29350
安飞士巴基特集团(Avis Budget Group)	59.86	-916.00	124.74	425000	6900	24600
欧洲汽车(Europcar)	30.43	405.16	*	215000	5300	7700
塞克斯集团(Sixt Group)	22.70	257.13	29.62	*	1684	2341
美元繁荣汽车(Dollar Thrifty Automotive)	17.6	1.20	38.92	*	1475	8500
雷德系统公司(Ryder System)	65.66	253.9	144	*	*	28800

这些汽车租赁服务企业一是规模比较庞大,比如赫兹、雷德公司分别位居美国汽车零售和服务行业、货运及物流行业的第 4 名、第 2 名;二是虽然这些企业的经营区都有一些侧重,比如欧洲汽车和塞克斯集团业务重点在欧洲,美元繁荣汽车重点在美洲,但它们都属于全球性或地区性的跨国企业,以连锁或授权经营的方式在全球范围内开展汽车租赁服务业务。赫兹、安飞士、雷德公司都已在中国设立公司并开展业务,欧洲汽车、塞克斯也已采取授权经营等方式在我国开展业务。

到目前为止,汽车租赁服务已成为一种重要的道路交通服务模式。在欧美等国家,客车租赁服务的规模仅次于自驾车,超过了出租汽车;货车租赁也成为主要的货物运输和物流的业务形式,例如美国最大货车租赁企业雷德公司也是美国第二大货运和物流公司。表 2-2 是 2006 年部分美国城市出租汽车与租赁车辆数量比例。

美国主要城市出租/租赁比较　　表 2-2

序　号	城　　市	出租车(a)	租赁车(b)	a/b
1	亚特兰大	1600	40000	3.95%
2	奥斯汀	700	8850	7.91%

续上表

序　号	城　　市	出租车(a)	租赁车(b)	a/b
3	巴尔的摩	1151	14075	8.18%
4	波士顿	1565	27000	5.80%
5	芝加哥	6000	30000	20.00%
6	代顿	117	4000	2.93%
7	底特律	1310	18300	7.16%
8	休斯顿	2245	26350	8.52%
9	洛杉矶	2300	50000	4.60%
10	明尼阿波利斯	600	16000	3.75%
11	纽约	11787	10000	117.87%
12	旧金山	1381	28000	4.93%

二、汽车融资租赁

随着汽车制造业发展壮大,汽车租赁在汽车销售中的作用逐渐显现,并逐步发展成与分期付款作用相当的销售形式,这样汽车租赁的发展进入了第二个阶段——汽车融资租赁发展阶段。

虽然汽车融资租赁的发展起步晚于汽车租赁服务,但由于其在汽车销售中的不可替代的作用,汽车融资租赁的规模正在稳步扩大并接近汽车租赁服务。图2-1是世界最大的汽车融资租赁公司之一荷兰租赁方案公司(LeasePlan)近年来的主要营业数据。

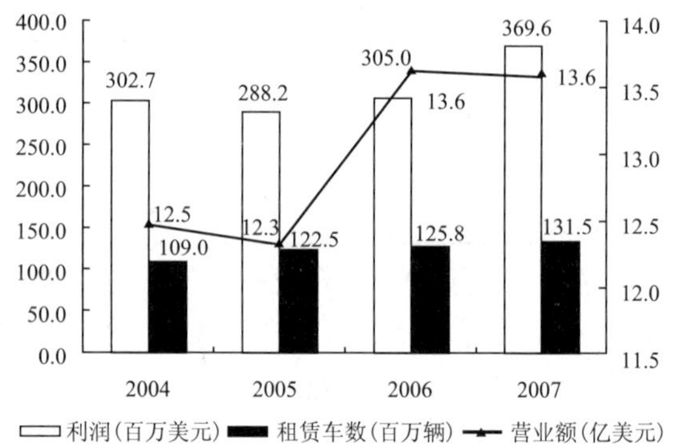

图2-1　LeasePlan2004～2007年营业额、利润、租赁车辆数统计

从这些数据可以看出,该公司主要经营指标基本呈上升趋势,而且利润、租赁车辆数已超过赫兹等汽车租赁服务企业。

由于国外汽车租赁市场划分得比较细,因此虽然彼此业务之间有一些交叉,但基本形成汽车租赁服务、汽车融资租赁两个比较明显的市场。比如赫兹公司早年也从事汽车融资租赁业务,但为了专注发展汽车租赁服务业务,2003年赫兹公司将其汽车融资租赁公司卖给了法国兴业银行,更名为ALD Automotive后成为法国兴业银行旗下的专业汽车融资租赁公司,目前该公司是世界最大的开展汽车融资租赁业务的企业之一。

目前,汽车融资租赁市场已迅速扩展到全球各个地区及国家,发展较好的国家以美国、欧洲等国家或地区为主。这些国家或地区显著的特点是汽车工业比较发达,汽车融资租赁已发展成为租赁业中最具特色与规模的融资性租赁业务,在促进各国汽车工业的发展方面担当了非常重要的角色。美国以较高的汽车租赁业务收入(约占全球50%的市场份额)领导着全球的汽车融资租赁市场。欧洲的汽车融资租赁市场份额排在第二位,其中德国为欧洲最大的汽车融资租赁市场。汽车融资租赁是租赁业中设备租赁的一个主要组成部分，在经济发达国家，设备租赁业的发展经历了从单纯的出租服务和简单金融租赁服务，到包括创造性金融租赁服务、经营性租赁、新租赁产品、全方位租赁、供应链服务多种形式租赁的发展过程。汽车融资租赁是设备租赁中最具特色与规模的融资租赁业务，在汽车租赁业比较发达的国家，汽车融资租赁在促进汽车工业的发展方面担当了非常重要的角色。

第二节　发达国家汽车租赁现状

一、市场结构

全球的汽车租赁市场主要集中在美国、欧洲和日本市场。图 2-2 是 2007 年全球汽车租赁服务营业额的数据统计，其中亚太地区的数据不包括日本。

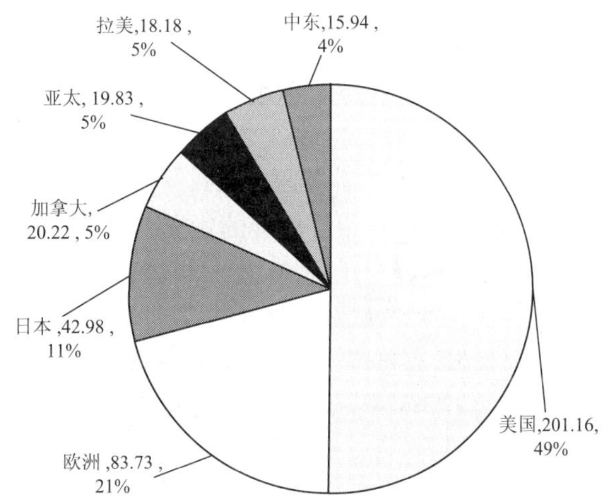

图 2-2　全球 2007 年汽车租赁服务营业额及市场比例（单位：亿美元）

二、业务结构

（一）客运汽车租赁

在汽车租赁业发达的美国、日本、德国等国家汽车租赁服务又可分为休闲用车、商务用车和保险替代用车三种业务。其中旅游等休闲类消费用车超过市场总额的一半，其次是用于与经营活动相关的商务用车。在一些国家保险公司都为发生交通事故的客户提供事故损坏车辆的替换用车，这部分车都是由投保人向汽车租赁服务公司租用，但费用由保险公司支付，由于车辆保有量大，交通事故相对较多，所以这种业务在汽车租赁市场中也占有一定比例。表 2-3 是 2007 年美国、日本、德国等国家汽车租赁市场构成。

美国、日本、德国等 2007 年汽车租赁主要业务营业额和比例　　表 2-3

	休闲用车	商务用车	保险替换	合计
营业额（亿美元）	205.8	155.3	40.9	402
所占比例	51.2%	38.6%	10.2%	100%

欧美等国在机场的汽车租赁业务所占比例较大，如果按照营业地点划分汽车租赁业务，汽车租赁业务构成可以分为机场业务和非机场业务两大类，表2-4是美国、日本、德国等按照营业地点划分的市场分布，从该表可以看出，在机场的汽车租赁业务占有相当比例。

美国、日本、德国等按照营业地点划分营业额和比例 表2-4

	机场业务	非机场业务	合 计
营业额(亿美元)	252.3	149.7	402
所占比例	62.8%	37.2%	100%

(二)货运汽车租赁

欧美国家的货运汽车租赁已具有一定规模，根据欧洲租赁企业协会联盟统计，2007年欧洲货运租赁车辆占全部租赁车辆的16.27%。美国的货车租赁也比较发达，几乎所有的货运或物流企业，都利用租赁的方式解决运力，也有客户直接的货运需要通过租用货车解决。1944年美国就出现由17家货车租赁公司组成的北美首家会员制全国性货车租赁公司。目前该公司拥有8万辆货车，在美国和加拿大设有550个服务设施。该公司也是1978年成立的美国货车租赁协会的五个集体会员之一。美国货车租赁也按照规模化模式发展，由初期的很多个小企业不断整合为全国甚至全球的大企业，早在20世纪70年代，全国性的货车租赁公司就由原来的8个重组为2个。美国货车租赁协会拥有650家货车租赁公司，100家供应商，业务范围涵盖货车租赁和货运行业。美国货车租赁协会的货车租赁业务中85%是商业性的业务，包括了一系列的增值服务，该协会管理全美40%的三级至八级货车(4.5t至15t以上的货车)，年营业额250亿美元，在美国、加拿大和墨西哥共设有3万个货车租赁服务设施。据统计，目前美国所有商用货车中21.5%是租赁的，而使用不足五年的相对较新的商用货车中有37.5%是租赁的，所有租赁的货车中68.4%是使用不到五年的货车，美国的货车租赁市场渗透率为30%。

(三)新型汽车租赁业务

随着市场需求的多样性和现代信息技术的提高，除传统的业务模式外，许多更方便、快捷的汽车租赁新业务被不断创新出来。

1.汽车租赁中介服务

这类企业本身并不直接参与汽车租赁经营，而是采取"携程网"模式利用互联网和信息技术，建立汽车租赁预订网络，为汽车租赁企业与用户提供中介业务。这种运营模式成功的原因：一是由于中介方拥有大量的、经过信用审核的客户资源，可以从汽车租赁企业获得批发报价；二是中介方获得的批发价格与汽车租赁企业的直接报价相比具有一定优惠，能够吸引大量的汽车租赁客户；三是拥有丰富的汽车租赁信息，为汽车租赁客户提供方便而受到欢迎；四是作为汽车租赁企业的集中采购代表，与汽车供应商、保险等汽车租赁服务供应商进行价格谈判，为汽车租赁企业争取优惠。国际上这类运营模式最为成功的代表是Autoeurope，它可以提供全球4000家汽车租赁企业、3000家4星或5星宾馆、欧美之间航班以及带驾驶员汽车租赁等交通服务的预订，该公司非常自信地宣称能为客户提供比你直接在汽车租赁企业租车还优惠的价格。包括赫兹、安飞士在内的很多大型和小型汽车租赁企业都通过Autoeurope的预订系统开展业务。

2. 汽车共享

欧美近几年逐渐盛行的汽车共享模式。汽车共享主要有两种模式，一是车辆所有人将车辆交由汽车共享企业管理，在自己不使用车时，比如开车上下班的时间之外，由汽车共享企业把车出租给他人使用；二是汽车共享企业组织出行线路相同的若干人共乘一辆车。汽车共享企业的汽车就停放在人们居所附近，使用相关电子技术和设备可以让共享汽车的人很方便地自助获得车钥匙并记录、结算租车费用。

这种模式受到欧洲一些国家的政府的重视。汽车共享提高车辆使用效率、降低车辆使用次数、减少城市交通堵塞和环境污染。因此政府在政策上给予大力支持，比如在停车紧张地区专门为汽车共享提供停车位、划出汽车共享的专用车道、给汽车共享的参与人员提供财政补贴等。

从企业角度看，汽车共享是一种新的理念，它推行的是一项新的业务。因此，汽车共享系统的构建是企业拓展市场的良好机会。汽车共享系统通过产品附加服务的价值（以公里小时计的共享使用费、每月的订金、服务费等），会给企业带来利润。

从消费者的角度看，购买汽车不仅一次性投入大，而且在汽车寿命周期需要不断投入，一旦汽车实际使用率低，对消费者是很不经济的。如果加入汽车共享系统，接受系统的服务，一切都变得非常轻松。

第三节　汽车租赁发展趋势

一、发展规模及速度

根据全球产业分析公司（Global Industry Analysts, Inc）统计和预测，2007 年全球汽车租赁营业额约为 402 亿美元，2010 年将达到 452 亿美元，增长率为 2.32%。表 2-5 是世界主要汽车租赁国家 2004 ~ 2010 年的营业额统计及预测。汽车租赁市场主要集中在美国、欧洲、日本、加拿大、亚太等国家或地区，虽然亚太地区（不包括日本）的汽车租赁市场规模比较小，但由于中国、印度的汽车租赁市场具有很大潜力，因此亚太地区发展速度最快，2004 年至 2010 年增长率为 2.97%。

世界主要汽车租赁国家营业额统计及预测（单位：亿美元）　　表 2-5

国家 \ 营业额 \ 年份	2004 年	2005 年	2006 年	2007 年	2008 年	2009 年	2010 年	增长率
美国	187.17	191.10	195.68	201.16	207.60	214.87	223.46	2.02
欧洲	76.23	78.13	80.62	83.73	87.47	92.05	97.38	2.84
日本	40.13	40.87	41.81	42.98	44.40	46.15	48.23	2.19
加拿大	18.88	19.23	19.67	20.22	20.89	21.71	22.69	2.38
亚太	18.12	18.60	19.16	19.83	20.62	21.52	22.58	2.97
拉美	16.79	17.17	17.63	18.18	18.81	19.54	20.42	2.6
中东	14.84	15.14	15.50	15.94	16.46	17.07	17.77	2.46
全世界	372.16	380.23	390.08	402.04	416.24	432.91	452.53	2.32

二、业务结构变化

随着汽车租赁网络化程度的不断提高，汽车租赁得以更充分的发挥其独特功能，在航空、铁路、公路客运等多种运输模式之间的接驳作用愈趋明显，因而机场的汽车租赁业务稳步上升。图 2-3 是 2004～2010 年机场汽车租赁业务占全部汽车租赁业务的比例。

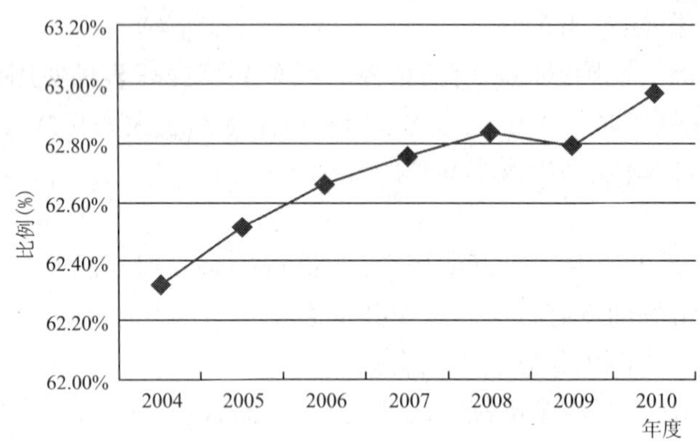

图 2-3　全球 2004～2010 年机场汽车租赁业务占全部汽车租赁业务的比例

图 2-4 是全球 2004～2010 年休闲、商务和保险替换三种业务模式的统计和发展预测，从该图可以看出，作为一种灵活、个性化的交通方式，休闲类汽车租赁在未来一段时期仍呈平稳的上升趋势。

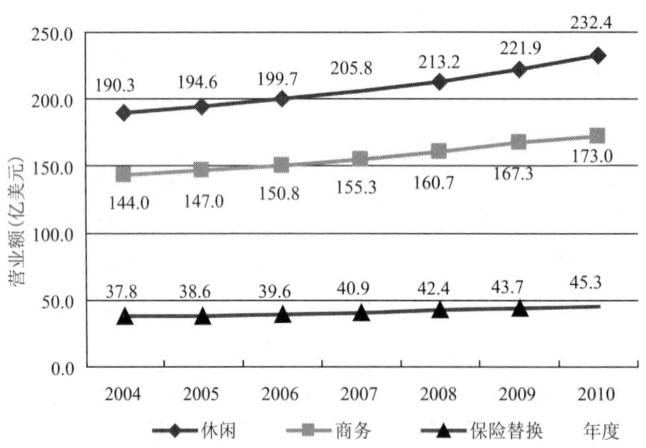

图 2-4　全球 2004～2010 年汽车租赁主要业务营业额统计及预测

三、规模化和网络化

（一）规模化

现代经济活动的显著特征之一是利润平均化趋势的扩大，包括科学技术在内的生产要素流动非常迅速。任何一个新产品、新行业，其核心技术的传播、推广的周期越来越短，通过垄断核心技术而获得高额利润的机会也越来越少。因此，一个进入成熟期的产品或行业，规模化经营是它存在的基础。

汽车租赁尤为如此。主要生产资料——租赁车辆为通用产品，任何汽车租赁企业谋求获得具有独特功能的租赁车辆是比较困难的，即企业无法在服务或产品方面具有领先于其他竞争对手的核心技术，难以获得较高的利润率，只有通过规模化经营，降低单位成本，提高服务质量获得规模效益。

表2-6是美国普查局1998～2006年对租赁行业经营状况的统计，可以看出美国租赁的营业额、站点数量、从业人员基本呈增长趋势，而企业数量则呈现减少趋势，数据显示了美国租赁行业规模化发展的趋势。

美国1998～2006年租赁行业主要数据　　表2-6

年份	年营业额(亿美元)		企业数量(个)		站点数量(个)		雇员数量(人)	
	数值	环比	数值	环比	数值	环比	数值	环比
1998	829.90	*	37034	*	63109	*	592605	*
1999	912.07	9.90%	35392	-4.43%	64644	2.43%	621916	4.95%
2000	985.04	8.00%	33472	-5.42%	63174	-2.27%	636037	2.27%
2001	969.32	-1.60%	32726	-2.23%	63759	0.93%	652714	2.62%
2002	951.08	-1.88%	31575	-3.52%	63645	-0.18%	641322	-1.75%
2003	963.87	1.34%	30893	-2.16%	63180	-0.73%	627435	-2.17%
2004	1028.63	6.72%	30714	-0.58%	64292	1.76%	624779	-0.42%
2005	1084.89	5.47%	30221	-1.61%	65860	2.44%	634901	1.62%
2006	1176.69	8.46%	*	*	*	*	*	*

规模化发展造就了汽车租赁行业中的巨头，在美国《福布斯》杂志公布的2006年度世界500强公司名单中，营业范围为不动产、酒店、租车服务的胜腾集团(Cendant Group)，以194.71亿美元的营业额位居第300位。开展包括汽车销售、融资租赁等业务的全美汽车租赁公司(AutoNation)，以194.68亿美元的营业额位居第332位。以汽车融资租赁业务为主的荷兰租赁方案公司(Leaseplan)，2005年在全球26个国家拥有6400个雇员，在租车辆120万辆，营业额125亿欧元。大家熟知的赫兹、巴基特、安飞士、欧洲汽车等都是拥有数十万租赁车辆，租赁网络遍及世界的大型跨国企业。

(二)网络化

汽车租赁与银行业有一定的相似之处，相当于没有通存通兑的银行网络，就无法为储户提供方便服务一样，如果没有能够保证车辆、信息畅通流动的网络，短租业务就无法壮大，汽车租赁永远无法规模化发展。

全球最大的租赁企业赫兹的信息调度中心、财务结算中心将这些站点织成一个大网，覆盖美国本土和世界多数国家。赫兹的会员可像在华盛顿租车到纽约，然后乘机到巴黎，开着租来的车再到法兰克福，最后飞回美国那样，在世界大多数城市旅游过程中享受非常方便的汽车租赁服务。

经营站点的网络化是靠信息网络支撑的，数百万客户在近百个国家的数万个租赁站点租用数十万辆租赁车，车辆、客户、租金信息的处理过程形成了庞大的数据流，只有可靠、完善的信息网络系统才能支持全球化的汽车租赁网络业务。汽车租赁的信息网络是非常庞大的，如美国前卫汽车租赁公司与一家信息系统公司签订了为期十年、价值2.57亿美元的信息网络服

务合同,根据该合同,信息系统公司向租赁公司提供数据中心、预订平台和系统的维护工作。美国电话电报公司为一家租赁公司发展和建设的一体化网络平台,该平台将卫星定位和网上预订结合起来,通过对同一时刻欧洲地区的所有租车预订进行统筹安排,合理搭配车辆形成,减少车辆在站点间的无效益调动,提高收益。

四、与其他行业融合

汽车业、金融业、租赁业、旅游业和运输业等行业对于汽车租赁业来说,相互间的相关性越来越强。为此,在进入21世纪后的今天,以服务为竞争制胜法宝的市场环境中,这几个行业的服务内容相互协作与融合的趋势更加明显,而相互促进发展的功能也显著增强,由于市场需求的驱动,使得这几个行业内的企业之间的协作越来越紧密,而且将形成牢固的基础和持续的发展动力。

(一)与金融行业的融合

汽车租赁属于资本密集型企业,具有一定规模的汽车租赁企业与汽车金融公司、融资租赁公司、银行等金融机构存在各种形式的紧密合作,通过各种资本运作,汽车租赁企业才能获得持续发展的动力。2005年9月,处于竞争激烈和成本上升双重压力下的福特汽车公司,宣布把旗下汽车租赁公司赫兹以56亿美元出售给由Clay-ton Dubilier & Rice、凯雷集团和美林全球私人投资公司组成的私人投资集团。2006年11月16日赫兹的股票以15美元的价格开盘,赫兹初始股的融资规模为13.2亿美元。在一系列资本运作下,赫兹的经营获得雄厚的金融支持,使其经营业绩的成长明显,2006年前9个月的修正净所得为7340万美元,营业收入为61亿美元。比上年同期的净所得3700万美元,营业收入56亿美元,都有显著增长。

(二)与汽车制造业的融合

在汽车制造行业竞争日益加剧的形势下,汽车行业的利润逐步由汽车产业链的上游向下游转移。有数据显示,制造一辆新车的利润已从原来的数百美元降低到数十美元,很多汽车制造企业开始涉足汽车产业的下游行业,从汽车销售、零配件销售、汽车租赁、车辆保险等领域谋求相对较高的利润。作为德国大众的子公司,欧洲汽车的汽车租赁业务完全融入了德国大众的汽车产业链,它的租赁业务基本上是汽车销售的一个环节。德国大众将新车交给欧洲汽车,经过6个月的租赁后,行驶15000~20000km的租赁车辆交德国大众整修后以新车价的70%~80%销售,由于价格低,而且车辆还在保修期内,所以对于消费者来说,这种车非常有吸引力。汽车租赁还是德国大众新车型生命力的最好试验场,德国大众往往根据汽车租赁对新车型的反映来确定是否扩大某种车型的生产。汽车租赁与汽车制造的紧密联结关系还可以从这样一个例子得到印证:一次汽车空调供应中断,如果停下生产等待车用空调到位,对于德国大众这个庞大的生产系统来说,职工遣散和召集、装配线的停止和启动、生产计划的调整都会造成巨大损失。所以生产继续进行,但这批数千辆没有空调的车辆并不是停放在仓库里,而是交给欧洲汽车用于租赁,待空调供应恢复后又被召回工厂重新安装空调、整修、销售。

1994年福特公司购买了赫兹的大部分股票,赫兹成为福特子公司,成为其汽车销售的蓄水池。赫兹与福特签订回购合同,赫兹购买新车使用一两年以后再退回给福特,福特把回购车拿到二手车市场销售。既保证了福特的市场占有率和生产规模,也使得赫兹的车型较新、车况较好。

(三)与旅游运输业的融合

汽车租赁的主体业务越来越紧密地与旅行社、酒店、航空公司、机场或者铁路系统等旅游相关行业建立合作关系,甚至形成一体化。比如旅客可以通过旅行社、宾馆饭店、机票预订系统,预订租赁车辆,甚至很多旅行社、宾馆饭店直接经营汽车租赁业务。汽车租赁的营销优惠措施,与机票、宾馆的折扣直接挂钩。

鉴于汽车租赁与旅游、宾馆饭店业的密切关系,控制着全球6300余家饭店,拥有全球70%的分时度假服务,分享全球17%的酒店业务的酒店及旅行业巨头胜腾集团(Cendant Group),通过兼并安飞士汽车租赁公司(Avis)获得了安飞士品牌的全球使用权。2002年又以1.1亿美元现金及部分可兑现的商务票据、合同以及消费方面的一些交易条件收购了全球第三大租车企业巴基特(Budget),这一兼并范围涉及巴基特集团在美国、澳大利亚、新西兰、加拿大及拉丁美洲加勒比海的经营权,并获取了在亚洲开办公司的特许经营权。兼并后,胜腾成为超过赫兹的全球最大的经营性汽车租赁公司,在全球拥有超过6000个租车点,其中包括零售点。2006年11月,胜腾成立安飞士巴基特汽车租赁有限责任公司(Avis Budget Car Rental, Ltc)并在纽约证券交易市场上市,主要业务在美国、加拿大、澳洲、新西兰及拉美等地。借助胜腾集团的旅游、饭店网络,巴基特、安飞士固有的汽车租赁业务,获得了稳固发展的基础。

汽车租赁行业是个特别强调产业关联性,或者说异业联盟的行业。除上述三个行业外,汽车租赁与汽车维修商、二手车市场、金融及保险公司、燃油供应商等汽车相关产业的紧密合作及专业分工,对提高汽车租赁经营效益有所裨益。国际上一些中小租赁公司,一般不自备车辆维修、救援机构,而是交给承租方一个只能支付维修、救援、燃油费用的信用卡,承租方根据需要直接从相应专业机构获得服务。通过专业分工,可以提高汽车租赁企业的效益。

五、电子信息技术的应用程度越来越高

电子信息技术的发展对于汽车租赁行业的影响是非常巨大的。目前,发达国家所有规模较大的汽车租赁企业都将电子信息技术应用于整个公司的业务流程中。从租赁车辆预订系统到客户数据库管理系统,以及车辆管理、企业的财务核算系统与运营管理系统等方面,电子信息技术得到了广泛应用,并使全球化提供快捷方便的服务成为现实。特别是租赁车辆的预订系统,不但可以提供客户租赁车辆的整个服务程序,提高了办理每一笔业务的效率,同时使客户等待的时间大大减少,使公司的业务流程日益符合客户的需求。同时在与客户交流方面,针对各种各样的客户交互通道,使用专一的后端系统,使客户无论使用哪个沟通渠道如电话、自助式销售网络或旅行代理机构,其最终效果都是一样的。而GPS系统的应用,使租赁车辆在运行中的管理更加便捷与可控,同时也为客户在旅行中带来极大的帮助。

第四节　世界知名汽车租赁企业简介

一、赫兹(HERTZ)

(一)赫兹与世界汽车租赁

赫兹公司是世界上汽车租赁业的巨头。根据2007年统计,赫兹位居美国500家最大上市

公司的第304位,营业额86.86亿美元,利润2.65亿美元,资产192.56亿美元,在全世界近145个国家设立了7600个租赁点,拥有55万辆租赁汽车。

赫兹与世界汽车租赁有很多渊源:

赫兹是世界第一家汽车租赁公司。毕业于芝加哥高中,从事汽车销售职业的沃尔特·L·雅各布于1918年从12辆破旧的T型福特轿车起家开展汽车租赁业务,9个月后租赁车辆就达到了20辆车,5年内年营业额即达到了100万美元。1923年沃尔特将他的汽车租赁业务卖给了公共车制造公司的总裁约汉·赫兹并担任他的业务和行政首席执行官。

1926年,在通用汽车公司收购赫兹公共车制造公司后,这种被称为"自己驾驶"的汽车租赁业务才算正式风行起来。赫兹第一个将汽车租赁从街巷深处的汽车库中转移到柜台上,方便且具有吸引力的租赁点使汽车租赁业务迅速为人所接受。

赫兹第一个将信用卡消费引进汽车租赁领域。早在1926年赫兹公司的创始人沃尔特和捷卡伯将在商业领域非常盛行的信用卡结算制度移植到汽车租赁行业。1959年,在芝加哥首届美国租赁者协会上,赫兹的第一张国际汽车结算信用卡"国家信用"信用卡被介绍给公众。赫兹第一个向公众提供各种型号、各种类型、各种品牌的租赁车,让租赁者满足不同的用车需求。赫兹第一个开展具有划时代意义的汽车租赁业务,即将汽车租赁与飞机旅行结合起来。

1984年,赫兹第一个将能够给驾驶员指明到达目标的详细路线并能测算出到达目标所需时间和距离的装置(GPS)安装在租赁车辆上。今天,遍布美国110个赫兹汽车租赁机场服务站、社区服务点安装了界面友好、自助服务的计算机导航仪及服务亭并可为用户提供6种文字打印的指路单。

1996年,赫兹第一个开通汽车租赁网站(HERTZ.COM),该站点展现赫兹公司租赁车辆的大量情况,例如:车辆的图片、公司信息、服务项目、促销及合作内容等。网站还为用户及旅行代理提供价格咨询、订车确认及取消订车等网上服务的功能。

(二)企业概况

赫兹公司总部1988年从纽约搬至新泽西州的公园岭,最早赫兹总部在芝加哥。赫兹的全资子公司包括:赫兹设备租赁公司(HERC),主要业务是出租和销售各种类型的建筑、工业设备;赫兹保险理赔部管理公司,主要业务为提供第三者责任索赔服务、再保险业务及其他保险业务;赫兹技术公司,主要业务为通信及信息服务;赫兹区域调整调度中心,主要业务为车辆替换或为那些因本人车辆修理等原因临时租车提供服务。

1994年福特公司购买赫兹所持股份以外的所有股份,赫兹公司成为福特汽车公司一个控股的独立分支机构。1997年4月25日,赫兹公司在纽约股票交易中心正式挂牌,成为可流通股,股票代码:"HRZ"。2001年3月9日,福特收购了占赫兹股票18.5%的发行股,赫兹成为福特的全资子公司。2005年12月,赫兹被Clayton, Dubilier & Rice、凯雷集团和美林全球私人权益资本公司三家私人权益投资公司收购。

(三)主要业务

轿车租赁是赫兹公司最大和最知名的业务,赫兹公司在机场、城镇、乡村、闹市中心、住宅区和旅游点为用户提供各类型号的新型轿车的短期租赁,主要以天、周、月为计时单位。2007年在纽约和波士顿,赫兹推出按小时租车的产品。赫兹公司利用其全世界的汽车租赁网络,为各种旅行者提供短距离的、衔接其他交通方式的短期汽车租赁。特别是机场汽车租赁业务,赫兹全部业务的72%来自全球各地机场的汽车租赁,赫兹机场汽车租赁业务占全美国机场汽车租赁业务的28%。因此赫兹和航空公司、宾馆饭店、旅行社有密切的合作关系。除常规的租赁服务外,赫兹还提供其他比较有特色的服务:

豪华车租赁:虽然赫兹以大众交通为主营业务,但也提供奥迪、奔驰、沃尔沃、林肯、悍马这样的豪华车租赁及配套的专项服务。

高速公路电子收费卡:赫兹为租赁车辆提供高速公路电子收费卡,客户不用在高速公路收费口漫长地等待。高速公路电子收费卡接收器是一个特别小巧的装置,被贴在内后视镜的下面,可快速通过高速公路收费通道。累计通行费用将在客户还车大约30天内从客户信用卡上收取。

无线互联网接入:客户可在部分赫兹机场门店通过 Wayport 的 Wi－Fi 技术高速接入网际网络。金卡会员可以在车上从 Hertz #1 Club Gold 金卡租车区访问互联网,收发重要消息、下载邮件、搜索网页并享受本地在线服务。

特别活动用车:为婚礼、家庭聚会和团聚等特别活动批量用车和各种优惠。

特快还车:客户只需在租车文件夹中注明日期、时间、里程数、油箱读数、所购燃油等信息,然后将车停放到特快还车点就可以离开。还车后的下一个工作日,赫兹向客户邮寄一份租赁费用计算清单,所有租车费用将通过租车时出示的信用卡支付。

二、安飞士(AVIS)

安飞士汽车租赁网络有限公司及其附属公司经营着世界第二大的汽车租赁业务,它在美国、加拿大、澳大利亚、新西兰、拉丁美洲、加勒比地区的1700多个租赁站点为商务用车和生活用车提供非常广泛的服务。

安飞士是公认的在汽车租赁行业引入先进技术的先驱,它也是汽车租赁消费者认可的知名品牌。安飞士是纽约证券交易所上市公司——森德特公司的全资子公司。与总部在英国的上市公司——安飞士欧洲公司有营销协议,该公司对在欧洲、中东和非洲的3050家租赁站点直接经营或授权经营。

(一)发展历程

1946年——沃伦·艾维斯以8.5万美元的投资在底特律机场成立了汽车租赁公司,这是美国第一家在机场经营的汽车租赁公司。

1953年——安飞士在欧洲、加拿大、墨西哥开展授权经营业务。

1960年——安飞士欧洲公司在英国成立。

1973年——安飞士成为欧洲、非洲、中东地区汽车租赁市场的巨头。

1979年——安飞士与通用汽车达成一个世界范围的市场营销和广告协议:安飞士作为通用汽车的形象代言人。

1985年——组成了联结欧洲2000个租赁站点并能处理预订信息的网络。

1987年——安飞士职工持股会以7.5亿美元的价格收购了自己的公司及其债务。安飞士的职工持股计划使其成为美国最大的一家职工拥有自己公司股权的企业。

1989年——通用汽车通过收购股票成为安飞士的小股东。同年,安飞士欧洲公司被卖给了索沃集团,该集团由SA国际租赁公司、通用汽车海外公司、安飞士有限公司共同所有。

1996 年——安飞士被 HFS 集团,世界最大的饭店授权经营和房地产经纪商收购。同年,“魔力”系统在 53 个国家运用。

1999 年——安飞士将陆续收购的被授权经营公司及其租赁车辆、从事油料业务的 PHH 公司、瓦特快递公司共同组建成安飞士集团控股有限公司。

2000 年——建立在互联网技术基础上的互动式汽车租赁业务被首次引入汽车租赁行业。

(二)主要数据(2007 年)

(1)雇员:在世界范围内有近 2.1 万职工。

(2)租赁站点:租赁站点超过 5000 个。

(3)业务构成:安飞士的业务中有 60% 是自主经营,40% 来自授权经营。其中商务用车营业额占 65%,生活用车营业额占 35%。

(4)租赁车辆:21.75 万辆,50% 左右是通用汽车的产品,包括微型、紧凑型、中高档、豪华、运动等各种类型车辆,部分车辆还安装了通用汽车的卫星导航和紧急呼救系统。

(5)2000 年安飞士的预订中心接待处理了 2650 万次电话。每年平均完成 1710 万个租车交易。

(6)每月 6 万辆、每年 70 万辆的租赁车辆接受维护。

(7)有 12.5 万个客户因为每年至少在安飞士租 15 次车成为可以享受优惠服务的特别会员。

(8)每年为客户提供 6 万个儿童安全座椅。

(三)其他

除授权经营外,安飞士还有一项很重要的业务,就是代理业务,比如它委托旅行社代它接受客户的订车业务,旅行社可以从每一辆在周末租出去的车得到 5 美元的代理费。为了方便代理商,安飞士可以直接将代理费汇入指定账户或者给代理商银行支票。

值得一提的是,安飞士公司非常热衷社会公益事业。在它的网站中,有一个专门的网页,任何人都可以在此向安飞士公司提出免费租车甚至要求直接的财务资助,当然你要求的理由必须是无赢利目的的公益活动。在美国酒后驾车是一个严重的社会问题,因此,1980 年200 万个酒后驾车的受害者及其支持者成立了一个非赢利的组织——“反酒后驾车妈妈协会”。该组织的目标是帮助酒后驾车的受害者和制止酒后驾车,特别是未成年人酒后驾车。2003 年安飞士与美国“反酒后驾车妈妈协会”合作,出资举办了“安飞士驾车安全活动”,通过宣传等措施致力于反对酒后驾车这项社会公益事业。

“911”以后,为了应对突发事件,美国国土安全局制订了很多应急措施,其中包括当安全警戒状态进入“红色警报”时,民航航班将被终止。为了保证交通不陷入混乱,部分民航旅客将改乘租赁车辆继续他们的旅程。安飞士公司在这一应急方案中充当了重要角色:当美国政府宣布进入“红色警报”状态后,安飞士立即执行非常程序,终止正常的单程汽车租赁业务,包括损失部分租金,将分布在全国各地的租赁车辆收回,接受因航班中断而转用租赁车辆的单程业务。

为了保证安全,安飞士采取了很多防范措施:

(1)预订中心使用复线和数据备份,能够保证在短期内线路中断情况下各租赁站点与数据中心进行数据交换和维护的无线网络系统。

(2)客户必须使用政府颁发的有照片的身份证才能从租赁站点将车开走。

(3)两次业务之间必须对租赁车辆进行彻底的消毒,如果发现异常,立即报警。

(4)按照联邦航空局的要求,不再提供租赁客户在航站楼的乘降服务,租赁车辆离登机点的距离必须在 91.44m 以上。

三、欧洲汽车(EUROPCAR)

总部设在巴黎的欧洲汽车成立于 1949 年,是世界第三大、欧洲本土第一大的国际汽车租赁公司,1999 年被德国大众 100% 控股。全球的 110 多个国家的 2500 多个站构成了完整的国际汽车租赁网络。

(一)主要数据(2007 年)

(1)职工:7700 人。

(2)车辆:215000 辆。

(3)年营业额:30.43 亿美元。

(4)预订次数:600 万次。

(5)欧洲汽车在欧洲汽车租赁市场的份额为 16%,位于安飞士之后排名第二。

(6)欧洲汽车在欧洲的机场有 187 个营业点,位居欧洲汽车租赁企业第一。

(7)欧洲汽车业务分布比例:按车辆使用性质划分,商务 60%,生活 40%;按经营场所划分,机场 47%,其他 53%;按地域划分,国际 21%,国内 79%。

(二)机构设置

在最高决策层下,欧洲汽车有 5 个管理机构:销售部,主要负责业务开发、区域授权经营,人数 30 人;财务金融部,负责财务结算、车辆购置有关的融资业务;经营部,负责车辆购买、销售、物流、各站点之间的车辆调度,人数 20 人;业务部,负责欧洲汽车整个汽车租赁网络中 2500 多个站点的业务协调工作,人数 10 人;人力资源培训部,负责人事管理、新员工的培训、老员工的进修,人数 25 人。

(三)租赁站点

欧洲汽车的租赁站点分两类:一是欧洲汽车的分支机构,主要在 7 个欧洲国家,有 1300 多个;另外就是在 33 个国家的授权经营站点,约有 1200 个。

在欧洲,欧洲汽车的租赁站点的 52% 分布在机场,其次是火车站、商业区。租赁站点平均配置 200 辆车,4 个业务人员(不包括小时工)。机场站点配置 500 辆车,10 个业务人员。

(四)租赁车辆

欧洲汽车租赁车辆的平均车龄 6 个月,50% 的品牌是德国大众。车型分布如表 2-7:

欧洲汽车租赁车辆构成　　表 2-7

微型车	两厢车	标准型车	中高档车	豪华车	特种车
34.7%	30.7%	23.1%	9.2%	1.4%	0.9%

(五)租赁业务

欧洲汽车的租赁业务 25 天以内的短租业务约占 70%,12 个月以内的长租为 30%。需要说明的是,在欧洲,12 个月以上的租赁属于融资租赁,欧洲汽车这样的经营性租赁公司不能做。

欧洲汽车与旅行社、饭店有很好的业务合作关系。在一些国际知名的旅行社或连锁经营的饭店，可以非常方便地订到欧洲汽车的租赁车辆。当然与旅行社、饭店合作的代价是给他们10% ~20%的中介费。

为了保证全球汽车租赁网络的正常运行，欧洲汽车建立了与航空公司的全球调度系统（GDS）相连接的计算机网络，可以在世界各地的旅游代理处预订欧洲汽车的租赁车辆。现在通过计算机预订的业务已达10%。

欧洲汽车的另一个服务系统是绿色通道——连接租赁站点、预订中心、车辆调度中心的国际网络系统，可以在世界任何一个地点为用户提供包括即时租赁价格等非常重要的信息。

（六）精准量化的业务管理

欧洲汽车有强大的数据收集、处理系统，可以通过非常科学、准确地计算分析，得到每辆车的每天的成本，每个站点每天的成本，并据此确定每个站点的车辆调配和站点布局。

欧洲汽车根据业务量来随时调整各站点的车辆和人员，一般站点的业务指标是100车次/人·月，机场是250车次/人·月，机场站点最多时的工作人员达到50人，业务量达到2500车次/月，当业务量超过或低于此指标时，根据原因调整车辆或人员数量。

欧洲汽车还根据不同类型营业场所的不同业务量变化周期，对车辆和人力的分布进行峰、谷调节，比如机场站点的周末和周三、周四分别是业务量的高峰和低谷；城镇居民区正好相反；市内商务区周一至周五业务量多，周末业务量少。欧洲汽车根据业务管理系统提供的准确数据和预测，适时、恰当地调整各站点的生产能力，取得最佳效益。

欧洲汽车的每一项工作、决策都是建立在严谨的管理体系和准确的数据分析的基础上，杜绝了盲目性和随意性。

（七）汽车租赁产业链

作为德国大众的子公司，欧洲汽车的汽车租赁业务完全融入了德国大众的汽车产业链，它的租赁业务基本上是汽车销售的一个环节。

德国大众将新车交给欧洲汽车，经过6个月的租赁后，行驶15000 ~20000km的租赁车辆交德国大众整修后以新车价的70% ~80%销售，由于价格低，而且车辆还在保修期内，所以对于消费者来说，这种车非常有吸引力。汽车租赁还是德国大众新车型生命力的最好试验场，德国大众往往根据汽车租赁对新车型的反映来确定是否扩大某种车型的生产。

正是由于汽车租赁与汽车制造厂家这种紧密关系，使得像欧洲汽车这样有制造厂商背景的企业获得了可以形成数十万辆租赁车规模的成长动力。

第五节　中国汽车租赁现状

一、汽车租赁的产生及发展历程

汽车租赁业在我国是一个新兴的行业，自1989年为筹备亚运会成立第一家汽车租赁公司以来已历经有十几年时间，整个行业从无到有，发展比较迅速。期间，主要经历了以下几个阶段：

1989 ~1993年，自第一家汽车租赁公司1989年在北京诞生后，其主要目的是为亚运会提供服务，由于成立第一家汽车租赁公司事出偶然，因此，该租赁公司是由北京当时一个较具规模的出租车公司以租赁分公司的形式组建的。汽车租赁公司最初的服务对象主要是面向驻华使馆和商社的外宾，亚运会期间的服务工作完成后，租赁公司的经营对象开始面向国内的外资企业及其他企业。特别是在 1992～1993 年，在北京的其他几个较大型的出租车公司如首汽、北汽、银建等出租汽车公司纷纷成立汽车租赁公司。

1995～1996 年，随着我国经济体制改革步伐的推进，社会消费结构也在逐步发生了变化，消费形式由满足吃、穿、用方面逐步转向新的消费热点即向住与行方面发展。为此，消费性服务行业不断成长，由于汽车租赁的市场需求扩大很快，汽车租赁市场很快出现租赁车辆相对短缺的供不应求的局面。这时的市场盈利水平较高，市场处于满足需求量的自然发展状态。随后，市场效应迅速在全国各地蔓延开来，汽车租赁公司如雨后春笋般纷纷出现在广州、上海等城市，随后迅速波及全国各省会城市及经济发达的中等城市。

1996～2000 年，由于汽车租赁企业的大量出现，1996 年之后特别是在租赁行业规模最大的北京市场，汽车租金开始逐步下调，从 1998 年起至 2000 年，整个行业规模处于自然放大状态，由于企业规模都不大，经营手段单一，使得整个汽车租赁市场的竞争逐步加剧，市场进入无序竞争状态，加上相关法律法规不健全，市场环境趋于恶化，而行业无主管部门，使得企业因外部环境造成的许多问题长期得不到有效解决，企业的生存及发展开始接受来自各方的考验。包括浙江、西安等汽车租赁发展比较好的城市在内的汽车租赁市场都进入了初步的调整阶段，或限于资金问题或陷于价格竞争的被动局面，一些公司的发展开始受到困扰，许多公司的经营状况开始出现分化。

2000 年之后，整个行业进入一个较长时间的调整期。在这一时期，由于中国汽车市场发展提速，特别在 2002 年，汽车销售市场出现井喷，汽车价格不断下降使得私有轿车大幅增加，这激发了更多人购车的欲望，拥有驾驶执照的人数也逐年大幅递增，使得汽车租赁的市场需求结构发生了很大变化，以个人为主的短租市场开始起步并逐步放大，企业运营规模也同步扩大。汽车价格的不断下降同时也给汽车租赁业带来一定的冲击，以及二手车市场的剧烈震荡、旧车销售的价值缩水、竞争的加剧使得租价大幅下降等因素，租赁公司的利润被不断蚕食，行业利润率在逐年下降，市场风险也不断加大，恶意骗租事件接二连三地在多个公司发生，不少企业在这一阶段受到打击，企业运营难以为继，有的企业甚至在淡出观望或索性选择退出市场，这一现象不止在规模最大的北京存在，同时在上海、广州、浙江、西安等发展较好的城市也比较普遍。

截至目前，据不完全统计，全国约有 500 家汽车租赁公司，可供租赁车辆约 5 万辆。其中，北京是中国最大的汽车租赁市场，约占全国市场的 40%，租赁企业共有 230 多家，租赁车辆 2 万余辆。其他几个比较大的市场有上海市、浙江省、西安市等区域。目前上海市约有 30 家汽车租赁公司，7000 辆可供租赁车辆。浙江省目前全省约有 130 家汽车租赁企业，共有 6000 多辆可供租赁车辆。西安市共有 110 余家汽车租赁公司，可供租赁车辆约有 1700 辆。

二、发展现状

（一）汽车租赁发展势头强劲成为道路客运新增长点

交通部发布的《2005 中国道路运输发展报告》称："随着国家经济实力的进一步增长，人们

物质生活水平的大幅度提高，个性化客运服务受到青睐，越来越多的人选择出租客运、汽车租赁等服务类型。'十五'期间，我国汽车租赁行业快速发展，从事汽车租赁业务的经营户、户均车辆数、车辆数、座位数均呈上升势头，汽车租赁经营业户实力逐步加强，租赁市场日渐成熟。全国汽车租赁业务主要集中在较发达地区及旅游城市。北京、上海、浙江、陕西、辽宁、广东、河南、江苏、贵州9省(市)2005年的租赁客车占全国租赁客车总数的89.2%。"

据《2005年道路运输统计资料汇编》中关于营运载客汽车的统计，全国有汽车租赁企业2126家、营运租赁车辆47353辆。在经济发达的东部地区，中心城市之外的城市，包括中小城市已出现汽车租赁经营活动而且发展速度比中心城市快。如浙江省80%的汽车租赁企业、76%的租赁车辆分布在温州、绍兴、金华等中、小城市。四川省内江、自贡、乐山、梅山等地方的汽车租赁行业发展的速度超过成都。在西部地区，近年来所有省会城市和部分大中型城市已出现汽车租赁市场，如银川市现有租赁公司50多家，租赁车辆600多辆，最大的租赁企业有200多辆租赁汽车。拉萨、乌鲁木齐等地区也存在不同规模的汽车租赁经营活动。

由于部分汽车租赁企业未纳入交通主管部门的管理，交通部统计数据不包括全部汽车租赁行业的经营情况，有统计称到2006年8月底，国内汽车租赁市场可供租赁车辆接近10万辆，营业额近100亿元人民币(约13亿美元)。

(二)业务结构

大部分汽车租赁企业主要开展汽车租赁服务业务，而且以小轿车租赁为主，旅游客车等大型客运汽车所占比例较小，而货车租赁所占比例更小。业务类型则主要有长租和短租两种形式，其中长租(租期在3个月以上)类型所占比例平均达70%以上，客户基本以企业为主；在具体的经营内容上，根据客户需求的个性化，开展了干租(不提供驾驶劳务)和湿租(提供驾驶劳务)、代租、转租、以租代售(融资租赁的变通业务)等多种汽车租赁业务，特别是融资租赁业务对于目前的汽车租赁服务企业，受国家政策限制还不能够开展。租赁车型方面，目前各企业对市场提供的车辆种类也比较丰富，一些市场上比较认可的主流车型基本都能够提供。

大、中型城市以租期1年以上的长租为主，如上海长租业务占90%，客户主要是各类法人单位。部分中型城市，特别是旅游城市，短租业务比例稍高一些，但基本与长租业务比例相当，短租业务主要针对个人旅游、休闲用车，季节性比较强。即使相关法规规定汽车租赁不得提供驾驶劳务，但在所有城市都存在带驾驶员租赁业务。在上海，这项业务所占比例约为60%。在海南、四川，以包车形式为游客提供旅游客运服务的情况也比较多。

(三)网络布局

在汽车租赁站点方面，目前是我国汽车租赁业比较弱的一个部分。大部分企业的租赁站点都比较少，特别是对于中小企业来说，由于资金问题，基本上没有拓展除本部外的租赁站点的能力，即使是一些规模比较大的企业，属于自身网络体系中的站点也不多，最多的也仅有十几个，大部分局限在本地区内，而跨省、市的运营网点很少，外地运营网点多是加盟企业的网点，但由于异地租赁方式在我国根本没有实质性的进展，其目前真正的意义也不是很大。如在北京，到2003年底，汽车租赁站点总共有176个，而且大部分集中在朝阳区和海淀区，这两个区域的网点数量占总网点数量的64%。在对汽车租赁企业的调研中，只有2~3家企业在长江三角洲的上海、杭州、苏州等城市开展少量的异地汽车租赁业务，多数企业的业务以本地人为服务对象，租赁车辆只在本地行驶。

（四）管理水平

我国汽车租赁企业的平均租赁车辆数为56辆，只有11%的企业车辆数超过100辆，74.2%的企业车辆少于50辆。即使全国汽车租赁市场最发达的三个城市，北京企业平均280辆、上海企业平均256辆、广州企业平均41辆也远低于国外先进水平。

由于企业规模偏小，从企业管理技术水平来看，多数企业还停留在粗放型的经营管理水平上。国际上比较成熟的特许经营模式，会员制的客户管理，计算机网络技术、电子商务、GPS车辆监控技术等先进的经营管理技术尚未被广泛应用，目前仅有部分规模较大的企业如北京的首汽租赁、上海的安吉等公司在应用。从车辆的技术水平看，由于近几年的汽车价格不断下降，二手车市场价格混乱，许多企业应退出市场的运营车辆因无法获得合理的残值收益还一直在运营状态，整体的车辆技术水平与国外汽车租赁公司车辆的技术状况相比差距较大。

三、存在问题

我国汽车租赁业的发展只有十几年的时间，在市场机制、政府管理、行业自律及企业运营等方面都还不尽如人意，目前，主要存在以下一些问题：

（一）信用体制缺失

汽车租赁是一个信用消费特征比较明显的行业，由于目前国内个人征信体系与企业信用体系处于初创阶段，缺乏信用等级的评估和监督机制，对于失信者进行惩罚的措施还很不到位，造成租赁车被盗、被诈骗、被典当抵押的情况时有发生，且国内尚无相关汽车租赁的法律法规作保障，汽车租赁企业一旦遇到此类问题，很难通过合法途径解决，使合法经营的汽车租赁企业权益得不到有效保护。因此，租赁企业投入大，风险大。根据调查统计，2006年北京由于恶意骗租损失约达总产值的2%。为此，对于需求市场较大且发展较快的短租业务，多数企业不敢大力拓展，而目前拓展短租业务的企业，为了防范风险只能严格租车的审查手续，如租赁车辆手续除身份证、驾驶证外，还要加上户口本、保证金等，外地客户基本不予办理，即使有，也需要本地担保人进行系列担保手续等。手续的繁杂无形中将众多需求挡在门外，而且，行业缺少有效的联络平台与沟通机制，使得相同的骗租者甚至连续在多家企业骗租得逞，整个行业的风险防范能力降低，经营风险与成本加大。信用体系的缺失，已成为行业发展的制约瓶颈之一。

（二）相关的法规政策滞后

汽车租赁行业作为一个新兴行业，在发展过程中出现了很多的新问题、新情况，这些是以往的政策、法规没有涉及的，而且汽车租赁业与其他行业有很强的相关性，出台的政策、法规需要多方面的协调配合，但目前相关的政策法规滞后于汽车租赁业的飞速发展，这就产生诸多制约行业发展的因素。

1. 行业管理政策方面

部分地区对汽车租赁服务行业按照客运行业实行经营许可、道路运输证、总量控制、营运区域控制管理办法，使得汽车租赁无法实现异地还车、联网运营，汽车租赁企业难以根据市场需求扩大车辆规模；由于车辆报废标准不科学，造成退出运营的租赁车辆只能以很低的价格进入二手车流通领域，汽车租赁企业的经营利润被大量蚕食；由于交通违法信息滞后，承租人交通违法后如果不接受处罚，造成汽车租赁企业代人受过，遭受较大损失。

2. 法律方面

1)取回占有。英美等国有“取回占有”的法律制度,即出租人在承租人明显违反租赁合同,比如连续三次未准时交纳租金、租赁物有失去控制危险的情况下,出租方可以在不使用违法手段和非暴力的情况下,自主或通过司法途径取回租赁物。这种法律制度是对在使用权和所有权分离情况下保护租赁物所有人权益的有效武器。在我国,由于取回占有的法律制度尚不完善,租赁物取回面临多方面的障碍,租赁物取回权的行使存在较为普遍、尖锐的冲突。主要表现在:①承租人与出租人发生利益冲突时,承租人滥用对租赁物的占有权;②承租人在使用租赁物期间对第三方构成侵害,租赁物被受侵害的第三方实施扣押;③承租人在使用租赁物期间对第三方构成侵害,租赁物被政府职能部门或司法机关依照职权实施扣押等。在这些冲突中,作为租赁物的出租车辆往往被作为争议标的或处理争议的砝码,所有权人的合法权利和正常收益则相应的受到侵犯。

2)连带责任。租赁车辆在承租方租用期间,因承租方或承租方允许的驾驶人员驾驶租赁车辆导致交通事故,造成人身伤害。交通安全部门认定导致交通事故的主要责任是驾驶人,与车辆技术状况无关。多数法院对受害人提出的损害赔偿诉讼裁定,在交通事故责任人不能履行赔偿责任的情况下,由车主——汽车租赁企业代为赔偿。汽车租赁企业无过错承担交通事故连带责任,无端给企业造成巨大损失,甚至导致企业破产。我国相关司法解释中,明确规定分期付款、融资租赁的销售方和出租人不承担车辆使用人造成交通事故赔偿的连带责任,而分期付款、融资租赁中销售方和出租人的法律责任和义务与汽车租赁服务相同,因此汽车租赁行业呼吁尽快解决汽车租赁在交通事故中承担连带责任的问题。

根据法院判定汽车租赁承担连带责任的依据是:①汽车租赁企业在租车中获得经济利益。②汽车租赁企业可以预见汽车行驶过程的危害性。从法院判决的理由看,法院错误的援用无过错责任。

3)物权维护。在租赁车辆被第三方非法占有后,有些法律法规在应用中存在漏洞或司法实践问题,不能正常维护出租人的合法权益。例如犯罪分子将诈骗来的租赁车辆非法转卖给第三方后,第三方以“善意取得”为由,对抗汽车租赁企业对租赁车辆主张权利。由于“善意取得”的滥用,客观上助长了诈骗租赁车辆的犯罪行为,造成租赁车辆被第三方非法占有的问题十分突出。

(三)企业融资渠道狭窄

我国大部分汽车租赁企业都受到资金问题的困扰而无法快速向规模化、网络化方向发展。造成这样局面的因素主要是企业融资渠道过于狭窄。由于汽车租赁行业的前期需要投入大量资金购置车辆,而资金回笼却很慢,在经营过程中,还需要不断更新车辆,以满足不同层次消费者的需求,这都需要大量后续资金的支持。当前,我国汽车租赁公司的运营基本都是依靠自筹资金,缺少金融机构的支持,即便是一些有实力的公司,也因为靠贷款发展,加大了财务费用,负债率过高,在一定程度上制约了发展的步伐,同时也导致租赁车辆使用时间过长、磨损现象严重、更新速度缓慢。

(四)规模化、网络化程度低

汽车租赁业的行业特点决定了其必须走规模化、网络化的运营方式,规模化能够使企业降低运营成本且形成规模效益,网络化可方便用户就近租车,就近还车,提高了服务质量,同时也可以使汽车租赁业渗透到机场、火车站、港口码头等交通枢纽，与其他交通方式有效衔接，使道路运输系统成为服务更加完善的运输网络。目前，全国汽车租赁业的发展与发达国家相比，存在着明显的差距。主要表现在以下几个方面：一是企业规模普遍较小，未形成规模优势；二是租赁网络发展不成熟，网络小、站点少，全国的网点数量甚至都没有国外一个公司在一个城市的网点多。整个行业尚未形成规模化、网络化的市场供给体系。

（五）与关联行业融合度低

欧美国家的大型汽车租赁企业都与汽车生产企业、汽车销售企业、金融企业、旅游企业有紧密的联系。他们之间或者互相控股参股，或者汽车租赁企业本身就具备前后关联企业的某些功能。而国内的汽车租赁企业绝大多数功能单一，孤军奋战。既难以形成规模，也无法整合成关联资源优势，加大了租赁业的经营成本与经营风险，不但阻碍了行业的发展，也造成整个租赁业的发展后劲不足。

思　考　题

1. 汽车租赁服务行业发展经历了哪几个阶段？
2. 汽车租赁服务成长期发展的基础是什么？
3. 目前全球汽车租赁业务结构包括哪三种业务？
4. 客车租赁业务有几种划分方法？如何划分？
5. 新型的汽车租赁业务有哪两种？
6. 未来汽车租赁发展的趋势表现在哪几个方面？
7. 世界知名汽车租赁企业是哪几家？各有什么特点？
8. 我国汽车租赁行业的发展经历了哪几个阶段？
9. 我国汽车租赁行业现阶段的特征是什么？
10. 我国汽车租赁行业存在的主要问题是什么？

第三章　汽车租赁项目决策

第一节　目标市场选择

一、汽车租赁发展宏观分析

(一)汽车租赁行业发展趋势分析

对于汽车租赁目标市场的选择首先要分析该行业的发展趋势,确定该行业处于发展的什么阶段,是否具有投资价值。

国内生产总值是指一个国家或地区所有常驻单位在一定时期内(通常为1年)生产活动的最终成果(简称GDP),即所有常驻机构单位或产业部门,包括汽车租赁行业在一定时期内创造的可供最终使用的产品和劳务的价值。由于各地区的经济规模不同,直接比较汽车租赁的营业额大小不能客观地评价反映各国或地区的汽车租赁发展水平,因此我们采取希望通过与中国台湾地区或其他国家比较"汽车租赁营业额占国内生产总值(GDP)的比例"的方法,来分析我国中心城市汽车租赁行业的经营规模和发展趋势。

图3-1为2006年汽车租赁营业额占国内生产总值(GDP)的比例的比较。

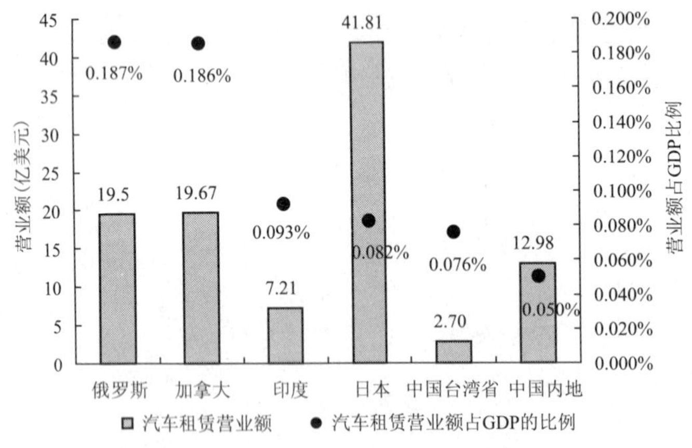

图3-1　2006年汽车租赁营业额及占GDP的比例

从图3-1可以看出,汽车租赁营业额占GDP的比例中俄罗斯、加拿大等欧美国家比亚洲国家或地区的比例要高。在亚洲国家或地区中,中国内地的汽车租赁业营业额绝对值虽然比中国台湾地区、印度高,但汽车租赁营业额占GDP的比例却是最低的。据有关统计,2006年广东省GDP为25968.55亿元人民币,中国台湾GDP为人民币约27736.8亿元,仅比广东多6.8%。然而,中国台湾地区有租赁汽车25000辆,华南地区租赁汽车只有2638辆。从这些数据可以看出，我国内地汽车租赁的发展水平，远落后于发达国家，甚至落后于印度。

2008 年我国 GDP 位居美、日之后，成为世界第三大经济体，汽车产量已位居世界第三，我国公路设施的建设也日趋完善，高速公路的总里程已居世界第二，公路网四通八达。而我们的调查数据显示，中心城市平均每个汽车租赁企业的租赁车辆数为 55.9 辆，只有 11% 的企业车辆数超过 100 辆，74.2% 的企业车辆少于 50 辆。这些都表明，目前我国汽车租赁的发展状况与孕育汽车租赁行业的基础和环境极不相称，汽车租赁的发展处于抑制状况。可以相信，一旦制约汽车租赁行业发展的不利因素消除，我国汽车租赁规模将有较大的发展，汽车租赁营业额占 GDP 的比例将逐步达到或超过亚洲国家或地区的平均水平。

（二）汽车租赁行业发展模式分析

现代经济活动的显著特征之一是利润平均化趋势的扩大，包括科学技术在内的生产要素流动非常迅速。任何一个新产品、新行业，其核心技术的传播、推广的周期越来越短，通过垄断核心技术而获得高额利润的机会也越来越少。因此，一个进入成熟期的产品或行业，规模化经营是它存在的基础。汽车租赁同样如此，没有核心技术，难以获得较高的利润率，只有通过规模化经营，降低单位成本，提高服务质量，才能获得规模效益。表 3-1 是美国汽车设备租赁行业历年来主要营业数据的统计，可以看出美国汽车设备租赁行业的营业额、站点数量、雇员数基本呈逐年增加趋势，而企业数量呈下降趋势，这显示美国汽车设备租赁行业的企业规模逐步扩大。

美国汽车设备租赁行业主要经营数据统计　　表 3-1

年份	年营业额（百美元）		企业数量（个）		站点数量（个）		雇员数量（人）	
	数值	环比	数值	环比	数值	环比	数值	环比
1998	31528	*	5112	*	10835	*	171141	*
1999	34821	10.44%	5076	-0.70%	11247	3.80%	179086	4.64%
2000	37231	6.92%	5018	-1.14%	11.067	-1.60%	181963	1.61%
2001	36035	-3.21%	5093	1.49%	12071	9.07%	189247	4.00%
2002	35779	-0.71%	5074	-0.37%	11944	-1.05%	181952	-3.85%
2003	37007	3.43%	4795	-5.50%	11319	-5.23%	172400	-5.25%
2004	41126	11.13%	4734	-1.27%	11390	0.63%	172435	0.02%
2005	43643	6.12%	4699	-0.74%	13100	15.01%	181651	5.34%
2006	46053	5.52%	*	*	*	*	*	*

规模化经营是汽车租赁行业的主要发展模式。赫兹、安飞士、巴基特、欧洲汽车等汽车租赁企业拥有的租赁车辆达到数十万辆，租赁网点遍及世界。大型、国际化的汽车租赁企业应在汽车租赁市场的业务中占据相当大的比例，在欧洲，欧洲汽车等四大汽车租赁企业占欧洲汽车租赁市场份额的 53%。规模化发展主要有以下特征：

1. 与金融机构的合作

具有一定规模的汽车租赁企业与汽车金融公司、融资租赁公司、银行存在各种形式的紧密合作，只有通过与这些金融机构的合作，汽车租赁企业才能获得持续发展的动力。有关汽车租赁企业与金融机构合作的具体形式，见本章“第四节　融资渠道”。

2. 与汽车产业链的融合

在上游，与汽车制造、销售企业融合可以降低汽车租赁经营的主要成本；在下游，与汽车维修、燃油等汽车相关产业的紧密合作及专业分工，对提高汽车租赁经营效益有所裨益。例如，首汽租赁有限责任公司 2007 年 10 月通过增资扩股的形式与中国最大的汽车行业巨头之一——北京汽车工业控股有限责任公司结合。北汽控股拥有全资、控股、参股企业 32 个，生产北京现代、奔驰等品牌整车及零部件，涉足汽车服务贸易等领域，已形成轿车、商用车、越野车全系列产品体系。2006 年产销汽车 70 万辆，收入 600 亿元，企业实力雄厚。通过与北汽控股公司的资源整合，首汽租赁可以获得多家汽车生产商上游资源的便利合作，促进首汽租赁公司的快速发展，提升首汽租赁公司的市场竞争能力，更好地打造汽车租赁业的民族品牌。通过专业分工，可以提高汽车租赁企业的效益，汽车租赁企业也可以通过关联业务取得效益。

3. 网络化、规模化

汽车租赁与银行业有一定的相似之处，相当于没有通存通兑的银行网络，就无法为储户提供方便服务一样，如果没有能够保证车辆、信息畅通流动的网络，就难以保证汽车租赁业务的需要。

我国汽车租赁行业正朝着网络化、规模化发展方向迈进，例如首汽租赁有限责任公司在多年的经营中与全国 40 多个城市的汽车租赁企业建立了客户共享的业务合作关系，在此基础上成立“中国汽车租赁联盟”，初步形成具有一定规模的汽车租赁网络。2008 年 7 月首汽租赁有限责任公司成功收购了北京第 5 大汽车租赁企业——信发公司的全部资产，使首汽租赁有限责任公司在车辆规模、业务范围、行业影响力等方面得到了进一步扩大。目前，首汽租赁有限责任公司已经成为自有车辆 3400 余辆，联盟网络车辆万余辆，服务网络遍及全国 40 多个大中城市的国内大型汽车租赁服务企业，能够满足社会各界对车辆租用的多种不同需求。

二、目标市场的选择

目标市场的选择大致分两个步骤：一是选择具有较好前景的地区；二是对选定区域内的汽车租赁市场进行细分，从中选择符合投资方发展策略、经营模式的目标市场。

（一）目标市场的地域分析

在“在着重发展小城镇的同时，积极发展中小城市，完善区域性中心城市功能，发挥大城市的辐射带动作用，提高各类城市的规划、建设和管理水平，走一条符合我国国情，大中小城市和小城镇协调发展的城镇化道路”的城市发展政策的指导下，经过几年的发展，我国城镇体系建设已取得一定的成果。目前，长三角城市群、珠三角城市群、京津城市群、辽中南城市群、山东胶济沿线城市群、厦漳泉三角城市群、武汉城市群、郑州中原城市群、湘中南城市群、成渝城市带和关中城市带等已初见雏形，我国城镇化的比例已达到 40%。进入了从 40% 到 75% 的城镇化发展的起飞阶段。城市化的高速发展，使城市人口和财富快速集聚，特别是人们休闲时间的增加，将会促进城市消费的持续增长，从而带动消费需求增长和消费结构升级，并成为中国内需稳定增长的最大动力。

据国家统计局报告，我国人均国民总收入 2007 年达到 2360 美元，已经由低收入国家跃升至世界中等偏下收入国家行列。在跨入中等偏下收入国家之后，则意味着经济总量、人均收入等达到一定规模和高度，随着发展基数的不断变大，经济的高速发展将创造越来越多的财富，表现为住房、汽车、旅游、教育、文化等消费热点在持续增长，汽车租赁业作为一个新的出行消费方式、新的融资服务形式、新的汽车营销方式,也将随着工业化与城镇化的不断推进而迎来一个大的发展机遇。特别是上海、北京、广州、深圳等城市人均国民总收入已达到8000美元,按照世行标准已进入世界中等收入国家行业。因此以长三角、环渤海、珠三角为核心的全国城市群,已具备了国际上中等收入国家的汽车租赁消费水平,是非常具有潜力的汽车租赁市场。

(二)目标市场的市场细分

根据世界知名咨询公司——全球产业分析公司(Global Industry Analysts, Inc)统计和预测,按照营业地点划分,亚太地区2003~2010年期间,在机场的汽车租赁营业额从10.95亿美元增加到14.07亿美元,机场营业额占总营业额的比例从61.7%增加到62.3%。按照业务类型划分,亚太地区2003~2010年期间休闲、商务、保险替换汽车租赁营业额分别从10.00亿美元、6.54亿美元、1.31亿美元增加到12.37亿美元、8.46亿美元、1.74亿美元,增长率分别为23.68%、29.46%、32.22%。

图3-2和图3-3分别是亚太地区汽车租赁营业额及增长率根据营业地点、业务类型的统计和预测数据,从图可以看出亚太地区机场汽车租赁、商务汽车租赁、休闲汽车租赁在汽车租赁业务占有相当重要的地位,且呈稳步上升趋势。

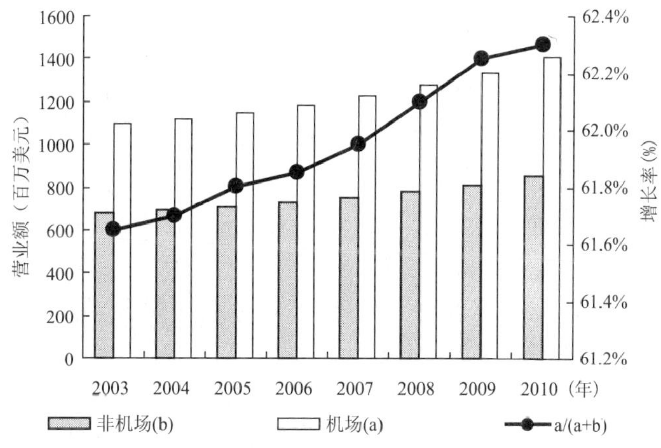

图3-2　按照经营地点对亚太地区汽车租赁营业额的统计及预测

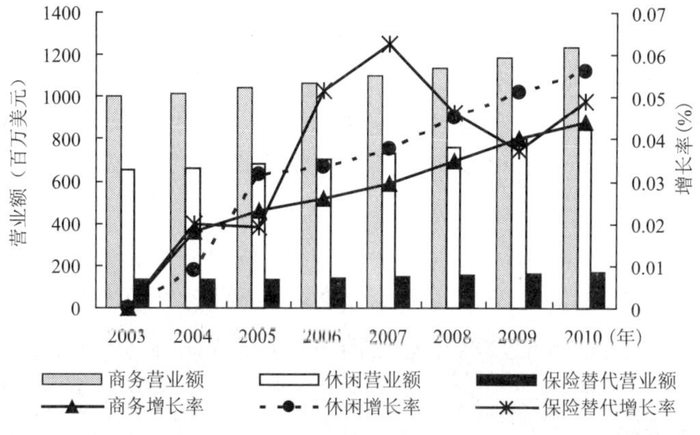

图3-3　按照业务类型对亚太地区汽车租赁营业额的统计及预测

对比国外汽车租赁目前的业务格局,我国汽车租赁市场未来发展将有如下特征:

(1)机场汽车租赁业务将逐步增加。

(2)以商务用车、休闲为主的短租市场将逐步形成并最终超过长租市场。

(3)异地租赁业务增加,逐步形成以电子商务为主要形式的网络化经营。

(4)带驾驶员租赁等业务比例增加,汽车租赁业务细分,服务外延扩大;汽车租赁内涵增加。

汽车租赁业可以称为21世纪的朝阳行业,在今后相当长的一段时间内将取得长足的发展。在我国社会经济、汽车工业等相关外部环境的不断发展过程中,在相关汽车租赁的法律法规不断完善的前提下,在社会信用体系的建设不断推进建立的情况下,最具有发展前景的汽车租赁市场包括以下几种:

1. 商务用车租赁市场

商务用车是指直接用于道路运输运营活动之外的单位用车。商务租车因其租期较长、风险较低、收益比较稳定等特点,一直占据我国汽车租赁市场的主导地位,其市场份额比例平均在70%以上,与发达国家的情况正好相反。商务租车的对象主要为外资企业、内资中小企业以及政府、事业单位等。

随着全球经济一体化进程的推进及我国社会经济保持持续、稳定、快速的发展,中国的经济在全球经济体系中的地位在不断提升,国内各个经济发展圈的外资投资规模将继续保持持续增长的趋势,进入到中国的外资企业也越来越多,各城市、区域间的商务活动也越来越频繁,这将会带来汽车租赁市场需求的不断放大;其次,许多国内的中小企业在市场竞争不断加剧的情况下,采用租车方式来降低企业运营成本并减轻流动资金压力,同时将企业的车队管理进行外包而更加专注于核心竞争力的方式将会被越来越多的企业应用;另外,我国近两年在全国范围内推行的公务车制度改革,使公务购车逐步取消,原来政府机关、事业单位拥有的后勤车辆(单位交通车、接待用车及领导配车等)将逐步走向市场,这部分用车需求的生成,将会为汽车租赁业带来规模可观的市场需求。特别是我国近几年会展业的快速发展,使各区域中心城市、各产业积聚区域等的大型国际国内会议、展览的举办频次越来越高,使专门服务于会展经济的租赁市场空间不断扩大,临时性的商务租车需求比例也在不断提升。

商务用车租赁发展的另一原因是人们对车辆的依赖度越来越大与使用自有车辆的限制越来越多的矛盾。城市车辆总数不断增加,道路、停车场设施等资源被不断占用,社会容纳车辆的能力将会逐步下降,从而影响到车辆总保有量的增长。上海、北京等大城市已开始采取限制车辆使用和拥有的措施,当需求者遇到自有车辆无法满足使用需求的情况时,必然通过租赁车辆解决,汽车租赁这一功能为汽车租赁行业的市场带来可观的潜在消费需求。

2. 休闲用车租赁市场

随着经济水平的不断提高,居民收入也不断增加,整个社会消费结构得以升级,居民年平均出行次数逐年提高,休闲自助旅游逐步成为旅游的一种模式,汽车租赁方式也逐步被大多数旅行者认可,旅游业的发展也将推动汽车租赁消费市场需求的扩张,私人短租市场将会有较大的发展空间。

3. 经营用车租赁市场

汽车融资租赁的重要市场就是道路运输企业经营用车的租赁。在欧美国家,以经营用车

为主的汽车融资租赁业务与以休闲用车、商务用车为主的汽车租赁服务业务的规模不分伯仲。图3-4是2007年世界最大的汽车租赁服务、汽车融资租赁行业企业赫兹、荷兰租赁方案公司的有关经营数据的比较。可以看出在利润、车辆数量方面,汽车融资租赁已超过汽车租赁服务。

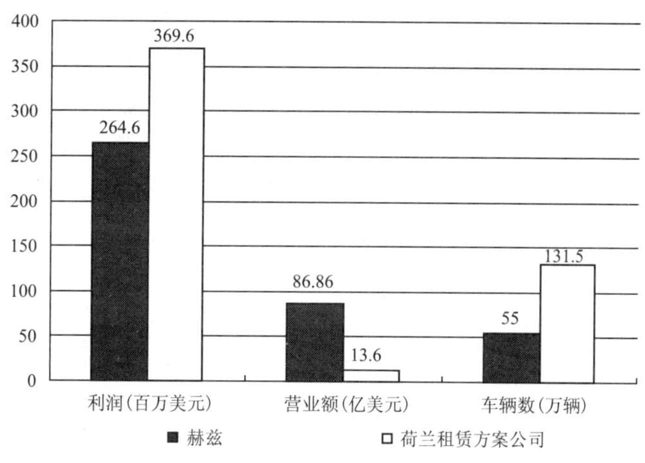

图3-4　2007年世界最大汽车租赁服务、汽车融资租赁企业经营数据比较

实际上我国第一笔汽车租赁业务就是经营用车的融资租赁。20世纪80年代,我国租赁行业的先驱中信公司就以融资租赁的方式为货运公司、出租汽车公司引进大量日本制造的货车、小客车,有力地支持了当时的经济建设。近几年,浙江金融租赁公司(现华融金融租赁公司)、西北金融租赁公司都非常成功地运用融资租赁方式参与了杭州等城市公共汽车的更新工作。

目前几个重要的趋势正在催生货运汽车租赁行业的诞生与发展。首先是货运行业结构升级的迫切需求。由于我国货运行业多年来一直处于激烈的市场竞争状态,行业组织结构小、散、乱的情况严重,集约化、规模化水平较低,企业平均拥有货运车辆仅为1.65辆,与目前市场需求的规模化、集约化的运输方式不协调,整个行业结构迫切需要进行调整;其次,由于我国自用车辆运输的情况相当普遍,运输行业货运组织化程度与水平较低,从而造成道路运输行业车辆的空驶率高、利用效率低的普遍状况,一直是我国汽车运输领域多年来的老大难问题。随着竞争的加剧,为降低成本,越来越多的企事业单位愿意放弃自己拥有车队,而采用租车的做法。为此,第三方物流的社会需求不断增长,目前第三方物流在我国的快速发展趋势为汽车货车租赁带来了良好的发展机遇;第三,汽车行业的技术创新及一些大型载重货运汽车的维修技术人员短缺,也是促动货车租赁行业诞生的一个重要影响因素;第四,我国服务贸易领域对外开放后,外资不断进入到我国的道路运输市场,这给整个行业不但带来新的运输技术、新的管理理念,同时也给我国道路运输行业带来了新的挑战,促进行业在运输结构调整、运输组织方式等方面产生一系列变单。上述几个方面的因素使得货车租赁公司将应需而生,特别是我国汽车融资租赁政策的不断调整也给许多大型汽车运输企业的规模化之路带来希望。可以预见,货车租赁在市场环境逐步向好的情况下,很快就会有一个全新的发展局面。

目前我国已有开展经营车辆租赁业务比较成功的企业,比如中国吉运集团、河南万里集团

等。中国吉运集团主要业务在华北地区，为货运业户提供具备道路运输资质的车辆、车辆的维护保养、车辆保险理赔等服务，车辆规模接近 1 万辆。

【背景资料 1】美国雷德公司的经营车辆租赁业务

美国雷德系统公司（Ryder System）是美国最大的从事货运车辆租赁的企业，客户有从事货运业务的个体从业者、物流或货运公司，也有因搬家等临时需要的一般客户。该公司除了为一些在全球都有业务的跨国公司提供全球物流解决方案外，还为不同类型的客户提供为他们量身而作的各类业务，如：车队解决方案——为货运企业提供运输车辆的租赁，包括运输业务的订单、运输设备的维护等；供应链解决方案——为制造企业提供从原材料的采购、运输、半成品中转到最终产品交付到用户手中的全部服务；交单运输——为一般客户提供的包括驾驶员、车辆、运输线路安排、装卸等所有运输过程的服务。

根据美国《财富》杂志统计，2007 年雷德公司资产达到 68.55 亿美元，营业额 65.66 亿美元，利润 2.54 亿美元，雇员 28800 人，位居美国 500 家最大上市公司的第 371 名，是美国第二大物流公司。由于该公司在利用电子商务改造传统产业方面成绩卓著，2007 年被《美国信息周刊》评为信息应用最优企业，被《美国互联网周刊》评为互联网技术盈利最佳企业。

雷德系统公司已在上海设立了办事处和分公司。

4. 汽车共享

由于汽车共享在提高资源利用率、降低城市交通拥挤、减少环境污染方面的作用，汽车发展水平比较高的国家都大力推行汽车共享计划。汽车共享实际是汽车租赁的一个新的业务类型，因此除了一些具有公益性质的汽车共享俱乐部外，一些汽车租赁企业也开展汽车共享业务。例如日本欧力士自动车公司在全世界管理的租赁车辆近 80 万辆，是日本最大的汽车租赁企业。该公司的业务包括长期租赁、短期租赁、汽车共享，除了短期租赁业务站点 828 个和长期租赁站点 57 个之外，还有 196 个汽车共享租赁站点。可以为会员提供以 15min 为租期单位的汽车共享服务，是欧力士新的汽车租赁关联业务之一。

汽车共享业务建立在会员制基础上，拥有汽车的会员在不使用车辆的时候将车辆交与汽车共享俱乐部或汽车租赁公司，出租给需要用车的会员，比如开车上下班的人可以在工作期间将车租给他人使用。租赁站点多设立在居民区或办公区，其最大特点就是租车费用定期结算，租车、还车通过专业技术手段自助完成，不必面对面办理业务手续，适合汽车共享业务模式的特殊需要。

基本过程见图 3-5：第一步，会员通过电话、互联网等向管理中心提出租车申请，管理中心根据租车人的用车时间、取车地点等要求，将车辆停放位置、车牌号等信息告知租车人；第二步，租车人在停车地点使用密码打开电子保管箱，取出所租车辆的钥匙并发动车辆，或使用 IC 卡通过车辆风窗玻璃处安装的感应器打开汽车门，用车内存放的车钥匙发动车辆；第三步，此时车上的电子系统启动记录并向管理中心传输租赁车辆行驶里程、行驶时间等信息并可保持车辆与管理中心的通讯联系；第四步，租车人使用完毕后，将车辆停放在指定位置，锁好车并将车钥匙放回停车处的电子保管箱或将车钥匙留在车内，用 IC 卡感应装置自动锁车。管理中心通过车内电子系统记录租车过程和租车费用，定期与会员结算。

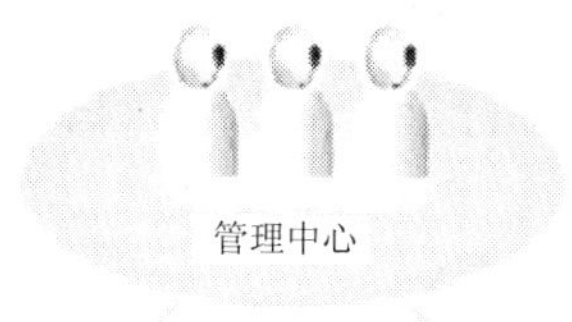

图 3-5　汽车租赁共享业务程序示意图

目前在欧美国家，汽车共享已经成为比较成熟的汽车租赁业务，并受到政府各方面的政策扶持。

三、目标市场的定量分析

在通过宏观分析确定目标市场后，应对所选择的目标市场进行定量分析，主要目的是了解市场容量、市场竞争情况、经营环境和政策、客户群体分布、车型需求、价格等市场参数。对目标市场的具体定量分析主要包括以下项目：

（一）目标市场地区汽车租赁行业管理政策

（1）目标市场的地区政府对汽车租赁公司的准入政策。

（2）设立汽车租赁企业、增加或更新车辆需要行业审批的具体政策、程序。

（二）目标市场汽车租赁行业概况

（1）租赁车辆数、汽车租赁企业数。

（2）汽车租赁市场基本情况，如出租率、客户主要构成。

（3）近两年目标市场的发展趋势、汽车租赁与新车买卖的比较、租赁车辆数字的趋势、经营汽车租赁公司的数量趋势。

（4）目标市场对汽车租赁市场细分的标准。

（5）各细分汽车租赁市场的比例。

（6）汽车租赁有否受季节性影响（旺季、淡季）。

（7）公司客户及私人客户分别占细分市场的比例。

（8）主要汽车租赁企业营业额。

（9）主要的租赁公司占各细分市场的比例。

（10）主要车型不同租期的租金标准。

（11）一般汽车租赁公司的租车程序。

（12）主要的汽车租赁公司市场竞争策略。

（13）主要的汽车租赁公司的车队中最受欢迎的车型。

（14）主要的汽车租赁公司长租及短租客户的比例、车队数目、租出车辆的数字、平均出租率、私人及公司客户的比例。

（15）租金标准及变化幅度和趋势。

(16)主要的汽车租赁公司服务点数量。

(17)主要的汽车租赁公司的汽车行业相关业务(例如汽车销售、维修、二手车、汽车财务、保险、旅游等)。

(18)主要的汽车租赁公司的利润率。

(19)主要的汽车租赁公司的广告及宣传活动的方式。

(三)目标市场汽车租赁关联环境

(1)总人口。

(2)汽车保有量,不同车种的数量(例如轿车、商用车、私人拥有汽车)。

(3)驾驶员的人数(持有驾驶证及正在申请中的人数)。

(4)企业数量(外企的数量、内企的数量及国企的数量)。

(5)经营汽车租赁的公司的数量、租赁车辆数。

(6)汽车租赁保险情况:险种、保费、理赔手续。

(四)汽车租赁客户信息

(1)客户获得汽车租赁公司信息的渠道。

(2)对主要汽车租赁企业的评价。

(3)对汽车租赁服务的需求及建议。

(4)客户对价格的敏感程度如何?是否最着重服务素质?要求有会员优惠?

目标市场定量分析项目数据主要通过各种公开信息的收集获得,比如相关租赁企业的广告、当地有关机构公布的各类统计数据。此外,获得信息的另一重要渠道是问卷调查。

以下是某企业对目标市场进行定量分析编制的针对汽车租赁企业的调查问卷(表3-2)。

汽车租赁企业调查问卷 表3-2

1. 企业基本情况

企业名称									
法人代表			办公室电话				联系人		
地址							邮编		
传真			网址				E－mail		
成立时间		企业性质		车辆总数		职工人数		站点总数	

2. 上年度营业额______万元。其中租期小于30天的短租营业额所占比例为______%。

3. 业务人员________人,专业驾驶员________人。

4. 上年度平均利润率________%。

5. 上年度平均出租率________%。

6. 租赁车辆平均使用年限________年。退出运营的租赁车辆的处理方式(可复选):

A. □卖给二手车经纪商 B. □卖给承租方 C. □卖给非承租方的直接用户

7. 被骗车次占租赁车辆总数的比率________%。

续上表

8. 车辆总数________辆。其中：
8.1 数量最多的三种车型和数量分别是：A. ________型　B. ________型　C. ________型
8.2 按照座位划分，A. 7 座（含）以下________辆　B. 7 座以上________辆
8.3 按照排气量划分，A. 1.3L（含）以下________辆　B. 1.3 ~ 1.8L（含）________辆　C. 1.8L 以上________辆
9. 数量最多的三种车型租金标准
9.1 A 型车租金标准
A. 日租金________元/天　B. 月租金（租期 1 ~ 6 个月）________元/月　C. 月租金（租期大于 6 个月）________元/月
9.2 B 型车租金标准
A. 日租金________元/天　B. 月租金（租期 1 ~ 6 个月）________元/月　C. 月租金（租期大于 6 个月）________元/月
9.3 C 型车租金标准
A. 日租金________元/天　B. 月租金（租期 1 ~ 6 个月）________元/月　C. 月租金（租期大于 6 个月）________元/月
10. 租赁车辆中安装 GPS 的比例________%。
11. 贵公司是否开展带驾驶员租赁：（□是　□否）
12. 当地汽车租赁行业管理部门是否规定汽车租赁不得带驾驶员？（□是　□否　□不知道）
13. 贵公司开展带驾驶员汽车租赁业务是否受到管理部门查处？（□是　□否）
14. 贵公司是否提供免费救援？（□是　□否），如不免费，收费标准________
15. 贵公司给租赁车辆投保的险种（选择）
A□车辆损失险　B□盗抢险　C□乘客险　D□商业第三者责任险　E□其他附加险
16. 如投保商业性第三者责任险，保额为（选择）
A□5 万元　B□5 万 ~ 10 万元　C□10 万 ~ 20 万元　D□20 万元以上
17. 贵公司每年大约发生非现场违章________起，造成直接损失约________元。
18. 贵公司上年度被骗________辆车，被骗直接损失约为________元，
找回________%，找车需耗费________元，营业损失________元。
19. 贵公司希望尽快解决影响汽车租赁业务的三项最重要的问题（请排序）：
A. ____________________________________
B. ____________________________________
C. ____________________________________

根据定量分析的结果，投资方基本可以确定在目标市场投入的车型、数量、租金标准，并根据所选择的经营模式及其他经营参数，进行投资收益分析。

第二节　经营模式选择

IT 行业的经营者主要分成两大类别：网络服务提供商（Internet Service Provider, ISP），提供拨号上网服务、网上浏览、下载文件、收发电子邮件等服务；网络内容提供商（Internet Content Provider, ICP），主要提供网站内容、信息及网站建设服务。

知名的 ISP 有中国公用分组交换数据网、中国公用数字数据网、中国公用计算机互联网、中国公用宽带网、中国公众多媒体通信网等数据通信网络，网络覆盖全国县以上城市及部分发达地区乡镇。ICP 则是数不胜数，知名的有搜狐、新浪等网站。

除了 IT 行业外，电力行业的经营模式也是这样的分工。在美国，电力行业由电力公司（发电厂）和电网公司两个彼此独立经营的系统组成，电力公司负责发电，电网公司负责提供电力的输送服务，消费者可以按照自己的意愿购买不同发电厂的电。

汽车租赁行业与 IT、电力行业非常相似,是网络(提供租赁汽车、异地租还车业务的租赁站点组成的网络)与内容(租赁车辆)的结合,因此如果借用 IT 行业的术语,汽车租赁的经营模式有:ISP + ICP、ISP、ICP。当然,汽车租赁与 IT 行业还是有很大不同,因而汽车租赁的经营模式也不仅限这三种。汽车租赁企业往往根据时间、地区、经营环境的不同,采取不同的经营模式,或者组合不同的经营模式。比如在本土实行 ISP + ICP 经营模式的赫兹、安飞士,在中国则分别采取 ISP 模式和 ISP + ICP 模式。

一、ISP + ICP 模式

世界上多数大型汽车租赁企业采取这种经营模式。当汽车租赁进入规模化发展阶段后,汽车租赁企业的经营模式就发生了分化,不同类型的企业必须根据企业特点,选择适应的业务模式。具有强大的融资能力和管理能力的汽车租赁企业可以兼顾租赁车辆的批量投入和汽车租赁网络建设、管理,它们就可以采用这种全面均衡的经营模式。

ISP + ICP 模式可以增强企业获利能力和发展潜力,是汽车租赁企业的理想业务模式。我国的汽车租赁行业的发展正在进入一个新阶段,汽车租赁企业应当以适合市场发展的经营模式,增强企业的竞争能力。根据我国汽车租赁行业的情况,具有实力的汽车租赁企业可以考虑以整合中小租赁企业的原则,尽快形成 ISP + ICP 的经营模式。

目前我国比较成功的 ISP + ICP 模式是中国汽车租赁联盟。2000 年 7 月 7 日,首汽租赁有很责任公司就与国内十几家同行组建"中国旅游汽车租赁网络",使会员客户可以在全国几十个城市无须担保而异地租车。通过 8 年的发展,这个网络从业务松散型合作到以品牌为纽带相对紧密型的联盟发展,2007 年更名为"中国汽车租赁联盟",成员单位达 50 家,遍布国内 48 个地区城市,为方便客户异地租车、解决企业低成本车辆购置等起到了非常突出的作用。客户一卡在手全国租车、异地租车本地结算已经成为首汽租赁公司竞争中的特色,目前在国内外都有一定的影响。首汽租赁通过首汽北京、上海、青岛、深圳分公司的核心层、部分授权经营和冠名企业的紧密层、加入联盟的松散层构成的基本遍布全国的汽车租赁网络,这一网络以"汽车租赁电子商务平台"(图 3-6)形式,向汽车租赁客户提供全国各地近 50 个加盟企业的汽

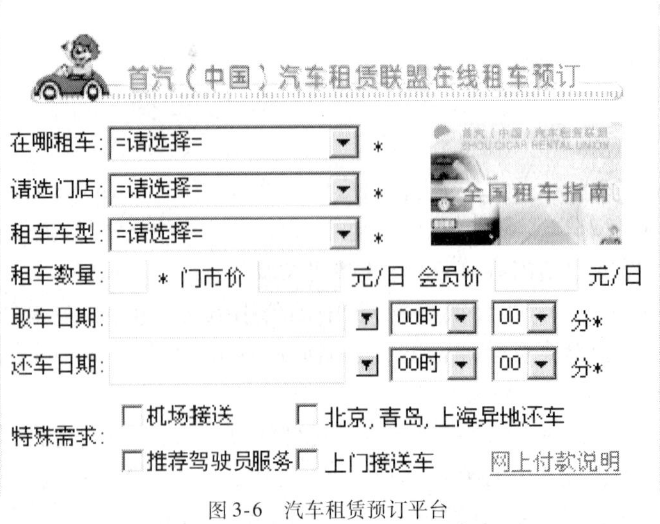

首汽(中国)汽车租赁联盟在线租车预订

在哪租车: =请选择= *
请选门店: =请选择= *
租车车型: =请选择= *
租车数量: * 门市价 元/日 会员价 元/日
取车日期: 00时 00 分*
还车日期: 00时 00 分*
特殊需求: 机场接送 北京,青岛,上海异地还车 推荐驾驶员服务 上门接送车 网上付款说明
全国租车指南

图 3-6 汽车租赁预订平台

车租赁预订业务。

还有一点我们需要指出，除去这些跨国发展的国际型大公司，欧美发达国家也有一些中小型企业，他们或在一地设有区域网点，或在本国内几地设有服务网络，也有的自己没有运营车专做特许经营，将各地小公司网入自己的管理范围之内，通过一个平台将小公司连接在一起构成服务网络，虽然松散但也能实现服务功能，形成品牌。美国的 Avalon 汽车租赁公司 20 年前就是这样一个公司，如今自有车辆超过万辆，已形成美国第五品牌。

二、ISP 模式

除 IT 业外，ISP 模式在餐饮、旅游、零售业都有广泛和成功的应用，并发展为特许或授权经营。特许经营是汽车租赁公司（或管理公司）授予某一候选人特许经营权使其加入到租赁公司的服务网络。使用统一的品牌和标志，按照公司的统一服务流程、服务规范进行业务操作。租赁公司特许总部进行有效督导并收取品牌使用费和业务提成。汽车租赁特许经营与其他服务、销售行业的特许经营有一些不同之处，除共同的品牌外，汽车租赁的特许经营必须有网络的支持，而其他行业可以不依赖于网络。

包括汽车租赁行业在内，适用 ISP 模式的行业都有以下特点：

（1）销售渠道和品牌是业务的重要组成部分，其重要性甚至与产品或服务本身相当。“随用随租、用毕即还”是汽车租赁服务区别于其他行业的特点。汽车租赁缺乏特异性，品牌在营销中的作用很重要。因此，网络化、品牌效应在汽车租赁经营中占有较重要地位，这就是 ISP 经营模式在汽车租赁行业的发展基础。

（2）相对于 ICP 模式，ISP 模式投资风险比较大。由于 ISP 模式主要是渠道建设而无实质的汽车租赁经营，因此必须通过大量的广告营销让消费者和汽车租赁经营者认同这个中介平台，前期必须有大量的非资产性的投入，一旦停止投入，企业对汽车租赁消费者的影响就会迅速消失，其投资多为泡影。

（3）相对于 ICP 模式，ISP 模式的后期资本投入和运营成本比较小。由于没有租赁车辆的投入和运营管理，当 ISP 模式的经营者成功建立销售渠道并巩固市场后，其后续的资本投入和运营管理相对较低。

现阶段我国汽车租赁行业存在网络发展滞后的缺陷，多数企业的业务在汽车降价等因素的挤压下不断萎缩，同时由于汽车租赁网络不发达而无法分享日益增长的短租市场，生存空间日益恶化。因此，充分发挥 ISP 经营模式的优势，可以非常有效地解决现阶段我国汽车租赁行业发展存在的问题，也是汽车租赁企业在行业发展转折时期重新定位的重要时机。我国汽车租赁企业建立自己的 ISP 经营模式的选择之一，就是设立汽车租赁网络经营公司。目前我国已出现这类公司的雏形并开展经营活动，汽车租赁网络经营公司或汽车租赁中介服务公司的构成和运营模式如下：

（一）汽车租赁网络公司运营模式

汽车租赁网络公司负责利用网络系统在各汽车租赁企业之间相互流动的租赁车辆的管理业务及因此发生的财务结算。

此范围之外的业务及车辆的维修、保管、救援等仍由各企业负责，汽车租赁网络公司可进行协调、调度。

(二)汽车租赁网络公司建设工作

1.统一汽车租赁网络

目前多数企业使用统一计算机管理程序。因此,只需建立一个网站,借助计算机网络技术,通过企业间信息、资源的共享,在现有企业规模的基础上,完全有可能通过企业间的合作,组成能够为客户提供优良、便捷的异地还车的汽车租赁网络。

当业务人员接收非本单位车辆时,只需输入该车合同编号或车牌号,即可通过计算机网络获得该汽车租赁业务的所有信息,如:承租方情况、车辆交接情况、租金及合同履行情况等。根据上述信息,办理车辆接收手续并将有关信息通过计算机网络通知车辆所有者。

2.统一会员制

充分利用社会信用管理体系信用审核专业、全面的优势,与信用管理机构合作,建立汽车租赁会员体系。

会员提出入会申请后,由信用管理机构对其进行信用审核,合格者颁发会员证,有效期一年。

汽车租赁企业对会员提供的会员服务,价格优惠、免收保证金。

实行统一会员制后可以简化财务结算手续,为统一汽车租赁网络的实施打下基础。此外,统一会员制可以更广泛地开拓汽车租赁市场,是汽车租赁可持续发展的新增长点。

(三)汽车租赁网络经营公司的经营原则

汽车租赁网络经营公司不谋求租赁车辆的产权,而只有汽车租赁网络的所有权。

1.统一汽车租赁网络基本原则

(1)车辆、站点产权不变,租金收入为产权单位所有。

(2)租赁站点接收或代租非本企业车辆时收取产权单位管理费。

(3)产权单位有权随时收回被异地网点代收的车辆。

(4)租赁站点对非本企业车辆代为保管和检查,不负责维修、救援等租后服务。

(5)建立专业救援机构,为汽车租赁网络服务。统筹安排车辆维修、保险等租后服务。

2.统一会员服务基本原则

(1)与信用管理机构合作,利用逐步完善的社会信用体系,发展汽车租赁统一会员。

(2)汽车租赁统一会员在任意一个汽车租赁站点享有会员资格,接受会员服务。

(3)所有汽车租赁站点统一会员服务标准。

(4)企业原有会员及服务系统应与汽车租赁统一会员合并。

汽车租赁网络经营公司的宗旨就是为汽车租赁企业提供业务经营平台。目前我国已有一些汽车租赁企业采取ISP经营模式,比如中国汽车租赁网、365租车网、德联等。

三、ICP模式

汽车租赁发展的初级阶段,多数汽车租赁服务企业采取ICP经营模式,我国就是这种情况。另外,汽车金融租赁企业,由于业务模式的原因,一般也采取ICP经营模式,而很少利用ISP经营模式。

(一)大型汽车租赁公司的ICP模式

有些大型汽车租赁服务企业由于某些经营战略的原因,也采取ICP经营模式,比如上海汽车工业公司与安飞士合资成立的安吉汽车租赁有限公司运营车辆超过了3000辆，总资产超过4亿元人民币，但安吉汽车租赁有限公司自己投资构建网络，不开展授权经营，不为其他汽车租赁企业提供渠道服务。

大型汽车租赁企业利用其他网络开展汽车租赁业务的主要方式：

(1)与银行合作，对使用VISA等信用卡的客户提供优惠。

(2)租赁企业开发预订系统，向宾馆饭店提供实时预订和全球销售方案，宾馆饭店通过互联网代理汽车租赁业务。

(3)与知名电子商务网站合作，建立类似于"携程网"与各宾馆饭店的代理关系。

(4)借助机票预订系统庞大网络，开展汽车租赁预订业务。

上述模式可以有效利用其他行业的网络，避免汽车租赁企业重复建设销售网络的浪费，可以让汽车租赁企业集中资源，扩大规模。

(二)中、小型公司的ICP模式

在目前我国汽车租赁企业规模普遍偏小的情况下，汽车租赁企业通过ICP模式，充分利用ISP企业的网络优势，将车辆委托经营，以便集中资源发展自身的特色业务，可获得更好的效益。实际上ISP经营模式作为中介平台，一方是汽车租赁客户，另一方就是大量中小型汽车租赁企业。

四、经营模式的其他内容

(一)车型选择

选择车型的首要原则是必须符合市场需求，同时应避免车型单一、集中，市场运力过剩，导致销价竞争。在选择车型前，应对目标市场的汽车租赁价格进行市场调研和分析。若调研显示某种车型的市场价格低于同类车型或低于预期收益时，应避免选择该车型。

选择车型时，还应当考虑车型的市场保有度。一般而言，保有度高的车型容易为客户接受，而且维修成本低、保值率高，有利于降低经营成本。

1. 中高档车型

相对而言，中高档车辆的使用频率较低，自备该种车型不经济，因此中高档车辆的出租率比较高。同时，随着中国经济的发展，国外各大企业和政府机构在中国设立均有总部或办事处，加上我国历史悠久，有着相当丰厚的文化底蕴，是国内外旅游观光的热点，国内外游客和中外企业对车价为20万~40万元的中高档车辆租赁的需求旺盛。

2. 中低档车型

随着人们交通消费习惯的改变，对小客车依赖度高的人群越来越多，特别是当汽车租赁网络比较发达，租还车非常方便时，租车出行将成为一种被普遍接受的交通方式。因此车价在10万元左右的中低档车，作为满足基本乘用功能的交通工具，将逐步成为汽车租赁的主力车型。由于现在社会诚信机制不够健全，个体消费对于租赁公司来说风险很大，因此，虽然他们在消费潜力上说将是租赁消费的最大群体，但是目前条件还没有足够成熟，从发展前景看，该种车型最终能达到租赁车辆总数的70%左右。

3. 高档车型

价格在40万元以上的奔驰、宝马、林肯等主要用于宴会、婚庆和高档的商务用车，这部分

需求量不大。

(二)车辆投放模式选择

1. 一次性投放

采取该方案可以使企业短期内形成较大的经营规模,各种车型的租赁一步到位,满足各个层次的客户需求,为客户提供比较周到的租赁服务;其次是可以迅速占领一定的市场份额,重要的是推出自己的租赁服务品牌。其弊端在于:一次性投放所需要的资金量较大,所承担的风险较大,企业的资金周转会受到影响;由于各个层次的租赁服务同时开展,要求人员的培训工作及时跟上,如果人员招聘和培训工作不到位,则很容易影响对顾客的服务质量,从而影响企业在客户中的形象。

2. 阶段性投放

按计划分阶段投放。采取该方案的优点在于:初步投资资金量较小,承担的风险较一次性投放会有所降低;由于企业的经营规模不大,可以集中针对某一层次的租赁客户服务(如确立20万~40万元价位为主要车型),提高服务质量;其次是企业管理方面会比较容易上轨道。缺陷在于:市场占有的份额较小,难以在客户群中形成一定的影响。

对新进入汽车租赁行业的汽车租赁企业,汽车租赁市场的瞬间容量有限,即批量投入车辆后传统市场难以消化,造成出租率低、营业收入低。因此在实现规模化经营的过程中应注重市场潜在容量巨大的短租市场的开发。而制约短租市场发展的瓶颈是汽车租赁信用管理体系的缺失,解决这一问题的措施有:

(1)应用GPS等技术手段解决经营风险,简化租赁手续,降低信用审核标准。

(2)与金融机构、信用管理机构合作,以发行联名信用卡、信用信息共享等方式,利用它们比较成熟的信用管理体系。

【案例1】深圳至尊汽车租赁项目决策分析

基于对中国汽车租赁市场宏观发展趋势向好的认识,2006年1月深圳至尊汽车租赁股份有限公司(以下简称至尊租车)开始大举进入汽车租赁行业。迄今,至尊租车已在全国30多个城市开设了百余家门店,拥有自购车辆1000多台,成为目前中国规模最大、车辆最多、网点最广泛、服务最专业的连锁经营短期租赁汽车租赁企业之一。2006年底,海纳亚洲和香港麦达对至尊租车投入了500万美元的风险投资,2007年底,海纳亚洲和香港麦达又投资5000万美元,成为风险基金在中国投资的第一家汽车租赁企业。至尊租车成功进入汽车租赁行业广受瞩目,2007年被评为"中国十大经典投资案例",2008年7月获"中国最具投资价值50强企业",2008年11月获"中国最佳创业投资新锐企业项目奖"。

至尊租车将目标市场定位于商务用车、休闲用车租赁市场和经济发达城市。借鉴国外巨头的成熟经验,对国内市场仔细分析,至尊租车认为:中国未来汽车租赁主力消费者将是商务和旅游人群。针对这一市场,至尊租车在北京、上海、广州、深圳等商业城市,海口、杭州、西安、桂林、长沙等旅游城市构建营业网点,以此为核心向全国一、二线城市及周边城市逐步辐射,最终形成全国经营网络。

为满足以商旅客户为主要消费群体的租车需求,至尊租车首先就选择在各个城市的机场和重要码头开设店面。如今在全国部分城市机场到达大厅,都能看到至尊租车鲜活明快的橙

红色LOGO和柜台。在不同城市之间往来的客户下飞机便可提车,极大地提高了租车的便捷性。占据了机场的“咽喉要道”之后,至尊租车迅速在重点城市的商业中心、交通枢纽、住宅小区增加直营店。

在经营模式上为适应商务用车、休闲用车租赁的业务需要,至尊租车彻底改变传统汽车租赁的经营模式,是中国第一家通过使用信用卡、身份证、驾驶证的“两证一卡”模式,实现全国连锁汽车租赁的企业。无需担保和押金,客户可以通过至尊租车的网络平台、全国统一热线等途径实时车辆预订,并可在全国至尊的任意门店享受异地取还车服务。而所有的预付、结算都只需通过一张信用卡在短短的几分钟内完成。完善的汽车租赁网络、方便快捷的租车手续为汽车租赁最终能服务于普通百姓,成为一项大众消费品奠定了充分的网络基础。至尊租车不但是一个成功的投资案例,也标志着我国汽车租赁行业进入了大规模投入、网络化经营、普及化发展的新阶段。

第三节　投资效益分析

汽车租赁的投资效益分析是汽车租赁项目决策的重要依据。在影响投资收益的诸多因素中,租金收入对投资收益的影响最重要,其次是购置车辆的固定成本。由于投资收益由租金收入和运营车辆残值销售收入构成,而租金收入基本与运营时间成正比,运营车辆残值与运营时间成反比。所以投资收益的最大值是由运营时间确定的程金收入与运营车辆残值的边际收益。

一、成本分析

严格地说,成本指从前期的准备工作启动到项目启动正常运营为止发生的全部投资费用,凡是与该项目直接有关的支出费用均应包括在内。一些成本如开办费用可以按照财务规定,待开业后分期摊入成本。汽车租赁的投资主要分为固定成本、运营成本两个方面。

(一)固定成本

1. 车辆购置费用

购置运营车辆的费用。车辆购置费用在汽车租赁的投资比例中大约占70%左右,具体所占比例与投资规模、运营车辆的车型有关。一般规律是车辆购置费用在投资成本中的比例与投资规模成正比。

在汽车产业比较成熟的市场,车辆购置成本比较稳定,车辆价格波动很小。但在汽车产业快速发展或调整阶段,车辆价格所发生的变化,可能给汽车租赁行业造成极大的损害,投资者在进行相关分析时,必须考虑车辆购置费用的影响。

可以通过批量购买的办法,降低单车购置费用,某些车型的批量采购价格甚至可以优惠10%左右,这是增加汽车租赁利润率的最有效捷径。

2. 车辆购置税

按照国家有关规定购置车辆时交纳的税费,计算方法为:车辆购置费用 ÷ 1.17 × 10%。

3. 停车场费用

参考《汽车租赁业管理暂行规定》(中华人民共和国交通部、国家计划委员会1998年8月

1 日颁布,2007 年 12 月废止),停车场面积不少于正常保有租赁汽车投影面积的 1.5 倍,每辆车投影面积可按 $10m^2$ 计算。按照平均 70% 的出租率,停车场应能够停放运营车辆总数 30% 的车辆。停车场的面积计算公式为:运营车辆数 $\times 30\% \times 10m^2 \times 1.5$。

停车场的费用随位置变化而差距悬殊,在上海、北京等大城市的繁华地带,停车场费用达到 3000 元/(车·月),而城市的边缘地带,停车费用相当低廉。企业在设置租赁车辆停车场时,可以利用峰谷调节原理,在交通便利、租金便宜的位置建立可容纳相当数量运营车辆的车库,而在租金昂贵的租赁站点只租用少量停车位,根据租赁站点出租率,随时在租赁站点和车库之间调节车辆,这样可以降低停车场费用。

4. 营业场所费用

汽车租赁企业的营业用房一般为两大类:一是写字楼等办公室用房,这类站点主要营业对象是长租客户;另一类是位于交通要道、繁华地带的门面房,主要营业对象是短租客户。不同位置、不同类型、不同面积的营业场所租金差异巨大,企业可根据业务定位和成本预算确定经营场所。

5. 办公设备费用

办公设备包括计算机、桌椅等设施。

(二)运营成本

1. 车辆维护费用

包括维修费、保险费、年检费、车船使用税。其中维修费、保险费可通过委托专业公司代办、招标等方式,获得优惠价格。

2. 人员工资

汽车租赁业务人员承担的工作性质要求其应具有相当素质,因此人员的工资水平应在当地平均工资水平之上。

3. 车辆折旧

车辆折旧的记提标准根据目的不同,有两种模式:

1)年度财务核算

根据国经贸经[1997]456 号《关于发布 <汽车报废标准> 的通知》和国经贸经[1998]407 号《关于调整轻型载货汽车报废标准的通知》中规定的折旧率计提折旧。

2)利润预测

在进行利润预测时,一般按照一个投资周期作为运营车辆的折旧年限。如设定从购买车辆到车辆退出运营的时间为 3 年,则车辆的折旧年限即为 3 年。

4. 财务费用

运营支出中的财务费用包括:各年支付的国内投资借款利息。

5. 营业税

目前营业税为营运收入的 5%,加上各种营业附加,总计为 5.5%。

二、收益分析

汽车租赁的投资收益主要包括租金收入和运营车辆残值销售收入两部分。

(一)租金收入

由于租赁车辆技术性能标准化强、租赁车辆服务深度有限等特点,导致租赁车辆租金标准的市场化程度很高。或者说在车辆品牌、车辆使用功能相同的条件下,企业彼此之间很难再通过服务、销售等手段形成价格差异,即任何一个企业无法背离市场价格自行定价,因此租金标准由企业自行调控的幅度很小,租金标准基本不是依照企业利润预期核定的,而是随行就市由市场确定。

但是汽车租赁又是少数价格标准"随意性"的行业之一,价格标准"随意性"的行业还有民航、宾馆业。这类行业有一个共同特点,就是客户的"价格敏感性"高。因此,经营者往往通过租金价格和出租率的最优组合,谋求租金收入的最大化。有关详细论述,见本书第五章"第一节　收益管理"。因此,在对租金收入进行分析时,决定租金收入的三个指标,即利润率、租金标准、出租率只是一个预期值。

$$预期租金标准(元/日)=\frac{单车成本(元/日)\times(1+预期利润率)}{(1-税率)\times预期出租率}$$

(二)运营车辆残值销售收入

财务上的运营车辆残值销售收入=车辆原值-累计车辆折旧费,但是实际运营车辆残值销售收入完全依赖于二手车市场。二手车价格评估的主要方法有:

1. 平均年限法

$$每年折旧额=原值/预计使用年限$$

例如,10 万元的汽车预计使用 10 年,则每年应计算 1 万元的折旧。也就是说在第一年末,汽车的价值是 9 万元;第二年末,汽车的价值是 8 万元;以此类推。

2. 工作量法

按照行驶的里程计算折旧计算公式是:

$$折旧额=原值\times(已经行驶的里程/预计使用里程)$$

例如,10 万元的汽车预计行驶里程为 10 万 km,则每行驶 1km 提取 1 元的折旧。也就是说在行驶 1 万 km 后,汽车的价值是 9 万元;在行驶 2 万 km 后,汽车的价值是 8 万元;以此类推。

3. 双倍余额递减法

计算公式:

$$折旧的百分比=2/预计使用年限$$

$$每年的折旧额=年初时的价值\times(折旧的百分比)。$$

在预计使用年限的最后两年平均分摊剩余的价值。

例如,10 万元的汽车预计使用 10 年,折旧的百分比为 20%。第一年末汽车的剩余价值是 8 万元(10 万-10 万的 20%);第二年末汽车的剩余价值是 6.4 万元(8 万-8 万的 20%);第三年末汽车的剩余价值是 5.12 万元(6.4 万-6.4 万的 20%);第四年末汽车的剩余价值是 4.096万元;第五年末汽车的剩余价值是 3.277 万元;第六年末汽车的剩余价值是 2.6214 万元;第七年末汽车的剩余价值是 2.097 万元;第八年末汽车的剩余价值是 1.678 万元;第九年末汽车的剩余价值是 0.839 万元;第十年末汽车报废。

4. 年数总和法

计算公式:

折旧额 = 原值 ×（还可以使用的年限/使用年限总和）

例如,10 万元的汽车预计使用 10 年,使用年限总和 = 10 + 9 + 8 + 7 + 6 + 5 + 4 + 3 + 2 + 1 = 55。第一年末汽车的剩余价值是 8.182 万元[10 万 - 10 万 ×（10/55）];第二年末汽车的剩余价值是 6.546 万元[8.182 万 - 10 万 ×（9/55）];第三年末汽车的剩余价值是 5.091 万元[6.546 万 - 10 万 ×（8/55）];第四年末汽车的剩余价值是 3.818 万元;第五年末汽车的剩余价值是 2.727 万元;第六年末汽车的剩余价值是1.818 万元;第七年末汽车的剩余价值是1.091万元;第八年末汽车的剩余价值是 0.546 万元;第九年末汽车的剩余价值是 0.182 万元;第十年末汽车报废。

影响二手车价格的因素除车辆年限外,还有车辆性质、保值率。

1. 车辆性质

根据《机动车登记规定》,车辆按使用性质划分为营运车和非营运车,并依据使用性质不同确定不同的报废年限。租赁车辆目前被认定为营运车辆,有的地方将其视为出租车,认定报废年限为 8 年,有的地方将其视为其他营运车辆报废年限定为 10 年。因此租赁车的旧车价格,在同等条件下较社会车辆要低 10% 左右。

2. 保值率

所谓的汽车保值率,就是汽车再售时的售价与新车买入时的价钱之比。同样的年限、同样的原值,保值率高的车卖的价格就高。市场保有量较大、售后服务比较好、维修方便、配件便宜、市场认知度好的车型,其保值率就高。

三、利润总额

利润总额 = 租金收入 + 运营车辆残值销售收入 - 固定成本 - 运营成本

四、利润率

$$\text{年利润率} = \frac{\text{总利润}}{(\text{固定成本} + \text{运营成本}) \times \text{运营周期}}$$

五、投资回收周期

$$\text{投资回收周期} = \frac{\text{总投资}}{\text{税后利润}}$$

六、盈亏平衡分析

盈亏平衡出租率是租金收入与支出相等（利润为零）时的出租率,利用盈亏平衡出租率分析可推断出租率与收入、成本、利润之间的关系:当实际出租率高于盈亏平衡出租率时,可获得利润;当实际出租率低于盈亏平衡出租率时,发生亏损。

$$\text{盈亏平衡出租率} = \frac{\text{总费用}}{\text{出租率 100\% 时营业收入}}$$

假设某车型日租价格 200 元/辆,车数 100 辆,年总费用 600 万元,出租率 100% 的营业收入为:200 元 ×100（辆）×365 天 =730 万元。

盈亏平衡点计算如下：

盈亏平衡出租率(%)=总费用/年营业收入=600 万元/730 万元≈82%。

由此可以看出：当出租率等于 82% 时，盈亏平衡；当出租率大于 82% 时，盈利；当出租率小于 82% 时，亏损。

要想降低盈亏平衡时的出租率，则必须增加租金标准或降低费用支出，或既增加租金标准又降低费用支出。

在汽车租赁租金标准变化弹性较小的前提下，只有通过降低费用的办法改变盈亏平衡点。如果费用支出能够压缩 10%，则盈亏平衡时的出租率下降为 74%；如果费用能够压缩 20%，则盈亏平衡时的出租率下降为 66%。反之，如果费用支出上升 10%，则盈亏平衡时的出租率就要上升为 90%；如果费用支出增加 20%，则盈亏平衡时的出租率要上升为 99%。

由此可见，加强企业的经营管理，严格控制各项费用支出，才能获得较好的经济效益。

七、风险及敏感性分析

汽车租赁业所面临的正常经营风险主要来自于市场开拓不利造成的出租率下降，而且从费用结构看，固定成本占较大比例，基本可以忽略由于出租率变化给费用造成的影响。因此，如果出租率下降且成本高则严重影响营业收入和利润水平。假定出租率在 85% 的基础上上下浮动 10%，则营业利润相对于出租率 85% 时的变化如表 3-3 所列：

利润与出租率的关系　　表 3-3

出租率	75%	85%	95%
年收入(万元)	547.5	620.5	693.5
年费用(万元)	600	600	600
税前利润(万元)	-52.5	20.5	93.5
利润变化	356%	0	356%

由表中数据可以得出结论，利润与出租率具有非常敏感的关联性，所以出租率的升降对营业收入影响极为重要。因此必须切实做好营销策略的制订与实施、大力开拓市场、广挖客源、提高车辆出租率。

【案例 2】汽车租赁投资收益分析

说明：本预算以某车型为例，依照汽车租赁经营的常规模式和北京地区的各种运营参数，对短租业务的利润预算。

(一)主要参数

1. 从新车购入到退出运营的期间：　　2 年
2. 2 年后车辆残值收入：　　50000 元/辆
3. 运营期间平均租金：　　260 元/(日·辆)
4. 运营期间平均出租率：　　80%
5. 工作人员：　　26 人　　工资 2000 元/(人·月)
6. 场地租用费(营业、停车)：　　6 个　　70000 元/(年·个)

7. 运营车辆:　　　　　　　　　　　　　　　　　　　　　200 辆

(二)租金收入

年收入 = 260 元/(日·辆) × 365 日 × 80% × 200 辆 = 15184000 元

(三)总成本

1. 固定成本:租赁车辆购置时一次性支出(见表 3-4)。

固定成本(单位:元)　　　　表 3-4

项目	单车	200 辆	备　注
车价	89240	17848000	车价 97000,100 辆以上优惠 8%
购置税	7627	1525400	购置税 = 车价 ÷ 1.17 × 10%
GPS	1400	280000	
上牌杂费	130	26000	
总计	98397	19679400	

2. 年运营成本:维持租赁车辆正常运营的支出(见表 3-5)。

运营成本(单位:元)　　　　表 3-5

项目	单车	200 辆	备　注
验车费	50	10000	两年验车一次,年均费用
车船使用税	200	40000	
保险费	2804	560800	车损险、第三者责任险
维修费	1200	240000	平均 100 元/(月·辆)
GPS 使用费	1440	288000	120 元/(月·辆)
工资	3120	624000	年工资总和分摊到车辆上的费用
管理费	500	100000	办公费、广告费用等
场地费	2100	420000	6 个场地一年费用
营业税	4176	835200	收入 × 5.5%
总计	16910	3118000	

3. 总成本 = 固定成本 + 年运营成本 × 2

= 19679400 + 3118000 × 2 = 25915400 元

(四)年利润率

1. 租车利润 = 总租金收入 − 总成本

= 15184000 × 2 − 25915400 = 4452600 元

2. 2 年后租赁车辆残值收入 = 50000 元/辆 × 200 辆 = 10000000 元

总利润 = 租车利润 + 租赁车辆残值收入

= 4452600 + 10000000

= 14452600 元

$$年利润率 = \frac{总利润}{(固定成本 + 运营成本) \times 2}$$

$$= \frac{14452600}{26443240 \times 2}$$

$$= 27.33\%$$

由于出租率、租金标准、退出运营车辆残值销售收入等影响汽车租赁收入的诸多参数的不确定性太大，所以对汽车租赁利润的预测与实际经营情况有一定差距，因此该预测只能作为汽车租赁投资分析的一个参考资料。

第四节　融资渠道

一、融资对象

融资对象主要有银行、融资租赁公司、汽车金融公司和汽车制造企业。

二、融资方式

（一）银行借贷融资

这是一种最普通的债权（债务）融资。对银行而言，项目贷款用于租赁公司购买设备，专款专用，承租方无法挪作他用。如遇欠租，可以通过处置租赁公司财产收回贷款，从而降低风险。但是，各个银行对放贷企业有不同的要求，有了好项目不等于银行都能通过审贷，租赁公司以及承租方的资信、业绩、财力等是进行银行项目融资成功与否不可缺少的因素，涉及融资企业的资质等级、经营规划、赢利能力、还租能力、资产实力等。根据项目的不同，可以选择国内银行或国外银行。

（二）股权融资

租赁公司寻找有实力的国内外财团、银行、风险投资机构等资金机构，以吸收新股东参股的形式融资。投资机构一旦与租赁公司形成密切的股东关系，租赁公司就有了稳定的资金来源，投资机构也可以通过租赁平台有效地控制信贷的资金投向，将风险降到最低。利用这个平台，可为客户提供更符合客观需求的信贷和租赁服务。租赁公司资本的增大会迅速增大公司的融资能力。例如2007年10月北京汽车工业控股有限责任公司以现金入资的方式成为占首汽租赁有限责任公司49%股份的新股东，首汽租赁有限责任公司的注册资金由原来的4000万元增加到1.7亿元，首汽租赁有限责任公司的原股东通过股权溢价和增资扩股，实现融资的目的。

（三）资本市场筹集资金

有实力的租赁公司可通过公开上市等形式向社会筹集资金，从而快速提高租赁公司的资金实力。

（四）企业债权融资

根据企业的经营情况，租赁公司可以向证券管理部门申请发行企业债券，向社会融资。

（五）担保融资

根据不同项目，要求客户提供相应的担保。如大型金融机构的担保、优质上市公司的担保、大型国有企业的担保、政府担保（许可情况下）、大型担保公司（如中投保）等，通过信用叠加和嫁接，进行融资。

（六）与汽车金融公司结盟融资

以大型汽车集团为依托的汽车金融公司是汽车融资租赁的强大资金渠道，它能为经销商、关联公司和合作伙伴提供存贷融资、营运资金融资、设备融资；为消费者提供产品咨询、保险等业务。由于提供全价值链服务,汽车金融公司甚至可以采取“零首付、零利率”等促销措施,这是银行所做不到的。汽车金融公司的出现,意味着商业银行将从汽车消费信贷领域渐渐淡出,汽车金融的运行主体将进行战略转移。

(七)委托租赁融资

委托租赁融资是指出租人接受委托人的资金或租赁标的物,根据委托人的书面委托,向委托人指定的承租人办理融资租赁业务。这是一种无风险融资,在租赁期内租赁标的物的所有权归委托人,出租人只收取手续费,不承担风险。

(八)联合租赁融资

这是一种部分风险或无风险融资。租赁公司可以与资金实力比较强的其他融资租赁机构或信托机构联合开展融资租赁业务,各方共同出资,主牵头公司在获取自身资金收益的同时,还可以获得其他联合资金机构的手续费,甚至可以作为租赁策划人,获得手续费而不承担风险。

(九)银行保理融资

对于租赁公司与银行认可的优秀项目形成的租金收益权,租赁公司可以转让给银行,进行保理融资。

(十)租赁资产证券化融资

对于租赁公司形成的优质租赁资产,租赁公司可以打包委托给信托公司,发行集合信托资金,实施资产证券化融资。

(十一)其他融资

除上述融资渠道外,还应关注国家产业政策融资、BOT 项目融资、民间融资、杠杆租赁融资、典当融资、车辆抵押、收入抵押等。

通过与融资租赁公司、汽车金融公司在汽车租赁方面 ISP 与 ICP 经营模式的合作,获得融资。

【案例 3】通过将不良分期付款转化为汽车租赁获得资金支持

随着汽车分期付款销售业务的扩大,出现了购车方无法按时付款,银行不得不收回车辆,终止合同,给双方都造成损失的情况。如果此时租赁公司介入,购车方以向租赁公司租车的模式,用前期支付的购车费用折抵租金后,将分期付款的权利义务转让给租赁公司,这样对银行、购车方、租赁公司都有好处:

(1)银行避免因合同终止、车辆闲置、贷款无法收回造成的损失。

(2)购车方通常可以从租赁公司拿到已付车款和租金折抵后的差额,减少合同终止造成车、款两空的损失。

(3)租赁公司通过与购车方的交易,既获得了租车利润,也获得了银行的按揭贷款。

例如:车价 7 万元,贷款利息、保费等分期付款财务费用 3 万元,分期付款年限 3 年,首付 4 万元,月付 1667 元的分期付款。若购车方一年后欲终止购车,可设想以 3000 元/月的租金,向租赁公司租了一年车,需交纳 36000 元租金。而租赁公司应向购车方补偿已向银行交纳的购车费用共 60000 万元,折抵购车方应付租金后,租赁公司实际向购车方支付 24000 元。从第二年开始,租赁公司成为购车方,开始向银行支付分期付款并获得租金收益。考虑维修成本、出租率等因素,假设租金每年递减 10%,三年后车辆可卖 35000 元,则全部盈利为 25720 元,年投资收益率为 35.72%。分期付款转租赁收益分析见表 3-6。

分期付款转租赁收益分析(单位:元) 表3-6

	分期付款	分期付款转租赁	
		租金	收益(租金减分期付款)
首付	40000		
第一年	20000	36000	-24000
第二年	20000	28800	8800
第三年	20000	25920	5920
卖车			35000
总额	100000	90720	25720

第五节 企业组织机构及岗位职责

一、组织机构构成

汽车租赁企业的组织机构由两部分构成,一是支撑企业基本运作的常规机构,例如办公室、人事部、财务部等;二是根据业务需要设立的业务机构,例如业务部、服务部、技术保障部等。在此基础上,各企业可按照自身业务特点,细分上述业务机构,设立更具体的部门。一些规模较大、具有很多营业站点、开展网络经营服务的租赁公司,一般需要设立运营中心(业务部),对基层的业务部门——租赁站点进行业务管理。

(一)大型企业的组织机构

1. 一级机构

有办公室、财务中心、运营中心、服务中心、预订中心、市场开发部、法律事务部等。

2. 二级机构

有结算部、营业部(若干个)、带驾驶员租赁业务部、租卖营业部、车辆保障部、车辆保险部、车辆更新部、网络保障部等。

图3-7是大型汽车租赁企业的组织机构示意图。

(二)中、小企业的组织机构

有办公室、财务部、业务部、服务部、设备保障部、市场开发部等。

二、岗位及职责

(一)办公室

岗位:主任、行政人员、人事人员。

联系部门:公司各部门。

主要职能:公司各项行政事务、文秘工作和领导交办的其他事项。

职能细分:

1. 行政管理

(1)办理行政事务,协调部门的衔接工作;落实、督办公司安排的各项工作;管理公司印签、介绍信。

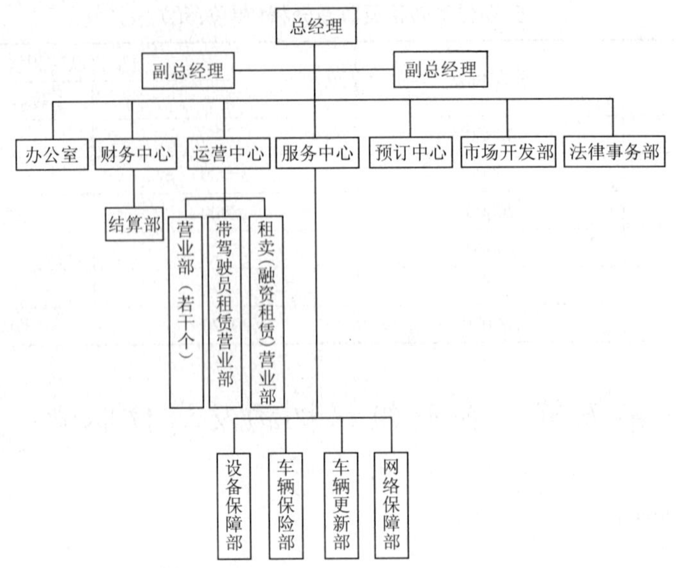

图3-7 大型汽车租赁企业的组织机构示意图

(2)日常办公、业务用品的采购、领用、保管。

(3)报刊、杂志的订阅。

(4)管理工作用车。

2. 文件管理

(1)草拟、发送、保管公司内部文件;

(2)外来文件及信函的处理。

3. 会议管理

组织公司会议,负责会议记录。

4. 人事管理

人员招聘、通知、面试及上岗培训;办理人员接收、任命、调动、离职手续;职工考勤、奖惩。

5. 制度管理

(1)制定行政办公事务、行政工作方面的工作程序、规章、制度和服务标准;

(2)起草企业各项规章制度。

6. 对外关系

(1)负责与政府及行业管理部门的联络,掌握行业政策;

(2)内部分析,通过汇总各业务部门月报,总结、分析各部门工作情况,及时准确了解企业经营运行状况,提出改进建议和方案。

(二)财务中心

岗位:经理、会计、出纳、资金管理员。

下属部门:结算部。

联系部门:公司各部门。

主要职能:财务管理与资金管理。

职能细分：

1. 预算管理

(1)编制财务预算、执行财务计划；

(2)依现金周报，分析检查资金运作效果，提出资金使用意见和建议；

(3)日常财务核算，应收款项的追踪管理。

2. 成本管理

成本项目确认，成本控制，成本核算、报告。

3. 账簿管理

会计报表的记录，会计账簿的整理和保存。

4. 固定资产管理

固定资产的增加、减少、盘盈、盘亏的核算及固定资产的清算。

5. 营业款管理

(1)负责管理、指导结算部的业务开展、监督；

(2)监督营业款的收、付及发票使用情况。

6. 资本运作

负责与银行等金融机构协调企业业务所需资金的筹措及相关事务。

(三)结算部

岗位：收款员。

上级部门：财务中心。

联系部门：各营业部。

主要职能：日常营业款的收、付及票据管理。

职能细分：

1. 营业款收付

(1)收取营业款转报财务部；

(2)安排保证金等项退款事宜。

2. 票据管理

监督管理发票及小票使用情况。

3. 票务工作安排

负责票务人员日常及节假日值班工作安排，保证租赁业务的正常开展。

(四)运营中心

岗位：经理、中心调度员、业务员、网管。

下属部门：营业部(若干个)、带驾驶员营业部、租卖(融资租赁)营业部。

联系部门：预订中心、服务中心、财务中心、市场开发部、车辆更新部。

主要职能：行使对下属各营业部日常管理责任。

职能细分：

1. 营业部管理

(1)指导、辅助、检查营业部日常工作；

(2)检查营业部各项工作的完成情况；

(3)规范所属各门店的服务内容、方式、标准和工作流程。

2. 车辆管理

(1)监控运营车辆,调配车辆资源;

(2)管理、监控所属运营车辆,掌握车辆状况;

(3)配合服务中心协调车辆维护、年检等工作。

3. 统计分析

各项业务数据的搜集、整理、统计、分析。

4. 报表管理

业务报表、票据、终止合同的整理、保管。

5. 计算机管理

(1)营业部计算机设备的购买、修理、更新、升级;

(2)计算机业务软件系统开发、安装、维护、管理。

(五)营业部(若干个)

岗位:经理、业务员。

上级部门:运营中心。

联系部门:保险部、保障部、结算部。

主要职能:处理本营业部的租赁业务。

职能细分:

1. 租赁业务

(1)接待客户,解答客户咨询;

(2)办理租赁业务手续。

2. 租金管理

掌握租金到期情况,按期催收租金,上报租金欠款情况;负责催收欠款,控制欠费时间及挂账金额。

3. 风险管理

(1)租前承租方资质审核;

(2)判断在租车辆的信用保证状态,及时上报风险情况。

4. 报表统计

填写、报送业务报表,编制业务月报。

5. 档案管理

客户档案的建立、保管及提供利用。

6. 车辆管理

(1)掌握车辆状况,保证车辆数目准确;

(2)配合所属车辆的年检、保险;

(3)提供车辆更新建议。

7. 合同管理

对在租车辆合同及未结清合同实施管理。保持合同资料完整、掌握合同到期情况、按期移交合同。

(六)带驾驶员租赁营业部

岗位:经理、业务员、驾驶员管理员。

上级部门:运营中心。

联系部门:办公室、保险部、保障部、结算部。

主要职能:开展带驾驶员的包租业务,包括接送、婚庆、旅游等。对驾驶员进行管理。

职能细分:

1. 租赁业务

办理包租(带驾驶员)租赁业务的资质审核、签订合同等租赁车辆的业务手续。

2. 租金管理

按期核收租金及其他款项,催收过期租金。

3. 合同管理

对在租车辆合同及未结清合同实施管理。保持合同资料完整、掌握合同到期情况、按期移交终止合同。

4. 车辆管理

掌握租赁车辆状况,保证待租车辆良好。

5. 报价管理

编制包租业务价目表。

6. 油耗管理

根据业务情况,核定用油额度,核对燃油消耗情况。

7. 驾驶员管理

(1)负责对驾驶员的培训、教育、工作考评及奖惩工作;

(2)定期组织例会,实施交通安全、服务质量、职业道德的教育和规范。

8. 档案管理

建立本部门管辖车辆台账、驾驶员人事档案、油耗台账、服务台账。

(七)租卖业务部(融资租赁部)

岗位:经理、业务员、租金编制员。

上级部门:运营中心。

联系部门:结算部、保障部、保险部。

主要职能:负责以租代卖业务(或称融资租赁业务)。

职能细分:

1. 租卖(融资租赁)业务

(1)确定以租代卖车辆;

(2)洽谈租卖业务、签订租赁合同、办理业务手续;

(3)合同到期办理车辆过户手续。

2. 租金管理

(1)编制、核算租金数额;

(2)掌握租金到期情况,核收租金、违约金、滞纳金;

(3)催欠款,控制欠费时间及挂账金额。

3. 风险管理

负责客户审验,进行实地资质审核。

(八)服务中心

岗位:经理、业务员、外勤业务员、车辆技术员。

下属部门:设备保障部、车辆保险部、车辆更新部、网络保障部。

联系部门:运营中心、财务中心、服务监督部。

主要职能:管理运营车辆的服务支持工作;保证支持各部门业务数据传输、交流的计算机系统工作正常。

职能细分:

1. 组织协调

管理、指导、辅助、检查设备保障部、车辆保险部、车辆更新部工作。

2. 接受和落实客户的服务要求

对从各种渠道获得的客户服务信息及时做出反馈,并协调相应部门落实。

3. 报表统计

(1)数据的搜集、整理、统计、分析;

(2)报表的填写、上报。

4. 档案管理

建立保管车辆台账、车辆档案。

5. 成本管理

控制车辆服务成本,核定费用支出。

(九)车务部(设备保障部)

岗位:经理、车务管理员、维修工。

上级部门:服务中心。

联系部门:各营业部。

主要职能:为运营车辆提供保障服务。

职能细分:

1. 维修管理

掌握车辆维护情况,安排车辆定期维护;确定修理方案,安排修理工作,核定修理费用。

2. 救援管理

负责租赁车辆救援的整体工作,包括工作人员、车辆的组织、救援信息处理及救援工作的实施。

3. 整备管理

安排车辆租前的技术检查及清洁卫生。

4. 证照管理

(1)车辆证件、号牌的收发、登记、补办、管理;

(2)交纳运营车辆所需的各项税费。

5. 车辆年检

负责安排车辆年检。

6. 违法处理

交通违法的查询及相关事项的处理。

7. 档案管理

建立和保存车辆维修、违法、救援记录档案。

(十)车辆保险部

岗位:经理、保险管理员。

上级部门:服务中心。

联系部门:各营业部、车辆更新部。

主要职能:租赁车辆保险相关业务。

职能细分:

1. 保险管理

掌握车辆的保险情况,安排车辆上险事宜。

2. 事故处理

处理车辆出现情况、办理理赔事宜、安排车辆修理。

3. 损赔管理

为业务部门提供车辆损赔标准,核对损赔收回情况。

4. 档案管理

建立和保存车辆保险、出险记录档案。

(十一)车辆更新部

岗位:经理、档案管理员、外勤人员。

上级部门:服务中心。

联系部门:服务中心、财务中心。

主要职能:新车采购与旧车更新。

职能细分:

1. 信息采集

收集市场各种车型及价格信息,掌握汽车市场发展动态。

2. 新车采购

确定新车购买事宜,洽谈新车采购条件。办理工商验证,交购置税、领取号牌等新车购入的相关手续。

3. 旧车转籍

确定转籍车辆,管理办理批卖、过户手续。

4. 档案管理

建立被更新车辆的档案,做好车辆登记、运营证件的保管工作。

(十二)网络保障部

岗位:经理、网管。

上级部门:服务中心。

联系部门:各部门。

主要职能:保证计算机网络的正常。

职能细分:

(1)计算机程序升级、维护;

(2)计算机硬件设备维护;

(3)对员工进行计算机知识培训,正确使用计算机设备;

(4)数据备份,防止计算机网络系统故障影响业务工作。

(十三)预订中心

岗位:经理、接线员、调度员。

联系部门:各营业部。

主要职能:接受客户预订及信息反馈,落实客户预订及服务需求,进行服务质量监督。

职能细分:

1. 接受预订

按照程序接受客户预订,确定预订内容;根据客户需求、企业车辆分布情况,与相关营业部确定车型、价格、租期等预订内容。

2. 对服务质量进行监督

对各营业部服务质量进行监督,负责处理客户投诉并分析服务质量原因,提出改正措施。

(十四)市场发展部

岗位:经理、市场开发人员、广告策划人员、会员服务人员。

联系部门:运营中心。

主要职能:市场调研及开发、企业形象策划、广告宣传、会员管理。

职能细分:

1. 市场调研、开发

(1)组织市场调查、分析和预测;

(2)市场信息动态管理,业内间的相互协作;

(3)对公司的业务拓展及新的业务提出建议;

(4)现有业务客户的定期分析及回访。

2. 企业形象管理

(1)企业发展战略,策划企业形象;

(2)实施企业形象宣传。

3. 广告宣传

(1)制订、实施广告计划;

(2)设计、制作广告宣传材料。

4. 会员制建设

(1)建立会员标准、会员业务开展程序,运作会员制各项工作;

(2)依公司发展步骤,推广、完善会员制。

5. 营业网络建设

(1)指定营业网点建立标准,保证公司经营形象统一;

(2)策划、建立新的营业网点。

(十五)法律事务部

岗位:法律主管。

联系部门:运营中心、办公室。

主要职能:公司法律事务及相关事宜的处理。

职能细分:

1. 法律服务

(1)审核公司对外签署的各种合同;

(2)为公司的各项业务提供法律咨询;

(3)代表公司处理各种诉讼事宜;

(4)开展与公司经营有关的法律咨询;

(5)收集、汇编各类与公司业务有关的法律、法规及行业规范。

2. 权益维护

(1)协助业务部门处理恶意租赁事项;

(2)协助业务部门处理疑难事项;

(3)协助业务部门处理服务投诉事项。

3. 案件管理

(1)办理诉讼案件;

(2)处理非诉讼案件管理档案。

4. 风险防范

(1)督查资质审核的办理,针对业务部门提供的重点客户进行资信调查;

(2)收集租赁客户相关信息,建立黑名单;

(3)利用社会可用资源建立客户信用风险预警系统。

5. 对外协调

(1)协调同公司发生纠纷的企业或客户;

(2)密切与公安、法院等相关部门的关系;

(3)与其他公司建立信用沟通渠道。

思　考　题

1. 为什么我国汽车租赁行业具有广阔的发展空间?
2. 我国哪些地区汽车租赁最具发展前景?
3. 我国哪些汽车租赁业务最具发展前景?
4. 汽车租赁目标市场定量分析的主要项目是什么?
5. 汽车租赁经营模式有哪几种?
6. 汽车租赁投资效益分析的主要指标是什么?
7. 汽车租赁租金标准的定价特点是什么?
8. 汽车租赁的成本包括哪几个方面?
9. 汽车租赁的收入包括哪几个方面?
10. 影响汽车租赁收益水平的关键因素是什么?

11. 为什么融资是汽车租赁的重要基础?
12. 汽车租赁融资的主要方式是什么?
13. 汽车租赁企业组织机构由哪几部分组成,包括哪些部门?
14. 汽车租赁企业的核心部门是哪几个?

第四章　汽车租赁经营管理实务

第一节　业 务 程 序

汽车租赁为信用消费，涉及修理、交通、保险等方面，包含资格审核、合同签订、费用收取、车辆交接、租赁管理、租后服务、终止合同、车辆整备等环节，双方权利、责任界定复杂，因此严格缜密的业务程序十分必要。

汽车租赁业务程序基本可以分为一线业务和二线业务两大类。一线业务主要是与客户发生直接联系的业务，包括接待客户、租车业务、租后业务、租后服务；二线业务主要是对一线业务的辅助和支持，包括日常业务、风险控制、车务工作等。

目前多数企业都实现了使用计算机处理业务程序，保证了业务程序的规范和有序。以下各业务程序的执行应达到《汽车租赁经营服务规范》（见附录B）或企业自行制定的管理制度的规定要求。

一、接待客户

该程序的主要目的是沟通承租人与汽车租赁企业之间信息，主动引导客户的需求与汽车租赁企业提供的服务达成一致意向。具体包括以下内容：

（一）常规服务

了解客户需求、介绍服务内容、确认其需求属于企业列示的服务范围。初步确认租赁车辆、租金标准、租赁期限等合同要件并进入租车业务程序。

（二）专案服务

针对客户的非常规需求，如融资租赁等需要谈判确定的业务，由专项业务人员介入，与客户谈判制订专项服务方案，按照非常规租赁租车业务程序审核承租人资质、签订专项合同。

（三）客户信息交流

了解客户基本信息变化、了解客户对服务质量的信息，将相关信息反馈到有关部门。

二、租车业务

租赁业务主要包括办理资格审核、签订合同、收取租金、车辆交接等环节。对于使用信用卡办理租赁手续的与未使用信用卡办理手续的，租赁业务的程序有所不同。

（一）使用信用卡办理手续的

由于银行在发放信用卡时已进行了比较严格的信用审核，其信用审核的标准完全满足汽车租赁信用的要求，而且电子商务的发展为汽车租赁利用信用卡信息系统创造了基础，因此汽车租赁使用信用卡进行信用审核越来越普及。

使用信用卡办理汽车租赁手续主要适用于承租人为个人的短期租赁。

1. 接受预订

确认客户通过汽车租赁电子商务系统提交的租车预订，待客户订金通过电子银行到租赁公司账上后，向客户发出预订确认单。

按照汽车租赁企业规定的程序接待客户、介绍服务项目、服务费用及客户须知，确定客户租赁需求。如客户已预订，直接进入下一程序。

2. 审核租赁证件

通过身份证网核实系统等确认承租人提供的身份证、驾驶证、信用卡真实有效且信用额度10000元以上。

3. 签订租赁合同及第一次授权

确认合同内容与承租人需求或预订确认单内容相符，租金标准、承租人信息等条款无误后请承租人签字，并通过POS系统按照保证金、租金总额进行第一次预授权，冻结承租人信用卡的相应信用额度。

4. 发车

双方验车并在车辆登记单上记录车型、车号等车辆信息以及车辆交接状况，承租人在车辆交接单上签字后获得车辆使用权。

5. 还车

对照车辆交接单核对租赁车辆与发车时状况的区别并根据合同履行情况制作结算单，双方在交接单上签字，承租人归还租赁车辆。

6. 结算及第二次预授权

根据结算单数额从承租人信用卡划转相应数额的租赁费用，向承租人开具发票。同时进行第二次预授权，冻结承租人信用卡1000元的交通违法罚款保证金信用额度。

7. 合同终止

待30天后如无交通违法罚款通知，解除预授权。如有交通违章罚款，从客户信用卡中划转相应数额交通罚款。本例汽车租赁合同终止。

(二)未使用信用卡办理手续的

以下程序主要适用于长期租赁、非常规汽车租赁业务，以及承租人为法人或不使用信用卡作为信用审核和结算手段的短期租赁业务。

1. 资格审核

汽车租赁的承租人应为中华人民共和国有关法律所承认的民事主体，出租人应严格按照下列程序和要求对承租人提供的有关资料进行审核，以确定承租人资格的合法性和真实性。

(1)承租人可为法人、国家机关等非法人团体、能独立承担民事责任的自然人包括外籍人士。

(2)承租人需提供能够证明其合法身份的有效证件，如：营业执照副本、法人代码证书、社团法人登记证、介绍信、法定代表人身份证、户口本、护照、居留证、驾驶员身份证、驾驶员机动车驾驶证等原件。

(3)承租人提供真实可靠的联络方式，如营业地址、住址、电话。

(4)出租人以查询、验证等方式确定承租人提供资料的合法性和真实性。

(5)出租人准确记录承租人提供的上述信息后将资料原件退还承租人。

(6)如必要,可要求承租人提供第三方担保。担保人资格、审核办法同上。

2. 签订合同

签订合同时,合同各要素应符合《中华人民共和国合同法》要求,以确保承租人、出租人签订的合同合法、有效。

(1)承租人确认双方权利、责任等合同条款。

(2)双方确定租赁车辆、租期、租金、租金交纳方式等合同主要条款。

(3)将合同号、承租人信息、合同主要条款等输入计算机,生成汽车租赁合同一式多份,交双方签字、盖章。签字人应为承租人或持有承租人授权书的代理人。

(4)合同签订后分别交与承租人和出租人,合同应与承租人资料一起归档保存。

3. 收取费用

签订合同后,出租人向承租人收取当期租金、保证金、交通违法保证金。

(1)租金收取一般为预收,即承租人在获得租赁车辆使用权时即支付当期租金。如租金为多次支付,业务人员应于合同规定的付款日或之前向承租人催收下期租金。

(2)将合同号等输入计算机,生成收款通知单,财务部门根据收款通知单核收租金、保证金等。

(3)收取租金、保证金及其他费用时,必需按照财务制度开具正式服务业发票。

(4)业务员根据其他业务部门的通知,收取承租人违约金、赔偿金等其他费用。

(5)保证金是承租人对履行合同的保证,承租人未按时缴纳租金、损害车辆等违约金、赔偿金由保证金支付,通常期间租金不得由保证金抵扣。

(6)交通违法保证金用于支付承租人使用租赁车辆交通违法而发生的罚金,一般在租期结束后1个月扣除发生的罚金数额后退还承租人。

4. 发车

汽车租赁出租人和承租人进行车辆交接时,对车辆的状况应有明确并经双方认可的记录,以作为收车时车辆状况记录的对照。

(1)确定车辆为合同约定标的。

(2)双方共同验车,将车辆行驶里程、车辆状况(主要为外观)、车辆附件、交接日期记入合同车辆交接表。

(3)双方签字确认后移交车辆及车钥匙、行驶证等合同规定的物证。

5. 收车

(1)业务员根据租赁管理中的有关记录,通知承租人于租期到期日到指定地点还车。

(2)业务员查阅租赁管理中有关记录,检查承租人是否有应付费用或其他未履行义务,如有按相关程序处理。

(3)双方对照发车时交接车辆记录共同验车。车辆如有损坏,按照合同有关条款核收修理费。

(4)收回车辆证件。如有承租人抵押证件,予以退还。

(5)双方在车辆交接记录上签字后,业务人员将车辆移交有关部门,按车辆整备程序整修车辆。

6. 终止合同

查询交通违法记录，如无违法记录，1 个月后退回承租人交通违法保证金；如有违法记录，通知承租人接受交通违法处理后退还交通违法保证金；如承租人不接受违法处理，扣除相应罚金后退还交通违法保证金。租赁合同办理终止手续后归档保存。

三、租后业务

（一）续租

合同履行完毕后承租人继续按照合同条款租用车辆为续租。对于续租业务可重新签订合同，也可在原合同中补充续租时间等内容。续租业务各企业操作规程不尽相同，但必须保证租赁合同、业务过程的连续和可查性。

（二）期间租金收取

部分租期较长的业务的租金按期支付，一般每期金额相等，每期间隔以月或季为单位。业务员应根据合同的付款条款规定，按时收取期间租金。收取租金日前 3 ~ 5 天，业务员应以适当方式预先通知承租人交付租金。

期间租金收取过程是风险防范工作的重要组成部分，业务员应对收取租金过程中掌握的承租人信息，比如联系、支付过程是否顺畅、有无异常进行认真分析，确定承租人的信用状况并对客户档案随时补充，更新承租人的各类信息。

四、租后服务

租后服务包括救援服务、保险服务、替换服务、双方确定的其他服务等。当租赁车辆发生故障、事故或承租人提出其他服务要求时，相关业务部门应保证及时获得承租人的有关信息并依照《汽车租赁经营服务规范》的相关规定实施租后服务。

（一）救援服务

（1）详细记录承租人救援请求内容及实施救援所需信息，如故障、事故发生时间、地点，故障、事故主要情况，被救援人员联系方法。

（2）如果是事故，提醒被救援人员及时通知 122 处理，保险业务员应在 24h 内向保险公司报险。

（3）在规定时间内赶赴现场，按照《汽车租赁经营服务规范》（见附录 B）第 8.6 条的规定实施救援。

（4）如果车辆故障因人为原因产生，业务员估损后报相关部门根据合同条款按收费管理程序向承租人收取费用。

（5）如需替换租赁车辆，按替换服务程序进行。

（6）向相关业务部门通报停驶车辆车型、车号等情况。

（二）保险服务

发生属于保险理赔范围的事故，出租人必要时办理车辆出险报案、保险理赔及协助承租人处理与保险理赔有关的事宜。

（1）业务员协助承租人从交管部门获得保险索赔所需必要文件。

（2）业务员安排事故车辆到指定修理厂修理并到保险公司办理索赔手续。

索赔完毕后将损失情况报相关部门根据合同条款按收费管理程序向承租人收取费用。

（三）替换服务

合同期间因故障、交通事故、承租人要求等原因需要用其他租赁车辆替换在租车的过程为替换服务。

（1）业务人员确定承租人的车辆替换要求是否符合合同条款，如需交纳费用，通知相关业务部门收费。

（2）按发车程序交接替换车辆并将车辆变化情况通知相关业务部门。

（四）车辆维护整备

依照车辆技术要求定期维护车辆，随时对车辆一般故障或缺陷进行修理，恢复车辆正常技术状况。对退租车辆进行检修和清洁，使其达到相关规定标准，进入待租状态，准备下次租赁业务。

（五）客户信息沟通

（1）掌握客户基本信息变化情况，及时补充客户信用信息；

（2）了解客户对服务的意见，为提高改善服务质量提供建议；

（3）了解客户对服务产品的需求，及时掌握市场动态，为新服务产品设计提供基础资料。

五、日常业务

（一）客户管理

（1）按签订合同程序收集承租人档案，并按一定标准编号保存。

（2）建立档案检索系统。

（3）根据承租人租赁期间信息变化情况，相应补充、修改承租人档案。

（4）记录并协调有关部门处理承租人投诉。

（5）定期征询承租人对汽车租赁服务的意见，并将有关信息反馈给相关部门对汽车租赁服务进行必要调整。

（6）对承租人资格审核、承租人档案管理程序及其他途径收集的承租人信息进行分析，建立承租人信用信息系统，确保出租人利益。

（二）收费管理

（1）根据合同签发各类收、付款通知并完成收、付款工作。

（2）根据租赁合同建立租金、保证金、其他费用的收付台账。

（3）台账应包括收付缘由、收付对象、收付金额、收付时间等足以清楚地记录资金收付情况的项目。

（4）及时记录每笔收费情况，编制有关报表。

（5）发现恶意欠费或骗车迹象，按照风险管理程序处理。

（三）合同管理

（1）使用计算机对承租人信息、租赁车辆、租期、租金等主要合同条款记录并建立数据库，作为收费管理、客户管理、车辆管理的基础。

（2）根据合同记录信息，建立业务情况数据库。通过对这些数据的汇总、分析，准确反映企业经营状况，为企业发展的正确决策，提供科学依据。

(3)根据业务需要,按照《中华人民共和国合同法》有关条款终止合同、续签合同、变更合同并修改相应记录。

(4)根据合同记录指导收费管理、客户管理、车辆管理等业务。

(四)车辆管理

(1)建立车辆基础档案和目录,并记录车辆档案内容借出、收回等变动情况。基础档案包括购车发票(复印件,原件财务保存)、机动车行驶证(复印件,原件交承租人)、机动车登记证书、车辆购置税凭证、保险单据和凭证、维护手册、机动车合格证、备用钥匙、备用防盗开关等。

(2)建立车辆技术档案和目录,记录车辆维修、车辆变更等技术情况,记录车辆维修费用。

(3)准确记录车辆在租、待租、修理等车辆状况、车辆分布情况。

六、单据文件管理

汽车租赁主要业务过程都涉及合同、车辆交接单、收付款通知等重要单据。不同的业务过程有不同的单据处理程序,表4-1是主要业务程序所涉及的单据处理过程和要求。

业务操作与业务单据关系表 表4-1

业务阶段	业务事项	业务细分	单据操作
1.办理租车	完成租赁手续	○直接发车	签合同、出收付款单、填交接单
		○调换车辆	终止原合同、收付款单、原交接单 重新签合同、出收付款单、填交接单
		○延期付款	签合同、填交接单
2.租赁期间	变更租赁约定	○换车	保留原合同、签补充协议、填交接单
		○延期	保留原合同、签补充协议、出收付款单
		○调整租金	保留原合同、签补充协议、出收付款单
		○押金变动	保留原合同、签补充协议、出收付款单
		○提前还车	终止原合同、出收付款单
	临时替换车辆	○收费	保留原合同、签新合同、出收付款单、填交接单
		○不收费	保留原合同、签新合同、出收付款单、填交接单
	期间收费	○收延期付款	保留原合同、出收付款单
		○收取车损和其他费用	保留原合同、出收付款单
3.租金到期	续租/续费	○付款周期等于合同期	保留原合同、签补充协议、出收付款单
		○付款周期短于合同期	保留原合同、出收付款单
		○到期换车、续交租金	保留原合同、签补充协议、出收付款单、填交接单
	还车	○结清费用 车辆不需修理	终止原合同、出收付款单
		车辆需要修理	终止原合同、出收付款单
		○费用待结 车辆不需修理	终止原合同
		车辆需要修理	终止原合同
4.还车后	补交欠费		出收付款单

七、风险控制

出租人应建立有效的风险控制措施,减少租金拖欠,防止车辆被盗、被骗。

(1)确保租赁资格审核的可靠性。

(2)与收费人员沟通,及时掌握租金交纳异常情况。

(3)业务员应掌握识别过期、伪造、修改等不合法证件的方法。

(4)核查承租人所留电话是否属实。

(5)通过互联网、电话等核实企业、个人的工商注册、身份证信息是否属实。

(6)通过其他途径核实承租人情况。

(7)建立可靠的预警系统,利用承租人信用档案,定期对承租人信用程度进行评估,当承租人出现恶意拖欠租金或诈骗迹象时,能够及时察觉,采取预防措施。

(8)车辆安装防盗锁、防盗器等安全装置,有条件的安装GPS卫星定位装置。

八、车务工作

(一)车辆维修

1. 车辆故障评定

对用户或业务员报告的车辆故障进行鉴定,不能自行修理的,填写修理报告送专业修理厂。

2. 常规修理

进行车辆功能恢复、一般故障的修理。

3. 保养

根据车辆维修记录,按时对车辆进行维护,并记录维护内容、下次维护时间。

4. 救援保险

配合业务员完成救援、保险工作。

(二)车辆年检及牌证管理

1. 年检

按照车辆年检规定和程序,完成车辆年检工作,办理车辆证件的年检。

2. 车辆牌证管理

负责车辆牌证的变更、补办工作;负责车辆证件的保管、出借收回等工作。汽车租赁正常业务随着交付给承租人的汽车证件为机动车行驶证,其他证件一般不交予承租人。

(三)车辆购置及转籍车辆销售

1. 车辆购置

车辆购置工作包括以下内容:

(1)检查随车资料。随车资料包括购车发票或其他车辆来历证明、车辆合格证、三包服务卡保修单、车辆使用说明书、其他文件或附件等。有些车辆发动机有单独的使用说明书,有些车辆的某些选装设备有专门的要求或规定,这时消费者都要向经销商索要有关凭证。

(2)核对铭牌。核对铭牌上的排气量、出厂年月、车架号、发动机号等内容,合格证上的号码必须要与车上的发动机号、车架号一致。

(3)车辆检查。静态检查项目:车体外观、油漆、风窗玻璃、轮胎、车内各部件、行李舱、发动机舱、底盘部分。主要检查各部分是否完整、有无修补痕迹、有无油液泄漏。动态检查项目:点火、怠速、踩加速踏板和松加速踏板、制动、离合、灯光等各项操作。主要检测发动机、传动、行驶、制动等各系统是否正常。

(4)其他项目。检查仪表板、灯光、后视镜、车窗、天窗、刮水器、空调、音响、影音各系统是否正常。

2. 转籍车辆销售

租赁车辆退出运营时一般进入二手车市场,由于多数汽车租赁企业不具备二手车经营资格,所以退出营运车辆多由二手车经纪公司进行价格评估并代为销售。车务人员依照有关程序,协助二手车销售市场办理与车辆购买方的各类车辆交易手续。

(四)车辆上牌登记

从购买新车到领取车辆号牌、机动车行驶证,具备在道路上行驶的合法手续,需要在若干部门办理若干道手续。我国不同城市办理车辆登记手续的要求各有差异,下面是上海、北京两城市的车辆上牌登记办理程序。

1. 上海市

1)上牌前办理的事项。首先竞拍车辆号牌,交纳费用后拿领照单、IC 卡;然后交纳购置税;缴纳费用后领取收据、上牌用的车辆购置税证明副联,上牌后持机动车行驶证去取购置附加缴纳凭证的通知单。

2)上牌程序。首先按照要求填写有关表格并将所有文件交车管部门审核、登记;然后使用计算机给车辆选号并交费后领取车辆号牌;安装车辆号牌后给车照相并办理机动车行驶证。

办理上牌需要下列文件:户口本、车主身份证、代理人身份证原件和复印件、竞拍号牌的 IC 卡;新车发票第四联、车辆购置税证明副联、机动车参数表原件、出厂合格证原件;机动车注册登记申请表、办理程序表;保单原件和复印件。

3)上牌后办理事项。办理完上述手续后在同一地点缴纳车船使用税。

2. 北京市

1)上牌前办理的事项。到工商所办理工商验证,工商所在发票和合格证上盖验证章;到车辆购置税征集部门交纳车辆购置税,获得购置附加交纳凭证;验车,携带所需证件并驾驶车辆到车辆检测厂验车,填写验车表,验车合格后车辆检验场在验车表上盖章并发"检"字;办理交强险手续。

2)车辆登记领取号牌。携带所需证件及上一步获得的文件并驾驶车辆到车管所办理车辆登记和领取号牌手续,依下列步骤办理:领取、填写车辆注册登记表并盖章;随机选择车号,领号牌;安装号牌,照相;领取机动车行驶证和车辆登记证书。

3)上牌后办理事项。携带机动车行驶证、代码证书缴纳车船使用税。

办理上牌需要下列文件:车辆所有人的营业执照副本复印件、法人代码证书原件和复印件、公章、车主身份证;经办人的北京市身份证原件和复印件;车辆的发票、合格证、技术参数表。

第二节 经营管理

一、业务协调

汽车租赁的各业务程序都是彼此关联的,当企业租赁的经营规模、业务类型发生变化时,各业务程序必须按照一定规则进行协调。这些协调工作就是汽车租赁经营管理的内容之一。在图 4-1 中可以看出,以与客户直接接触的一线业务为主轴,从接待客户到车辆整备各业务程序依序进行。同时风险控制、车务工作、租赁管理及其各项子程序等二线业务在整个业务流程中起到承上启下、协调沟通的作用,将一线业务有机地结合起来,保证汽车租赁业务程序运转正常、客户获得满意服务。

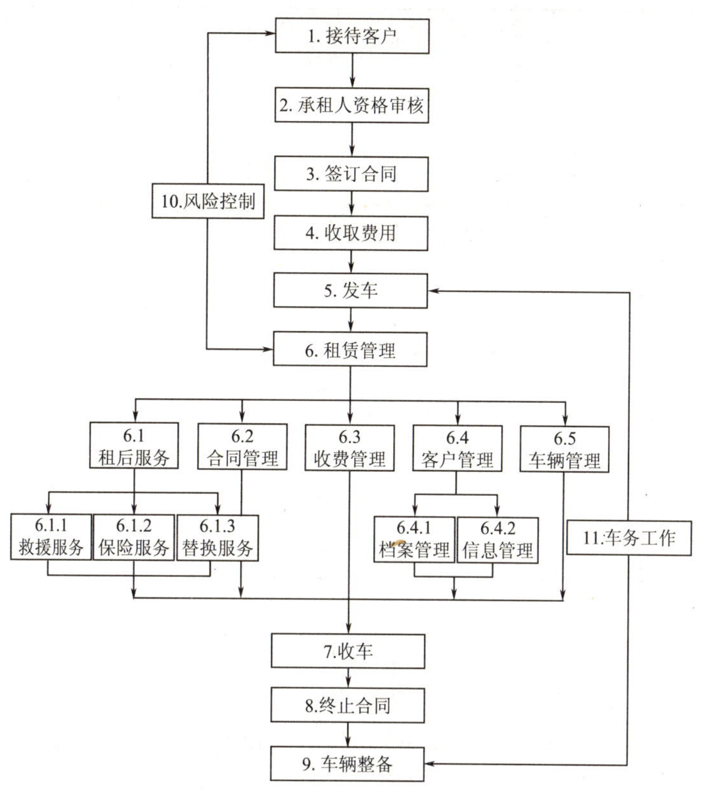

图 4-1　汽车租赁业务流程图

二、业务程序及组织机构调整

如表 4-2，汽车租赁经营活动是由若干个业务程序组成的，企业根据业务类型以及企业经营理念和企业文化特征，组建若干个部门来实施这些业务程序，这些部门在各个业务程序中承担不同角色，共同保证整个汽车租赁业务的顺利完成。同时根据市场变化引发的需要，调整业务程序以及业务部门，即对部门与业务程序进行组合，以使它们的组合更好地适应汽车租赁业务的需要，效率更高，保证企业的持续发展。

汽车租赁部门程序关联表

表 4-2

关联 部门 / 程序	业务部门	车务部门	服务部门	财务部
1. 接待客户	★			
2. 承租人资格审核	★			
3. 签订合同	★			
4. 收取费用	★			☆
5. 发车	★			

续上表

程序＼关联部门			业务部门	车务部门	服务部门	财务部
6. 租赁管理	6.1 租后服务	6.1.1 救援服务		☆	★	
		6.1.2 保险服务		☆	★	
		6.1.3 替换服务	☆		★	
	6.2 合同管理		★			
	6.3 收费管理		☆		★	
	6.4 客户管理	6.4.1 档案管理	★	☆	☆	☆
		6.4.2 信息管理	★	☆	☆	☆
	6.5 车辆管理		★	☆		
7. 收车			★			
8. 终止合同			★			☆
9. 车辆整备			☆	★		
10. 风险控制			★	★	★	★
11. 车务工作			☆	★	☆	☆

注：★主办；☆协办。

三、网点管理

汽车租赁企业除小型企业(50 辆车以下的企业)外都有一个网点建设问题。中型企业一般在一地或跨省市构建局部区域经营网络，大型汽车租赁公司则需构建跨省市、跨国经营大型网络，这是汽车租赁行业性质所决定的。网点管理与汽车租赁的经营模式密切相关，目前对网点的管理基本上可分为两种，一种是统一管理、集中营销、网络化服务型的管理；一种是统一管理分散经营式的管理模式。

统一管理集中营销网络化服务型主要适用于 ICP 经营模式的汽车租赁企业。公司无论多大，中央预订系统直管到所有门店，门店的功能主要为业务接待、服务客户、管理员工。车辆管理、财务管理分别成为体系。概括地说为三个体系一个中心，财务管理体系、运营保障体系(或者叫车辆管理体系)、业务管理体系(或者叫营销管理)。总部以职能划分，各成体系，既相互支撑又相互制约。业务网点考核以服务为主或者营业收入与服务相结合，强调服务标准化和价格统一。

统一管理分散经营主要适用于 ICP + ISP 经营模式的汽车租赁企业。网络中各站点自成经营单位、实施利润考核、价格弹性化、总部预订中心只出参考价格，交易价由经营单位自行制定，自主权较大，各经营单位灵活应对市场。总部负责管理、督导、考核。车辆划分到门店管理，这样经营者积极性较高利于市场开拓，此种方式多见于企业的发展阶段。多数大型企业发

展到一定阶段就需要调整转型,从 ICP 经营模式向 ISP 经营模式发展,形成两种经营模式共存的情况。

上述两种网点管理方式不同,各有千秋,但管理内容基本一致,主要包括以下几个方面:

(一)掌握日常信息

查看企业办公网(多数租赁公司实行 OA 系统无纸化办公)。每日上班后、下班前,查看公司办公网的办公信息,了解公司动态和公司的各项活动安排,并传达到部门每一位员工,保证公司管理、沟通渠道的畅通。

(二)查看重点信息

1. 查违法

检查部门车辆的交通违法情况,及时通知客户处理,达到车辆违法不过月。

2. 查欠费

检查部门欠费情况,要求欠费不过月,特殊情况按四级预警机制报公司营运管理部。

(三)日常业务管理

1. 人员管理

做好员工思想工作,安排好部门每日工作,要求部门业务工作、财务工作、车务工作及修理工和驾驶员的工作责任落实到人,做到"人人都管事,事事有人管"。

2. 车务管理

管理部门车辆,保证车辆运营。做到了解掌握车辆各种状态,包括:车辆总数、出租、待租、修理、年检、油耗、卫生、GPS 安装及完好数、车辆保险状态。

3. 经营指标管理

了解所有公司经营管理要求,随时掌握进程,完成公司下达的年度《经营目标及考核责任书》所有指标。

1)经济指标

管理部门车辆资产结构和资产值,掌握本部门成本支出和实际利润完成情况。

2)其他指标

管理部门车辆发展指标、综合管理考核指标和辅助考核指标,达到公司各项管理要求。

(四)管理目标

1. 做到安全生产

随时检查经营部安全生产情况,对员工进行安全教育,安全工作责任到人,做好防盗、防骗工作。下班后切断电源,消除火种以及其他安全隐患,及时铲除各种不安全因素。

2. 做到规范服务

负责本部门规范服务化工作的实施、管理和改进,包括:

(1)部门员工的服装服饰、仪容仪表、言行举止、服务水平、服务态度等。

(2)按公司规范化要求管理部门的服务工作环境和工作设施、设备,包括业务室、停车场、修理间和修理工休息室;

3. 做到合同规范

逐一检查当日签订合同的规范性和承租方手续,合同检查无误在"复核人"处签字,要求发现合同签署中存在问题及时处理,降低车辆经营风险。

4. 做到日清日结,日讲、周评、月比。

监督检查部门工作,做到部门各岗位工作当日完成,每天讲评当日各岗位员工工作表现,填写《经营部工作评价表》记录备案;每周一下班前讲评上周工作完成情况,填写完成上周《经营部工作评价表》的"周评",与其他部门比团结、比干劲、比贡献。

集中营销、网络化服务式管理模式,门店经理管理职能就相对单纯。车辆配送制,财务自成体系,门店只负责业务接待、租后服务人员管理等,而业务受公司垂直管理,散租以预订为主,长租、融资租赁业务由公司总部营销部管理。财务、车管各成体系,主要由总部垂直管理、门店只负责日常人员行政管理,对门店不再考核利润成本,也无需门店控制,总部按职能管理督导、考核。这是一种专业分工明确、各成体系的大兵团协同作战的经营方式。这种管理模式多见于发展成熟的大型公司。总之,有效的管理就是好的管理。

四、市场调研及营销

汽车租赁是一个很难形成差异、非常注重市场调研及营销的行业,主要原因:一是汽车租赁是没有区别特征和充分市场化的批量产品,难以做到我有你无,加强广告宣传,借助品牌效应强化消费者非理性的习惯性品牌认知,是扩大汽车租赁市场最有效的手段;二是汽车租赁没有核心技术,易于模仿,汽车租赁服务的空间比较小,难以创造出明显区别于其他竞争对手的服务特色。一旦市场上出现新的服务产品,这种产品的普及非常迅速。因此总在第一时间了解市场需求,推出新产品抢占市场是非常重要的。有鉴于此,汽车租赁经营管理工作比较重要的内容就是市场调研及营销,有关这部分内容,本章第三节、第四节进行专门论述。

五、服务产品设计及价格管理

应当说汽车租赁经营管理中最精华的部分是服务产品设计及价格管理。服务产品设计及价格管理的内容和程序包括:

(1)根据市场调研初步确定市场所需要的服务产品类型,如车辆品牌型号、租金标准、其他服务内容。

(2)利用投资收益分析方法印证服务产品租金标准的可行性。

(3)通过利润分析,设计该服务产品的经营模式,如车辆运营周期、退出方式等。

(一)服务产品设计

服务产品设计包括两大类:

1. 常规服务产品设计

虽然汽车租赁的常规业务都有程序化、统一的业务模式,经营管理内容相对固定、简单,但汽车租赁经营者必须根据市场调研了解客户的需求趋势,适时对现有的汽车租赁服务项目进行调整,推出符合市场需求变化的新的服务产品。例如及时引进新车型,推出解决因城市车辆使用管制等政策变化而产生的租车需求的新业务等。此外,带驾驶员汽车租赁、汽车共享等正处于一个新的发展阶段,许多新的业务种类等待开发。

2. 融资租赁服务产品设计

汽车融资租赁及其衍生业务非常丰富,比如车队管理、售后回租、分期付款与租赁转换等,这些业务都属于非常规业务的个案,需要与客户进行谈判,针对每一个客户的需求,提出符合

其特定需要的方案。融资租赁产品设计也是汽车融资租赁业务中的一项主要的和常规的业务程序。此部分有关内容参见本章“第十节　融资租赁”。

(二)价格管理

一方面汽车租赁是一个市场化程度非常彻底的行业,同一种服务产品的价格趋同性很强,一个企业很难以高出市场价格销售自己的服务产品;另一方面汽车租赁又是一个适用于收益管理的行业,可以通过灵活的服务产品定价来提高总体收益。

汽车租赁经营者通常面临这样的两难尴尬:如果某种汽车租赁服务产品按照市场价格执行,那么它的出租率一定是市场上该服务产品的平均出租率;如果我们想提高出租率,只有执行一个低于市场价格的价格,但虽然出租率上去了,可是总体收益并没有提高。

运用收益管理原理对汽车租赁服务产品价格进行管理,就可以解决这一两难问题,通常人们会注意到这样一种现象:与一般商品不同,汽车租赁企业某种服务产品的价格会有多个不同的报价,甚至差别很大,这就是收益管理在价格管理方面的具体体现。收益管理理论指导下的价格管理虽然表现为同一产品有多个低于市场价格的报价,但其特征是这些低于市场价格的报价都对应于特定的销售条件,而不是一般意义的销价竞争。即收益管理的精髓是利用汽车租赁行业价格弹性的特点,细分市场并根据目标市场客户的特点,建立价格藩篱,提高每个目标市场的出租率,实现总体收益的最大化。有关收益管理的具体内容,见本书第五章第一节。

六、编制车辆更新、新增计划

(1)根据市场需求、利润分析、租赁车辆状况,制订购置、更新租赁车辆计划,安排办理车辆号牌、税费、投保等手续,将符合租赁要求的车辆移交业务部门。

(2)根据车辆档案、车辆租赁情况,组织实施车辆维修。

经营管理还包括风险控制、法律事务等内容。详细内容见本章第八、九节。

第三节　市 场 调 研

汽车租赁目标市场选择、经营模式的选择及调整等一些重要决策,以及服务形式、价格的局部调整,都是建立在全面、准确的市场调研基础上。虽然市场调研不是汽车租赁的主体业务,在日常经营活动中的工作量比较少,但市场调研对企业的经营是非常重要的,如果忽视市场调研工作,会给企业的经营甚至发展带来不良影响。

市场调研主要分两大类,一类是对企业现有及历史业务记录,如客户类别、车型、出租率、租金等经营数据进行统计分析,从中掌握汽车租赁市场变化的规律性,以适时做出有针对性的业务调整。这类市场调研局限性比较大,只能为局部的业务调整提供决策依据;另一类是企业开发新市场或其他战略决策前所进行的市场调研,这类市场调研的工作量比较大,如果要获得好的效果,需要专业调查公司进行策划和实施。在此,我们重点介绍一些这类市场调研方面的知识。

市场调研包括策划、实施、分析三个阶段。

一、策划

策划阶段最主要的是明确调研目的，即你想通过市场调研知道什么。比如评估目标市场的大小，确认市场中的主要对手；量度目标客户对租赁汽车的需求，客户对租赁汽车及购买汽车的取向，哪种用车方式对他们比较吸引；了解目标客户的需求，对他们租车的频率、场合、目的及一年中对租车需求的高低作分析；了解客户对现时租赁公司所提供的产品及服务的满意程度；寻找有市场潜力的汽车级别、车型。从市场的情况、政府政策、主要对手、市场竞争情况、现时的经营模式，了解目标市场的盈利潜力等。只有明确了市场调研的目的，市场调研工作才具备成功的基础。

围绕着市场调研目的，策划者应完成以下工作：

（一）设计调查问卷和访谈提纲

在设计调查问卷和访谈提纲时，如何提问对获得准确的答案和你想知道的答案是非常重要的，一般问卷有填空、选择（包括多项选择）、排序等多种方式，选择不同的问卷方式具有极高的策略性，对于某些敏感性问题或容易产生歧义答案的问题，如果没有设计好问题，或者选择问卷方式不当，可能会得到错误的答案，造成调研结果的不准确。因此设计调查问卷和访谈提纲，关系到市场调研工作的成败。这项工作应由有市场调研方面专业知识的人员来负责。表4-3是用户调查问卷举例。

用户调查问卷 表4-3

1. 您主要通过以下哪些方式了解到的汽车租赁信息？（复选）

A□搜索引擎　B□汽车租赁企业网站　C□综合网站　D□娱乐网站

E□商务网站　F□报纸杂志　G□旅行社　H□旅游景点

I□车站机场　J□酒店饭店　K□朋友介绍　Q□其他________

2. 您主要通过以下哪些途径向租赁企业了解、咨询情况？（复选）

A□电话　B□网络　C□传真　D□上门　Q□其他________

3. 您认为影响您租车的最重要的两个原因有哪些？（双选排序）________

A□车况　B□车型　C□租赁企业规模　D□企业知名度

E□租车流程是否简便　F□附加服务　G□是否有促销　H□租车价格

I□企业服务水平　J□信息化水平　Q□其他________

4. 您最近一次租车情况是：

4-1. 车型：________________ 租期：________天（月） 租金：________/天（月）

4-2. 目的（复选）：A□旅行　B□学车　C□商务　D□活动（结婚、庆典、会议等）

E□日常使用　F□好奇　G□ 临时应急　H□其他________

4-3. 活动区域：　A□本市　B□本市及周边省　C□各省

4-4. 车辆状况：　A□良好　B□一般　C□差

5. 两年内您曾经租过几次车__________？在几家汽车租赁公司租过车________________？

6. 您享受过汽车租赁企业的哪些服务？（复选）

A□上门洽谈/送车　B□带驾驶员服务　C□喜庆（包括婚礼、生日用车等）

D□救援服务　E□替换车辆　F□机场接送　G□以租代买

H□为客户专购　I□车辆保险　J□异地租车　Q□其他________

7. 您租车办理手续时间一般为：

A□5～10min　B□10～20min　C□20～30min　D□30min～1h　E□1h 以上

8. 您认为以下哪个时间可以缩短？

A□身份验证　B□签署合同　C□验车　D□交款　E□办理租车保险　Q□其他________

9. 您怎样评价目前汽车租赁企业的身份认证体系(从便利性、安全性方面考虑)?

____

10. 您通常采用何种结算方式?

A□现金　B□刷卡　C□网上结算　D□转账　Q□其他

11. 您是否享受过异地租还车?

A□没有 原因是:a□没有需要　b□太贵　c□手续麻烦　d□信用不好　e□不知道此项业务

f□租/还车点责任不明导致的麻烦　g□网点不全　h□其他________

B□租过(何种:□异地租车/□异地还车)

12. 您最希望汽车租赁行业网站提供哪些信息或服务?

A□政策法规　B□企业联网对比　C□业务查询　D□租赁相关知识

E□驾驶相关知识　F□信用认证　G□问题在线解答　H□优惠活动提示

I□网上交易　J□投诉反馈　K□租车到期提示　Q□其他________

用户个人信息____

姓名:　电话:　性别:　国籍:　地区:

1. 年龄:□18~25岁□25~35岁□35~45岁□45~55岁□55~65岁 □65岁以上

2. 职业:□教师　□工人　□军官　□公务员　□公司职员

□私营业主　□自由职业者　□退休　□学生　□其他____________

3. 受教育水平:□高中以下　□中专　□本科/专科　□硕士　□博士　□其他________

4. 月薪:□<2000元　□2000~5000元　□5000~8000元　□8000~12000元　□>12000元

5. 单位类别:□政府机关　□事业单位　□国企　□外企　□民营　□个体　□其他________

6. 单位规模:□10人以下　□10~50人　□50~100人　□100~200人　□200~500人　□500人以上

(二)选择调研样本

调查样本的选择包括三个方面:

1. 确定调查样本群

通常市场是由无数消费者构成,而市场又可以细分为由不同消费需求组成的子市场,因此选择能够准确反映目标市场特性的调研对象群体非常重要。

2. 确定调研样本数量

调研是通过对个体对象的了解,获得由同性或性质相近的若干个体组成的一个群体的指标性数据。那么你选择的作为调研对象的个体有多大程度能够反映群体的共性,这就是样本的精度。理论上讲,调研样本数量与调研结果的精确度成正比。

表4-4说明样本数量越多,个体样本偏离群体特性的几率越小。即调研对象越多,获得的调研数据越多,通过分析这些数据获得的结论越准确。相反,如果调研样本过少,调研结果将失去可靠性。但调研样本的数量同样与调研成本成正比,这个成本包括时间、人力、财力。因此调查组织方可根据对调查精度的需要和财力,确定调查样本的数量。一般来说,对于样本群基础数量少的调研,应选取比例相对高的调查样本数量;对于样本群基础数量多的调研,应选取比例相对低的调查样本数量。

95%置信区间的样本精度分布　表4-4

样本数量(个)	200	250	300	400	600	750	900	1000
样本精度(%)	±7.1	±6.3	±5.8	±4.1	±4.0	±3.6	±3.3	±3.1

3. 确定调查样本个体

为了保证调查样本的典型性、公正性,多数在选择调查样本时采取抽样方式,抽样方式的具体方法有:随机抽样,分层抽样,配额抽样等。调查组织方主要根据调查样本群的特点和取样、分析手段来确定选用何种抽样方法。

(三)确定调研方式

调研方式包括拦截调研、电话调研、深度访谈、群组座谈等。

1. 拦截调研

拦截调研是在特定地方,由调研人员在逗留人员中通过目测随即确定调研样本,实施问卷调研的方式。该方式获得调研数据的质量,依赖于调研人员的综合素质和对调研场所的选择。为了保证拦截调研的质量,调研人员应经过目标甄别、人际交往、提问技巧等方面的专门培训。调研场地也应精心选定,比如汽车租赁的营业场所、机场候机楼、咖啡厅等调研样本群体比较集中、便于进行暂短交流的地方。

2. 电话调研

电话调研是成本低、效率高的一种调研方式,适合大范围的调研工作,很多国家的重要的民意调查都采取这种方式。为了保证电话调查的准确度,更多的应用了高科技技术,如CATI就是利用计算机辅助电话调查而开发的调查访问操作系统。它是由电话、计算机、访问员三种资源组成一体的访问系统,使用一份按计算机设计方法设计的问卷,用电话向受访者进行访问。计算机问卷利用计算机来设计生成,访问员坐在CRT终端(与总控计算机相连的带屏幕和键盘的终端设备)对面,头戴小型耳机式电话。CRT代替了问卷、答案纸和铅笔。通过计算机拨打所要的号码,电话接通之后,访问员就读出CRT屏幕上显示出的问答题并直接将受访者的回答(用号码表示)用键盘记入计算机的记忆库之中。

CATI系统较普通电话调查具备了访问速度快、控制强、效率高、保密性强的特点,在访问效率、访问质量上较传统电话访问形式具有非常明显的优势。

3. 深度访谈

深度访谈是定性深入挖掘相关问题的一种调查方法,通常是事先拟订访谈提纲,与调查对象约定时间进行一对一交流访谈的一种调查方式。

4. 群组座谈会

群组座谈会通常是从所要研究的目标市场中慎重选择8~12人组成一个小组,由一名主持人以一种无结构的自然的形式与小组中被调查者进行交谈,从而获取被调查者的感知及看法。

这种方法的价值在于常常可以从自由进行的小组讨论中得到一些意想不到的发现,现已成为帮助企业深入了解消费者内心想法的最有效的工具。

二、组织实施

市场调研的组织实施阶段主要是获得调研数据的过程。在高质量地完成调研策划工作后,组织实施工作是完成市场调研的重要环节。组织实施阶段要确保调研工作严格按照调研方案进行,而且要有必要的保证措施,如调研过程的抽查、调研对象的抽样回访等监督工作。每个调研项目都应当有包括调研地点、时间、被访问者的联系方式等内容的工作记录。

作为组织实施阶段的主要工作人员,调研人员必须具有一定的调查经验,受到过较为正规的访问技巧的培训。在执行本项目前,必须接受该项目负责人的培训,试访合格后方可上岗。培训内容包括:基本访问规范、访问需要注意的问题、问卷填答要求。

三、调研分析

调研分析阶段包括数据分析、形成报告等部分。

(一)数据定性分析、定量分析

数据研究:根据需要采用多种统计方法(包括基础统计和高级统计方法)对所得到的定量数据进行分析,以发现数据背后有价值的信息。

基本统计分析:主要是对一个问题的不同变量进行选择数量和频次的统计,通过基本统计,可以了解该问题的整体特征。

相关统计分析:研究变量间关系密切程度的一种常用统计方法。

专家探讨:通过专家访谈和组织专家小组研讨,收集整理该行业专家对租赁行业的发展现状、趋势的看法。

比较成熟的分析方法是将调研获得的各类数据输入计算机,利用专业研究模型获得分析结果和报告。

(二)形成调研报告

调研报告应包括目标市场环境、用户需求特征、竞争状况、结论等内容。

1. 目标市场环境

1)宏观环境:总人口及人口基本特征(收入、购买力等)、企事业单位数量、汽车保有量及种类(公车、商用车、私家车等)、经营汽车租赁的公司的数量、驾驶员的人数(持有机动车驾驶证及正在申请的人数)。

2)经营政策:政府对汽车租赁公司的准入等相关政策。

3)市场特征:有否受季节性影响;长租、短租;融资租赁、租赁的比例及客户构成。客户个人信用的征信、诚信、还款能力的机制。

2. 用户需求特征

用户特征研究包括:用户消费行为研究(个人用户、单位用户;从未租赁过车的用户、曾经租赁过车的用户);租车的目的与用途(练车、休闲、商务等);不同类型用户对汽车租赁公司品牌的认知及选择途径、影响因素;不同类型用户在租车时的具体需求和特征:选择租赁商时最关心的问题、倾向性车型(品牌、排量、手动、自动、微型、小型、低档、中档、高档、行政、商务、颜色等)、车况要求(外观、里程数、油耗、舒适度等)、价格敏感度(期望的价格,价格与服务、品质之间的互动影响关系研究);一般客户使用短租和长租的用途;客户对租赁汽车的取向、态度及习惯;公司及私人客户分别占短租和长租客户的比例;曾经租赁过车的用户对汽车租赁公司的品牌和满意度研究(使用、服务水平、租赁程序的复杂性、付款方式、价格);用户在购车、租车、出租以及用车环境(油价、停车、交通政策等)之间价值取向研究等。

3. 竞争状况

主要内容包括:市场上都存在哪些竞争对手;竞争对手的品牌(认知度、美誉度、满意度和忠诚度)；竞争对手的产品与实力：车辆数、档次、网点、驾驶员配备、服务水平；长租及短租客户的比例、平均出租率、私人及公司客户的比例；是否提供异地租还的服务；是否开展汽车行业相关业务（例如汽车销售、维修、易手车、汽车财务、保险、旅游等）；不同租赁公司的业务程序；竞争对手的宣传推广方式；竞争对手的销售渠道、竞争对手的价格政策等。

4. 结论

在调研中政策法规、经济环境、汽车及相关服务行业、调研对象的消费能力和习惯、租赁价格、业务模式、竞争对手等各方面获得的数据及分析基础上，针对调研目的，提出明确性的结论。市场调研程序图见图 4-2。

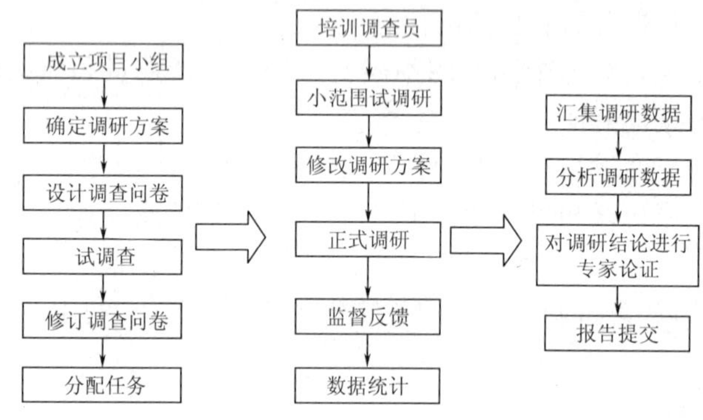

图 4-2　市场调研程序图

第四节　市 场 营 销

根据目前汽车租赁主流业务以承租人获得租赁车辆使用功能，而非谋求获得车辆所有权为主的特点，汽车租赁应属中华人民共和国行业分类表（国家标准：GB/T 4754—1994）中 K 门 9700 类，社会服务业门，租赁服务业类。因此，汽车租赁的市场营销应注意服务行业的特点。

汽车租赁的市场营销，分为两个层次，一是品牌建设，主要体现在企业形象设计方面；二是市场营销手段，它是市场营销的基础工作，市场营销手段应紧紧围绕着品牌建设开展。由于汽车租赁行业的特点，市场营销手段主要集中在广告和价格两个方面。

一、企业形象设计

（一）CI（Corporate Identity）品牌形象识别设计

汽车租赁缺乏核心技术，服务载体——车辆为大批量生产，难以形成我有他无的特色市场，促销、服务等市场营销手段很容易被对手效法，也就是说企业之间的竞争缺少制胜法宝，品牌就是汽车租赁最宝贵的资源。根据《北京市汽车租赁信息化建设与管理研究》调查显示，影响客户租车的因素为车况 23%、价格 23%、企业知名度 18%、车型 13%、服务 11%、企业规模 9%、租车流程 3%。在这些因素中，企业知名度即品牌形象位居第三，而且最难为竞争对手效法。企业通过品牌建设，可以在竞争中占据有利位置，赢得最后胜利。

由于品牌在汽车租赁行业中的重要作用，品牌的无形资产还可以给企业创造效益，促进企业网络化建设，多数的知名汽车租赁企业都开展授权经营的业务，如赫兹、安飞士、欧洲汽车。

通过授权经营和建立加盟店，可以迅速扩大品牌知名度、扩大规模、扩大网络。

对于中小企业，可以以加盟的方式获得品牌的特许经营权，得到品牌授予的资金、销售网络上的支持，解决因品牌号召力不足，造成市场狭窄的困境。国际知名汽车租赁企业十分注重建立完整的品牌体系。企业有意识、有计划地将自己企业或品牌特征向公众展示，使公众对某一个企业或品牌有一个标准化、差异化、美观化的印象和认识，以便更好地识别，达到提升企业的经济效益和社会效益的目的。运用CI建设，企业向公众及员工传递独特的企业思想特点。它包括了经营理念、经营宗旨、事业目标、企业定位、企业精神、企业格言、管理观念、人才观念、创新观念、工作观念、客户观念、人生观念、价值观念、品牌定位、品牌标准广告语等。

在世界很多地方，只要你一看到"你租的不仅仅是一辆车"（YOU RENT A LOT MORE THAN A CAR）这句口号，你就马上联想到欧洲汽车的服务细致入微，租赁站点无所不至；看到"再接再厉"（WE TRY HARDER），你就会感受到安飞士"我们只是第二名，我们应当如何做"那种永远向前、追求更高更好的精神。品牌形象识别设计，已成为体现企业特征的重要部分。

（二）VI（Visual Identity）视觉识别（品牌视觉系统）设计

对企业名称、品牌名称、标志、标准字、标准色、辅助色、辅助图形、辅助色带、装饰图案、标志组合、标语组合等进行VI设计能够更鲜明、有效地培育企业品牌。世界知名汽车租赁企业，它的站点无论在世界任何一个地方，都使用统一颜色、统一标志：赫兹的标志色是黄色；安飞士的标志色是红色；巴基特的标志色是蓝色；欧洲汽车的标志色是绿色。

二、营销策略

汽车租赁营销策略与一般商品营销策略有着巨大区别。汽车租赁营销除了需要在内部统一调配资源，争取有限资源的最优运用，整个价值链围绕营销思路外，还需要对内部组织结构和业务流程进行优化，建立收益管理营销体系，建立全新的价格观念和市场意识，树立"对同样的服务，让每一个客户心甘情愿地掏最多的钱"的营销理念。

汽车租赁企业应设立营销管理部门，该部门负责服务品种设计、市场细分、租金标准设计、促销和分销的统一控制和管理；收益系统管理部门根据对经营历史数据，特别是出租率的分析，结合市场信息及销售情况，按照收益管理原理区别不同客户，实行不同租金标准。

汽车租赁营销应从"以企业为中心"到"以顾客为关注焦点"，从"卖产品"到"卖服务"。营销的创新是必然的，也是必需的。无论从营销广泛意义上的收益管理来说，还是从收益系统管理部门与营销部门共同落实企业收益最大化的角度来看，汽车租赁企业的营销创新都是解决关键问题的核心所在。

三、市场营销手段

（一）会员制

会员可以享受折扣优惠价、减少保证金、优先租用某种型号或某种品牌的汽车、不限行驶公里数、优先电话预订、低于市场价格的租车回购计划及租用时送车上门等优惠。

（二）电子商务

企业可加入主要针对国内客户的公共信息网络，也可以建立自己的网站，网站包括如下信

息:公司背景、预订服务中心的地址、租车资格和手续、不同型号的车款及租车价格、骗租黑名单、各地联营商提供的优惠等。时机成熟时开展网上预订租车、租车、结算等业务。

(三)广告

(1)在全国及各地主要电视、报纸、杂志等媒体发布广告;

(2)除了有关企业隆重开展业务的广告外,其他重要的主题活动也应发布广告,如联营商折扣优惠总览。展览会及促销活动、抽奖等;

(3)在机场的显著位置发布灯箱广告,为国内外旅客指示企业机场营业点的准确位置。

(四)公共关系宣传

(1)参与有影响的公益活动、赞助大型活动等展示企业形象。例如安飞士公司作为美国最大职业棒球队纽约人队的指定汽车租赁公司,得到的广告宣传利益包括在 YES NETWORK 上的赛事上插播 30s 的广告,赛前的商业推广,比赛中的特色介绍,记分板上的广告信息,体育杂志的广告等。

(2)邀请各地区主要报纸、杂志记者,采写并刊登专讯、主题专访等;

(3)定期发布公司快讯,如促销活动、优惠折扣等新闻稿件。

(五)与宾馆、航空、加油站等相关服务行业建立互惠关系

企业的客户可享有参与的航空公司贵宾会额外的飞行里数积分,或宾馆贵宾会的经常光顾积分。这些额外积分可享受各航空公司或各宾馆的优惠待遇。例如建立互惠关系的企业可提供的以下优惠服务:

(1)使用信用卡结算租车,可免收租车押金;

(2)在合作加油站加油,享受折扣优惠;

(3)在合作饭店用餐,折扣优惠;

(4)在合作商店购物,可享受折扣优惠。

(六)与宾馆、旅行社、航空公司建立代理关系

企业应与较著名的宾馆、旅行社、航空公司洽商合作事宜,请他们代理汽车租赁服务,为这些宾馆、旅行社、航空公司的顾客代办汽车租赁服务。当这些旅客去外地出行时,可享受企业的异地租车服务。作为回报,汽车租赁企业按照代理伙伴的营业额,以一定比例向代理伙伴支付酬金。

这种合作方式不仅可以为这些公司的顾客提供更多元化的、更方便的旅游服务,而且这些公司还可获得利润分享,取代代理费用,使他们更愿意推销企业租车服务;同时这些宾馆、旅行社、航空公司亦可借助企业的会员,扩大客源。

(七)客户奖励计划

若现有客户成功地介绍他的亲属、朋友、同事等成为企业的新顾客后,他便可得到企业的特别奖励或现金奖励,如一个月免费租车等。介绍的亲朋人数越多及租金额越大,现有客户的奖赏就越丰厚。

(八)建立营销队伍开展上门销售业务

建立营销队伍,开展上门销售业务模式。营销人员的主要职责是:

(1)分析市场,寻找潜在客户。

(2)上门介绍公司业务,促成潜在客户为现实客户。

(3)收集客户意见、市场需求等信息。

(九)展销会及展览会

在市区繁华地段,如大型商业购物中心、火车站等地,定期举办展览会,吸引本地顾客参与以提高租车量。可给予当场登记租车的客户更特别的优惠,以提高促销效果。

对一些有租车意向但当场不能立即作出决定的潜在顾客,营业代表应密切关注,日后随即与其联系,为其提出适当的租车建议。

(十)在繁华地点投放宣传品、装饰品

可与餐厅、购物中心、停车场、加油站、火车站等协商,投放宣传品如申请表、资料、宣传册等。

【案例4】首汽租赁市场营销策略

首汽租赁有限责任公司(以下简称首汽租赁)成立于1992年,是国内最早成立的汽车租赁企业之一。公司成立10多年来依托"首汽"品牌的优势不断发展,车辆规模从最初的几十辆到今天的3000多辆,总资产近4亿元。目前首汽租赁在6个省、市设有分公司,在40多个城市有加盟与合作企业,实现了客户"一卡在手全国租车",满足了国内外宾客商务办公、旅游出行对车辆的多种不同需求。首汽租赁在市场营销中充分发挥品牌优势作用,让老品牌随着时代的脉搏发扬光大,从一个地方性品牌逐步成为全国性品牌。

一、重视汽车租赁网络经营和规模化建设

首汽租赁在国内较早地开展了汽车租赁网络经营。实践证明,目前这种网络发展模式是一个非常适合国情的廉价扩张方式。

2007年10月,首汽集团股份有限公司与北京汽车工业控股有限责任公司在北京国际饭店隆重举行了首汽租赁公司增资项目签字仪式,实现了汽车生产厂商与汽车租赁企业战略意义的真正合作。2008年7月,首汽租赁公司兼并中国网通旗下的信发汽车租赁公司,使首汽租赁成为国内最大、业务基础最扎实的汽车租赁企业之一。

二、借助重大活动扩大业务和影响

首汽租赁通过积极参与重大活动的汽车租赁服务扩大业务和影响。自首汽租赁成立以来,多次购置新车,为全国人大、政协会议代表提供优质的用车服务,获得有关部门的表彰。首汽租赁的影响,也通过与会代表,辐射到全国。

从申办奥运到北京奥运会成功举办,首汽租赁公司全程介入奥运汽车租赁关联活动,借此推动业务发展和扩大企业影响。2006年成功策划和举办了桂林74岁老人自驾车登珠峰大本营活动,活动的车队穿越全国10多个省市行程1万多公里,沿途征集2008名老人在长绢上签名支持北京奥运。此活动所经过的地区得到了当地政府的大力支持与帮助,数百家媒体分别在不同媒体相继进行报道,在社会上反响强烈。这次活动签名的长绢将珍藏在待建的奥运博物馆。在奥运会会举办城市之间,开通了异地租还车业务。首汽租赁上海分公司的开业在中央电视台新闻联播节目中播报,在全国业内引起了很大的反响。在奥运举办时期,首汽租赁作为北京奥组委签约的车辆服务商,为大会提供400多部车辆和数十名志愿服务人员。舒适安

全的车辆、优质满意的服务，得到了包括国际奥委会主席罗格先生在内的诸多知名人士的高度评价。首汽租赁多年来为奥运的成功举办所作出了贡献，被北京奥组委授予“特殊荣誉奖”，同时也获得了最大的经济效益。

三、积极参与社会公益活动提升品牌美誉度

首汽租赁通过积极参与社会公益活动，推动社会对汽车租赁行业的了解和认知，促进行业经营环境的改善，进而提升企业品牌的美誉度。

汽车租赁企业的消费群是一个特殊的驾驶员群体，这个群体没有机会接受交通安全培训和教育。针对这一情况，从2003年开始，首汽租赁对租车客户开展交通安全宣传活动，率先对租车客户开展“安全之星”评选活动，开创了行业先河。此项活动的开展得到了北京市交管局的充分肯定并在行业内进行推广，同时也吸引了多家媒体为此进行报道宣传。

2005年3月12日公开向社会聘请质量监督员，此活动在北京有多家报纸进行了报道。同年首汽租赁被授予“北京市守信企业”。

首汽租赁公司参与了北京市汽车租赁合同标准文本的制定工作，参与了北京市汽车租赁发展规划和北京市汽车租赁信息化建设的制定及调研工作。

首汽租赁领导多次在中国经济高峰论坛、中国汽车租赁发展论坛及高等院校的论坛会上发表演讲，一方面让社会各界对中国的汽车租赁行业有更加深入的了解，为中国的汽车租赁行业健康发展呐喊，同时也有利于企业品牌的塑造。

【案例5】神州租车市场营销策略

神州租车2007年12月正式营业，在不到一年的时间内迅速成为国内知名的以短期租赁业务为主的汽车租赁企业之一，其独到的市场营销策略是神州租车成功的重要因素。

公司在创立之初，确定了立足中国市场、以国内租车业务为核心、依托全方位的租车服务、全国化网络，成为中国最领先的汽车租赁综合服务商的战略。结合这个目标，公司品牌及形象需要既能体现公司的市场定位，又能够被广泛的中国消费者以最简单的方式记住，并且易于获得心理认可。经过反复比较，公司确定了公司名称为“神州租车”，既寓意了是覆盖全国范围的租车网络，也表达出成为中国最佳的雄心。如图4-3所示，神州租车LOGO图像上以清晰的黑色汉字结合明黄的背景，清晰简捷，使消费者一目了然，朗朗上口，对于企业创立之初迅速扩大知名度起到极佳效果。英文名称China Auto Rental则准确地体现出了中文的内涵。

图4-3　神州租车LOGO

借鉴国际国内成功企业的经验，神州租车从成立起就推行会员制服务，通过会员制，企业以更优的价格、更优的服务，逐步引导消费频次的提高，从而提升企业经营效益，并增强客户的

忠诚度。

神州租车非常重视电子商务的建设，实现了网上预订的电子功能，并且在网站上不断发布和更新企业信息、促销活动、业务介绍等，便于消费者从更多方面综合了解公司。电子商务的每一步预订流程都充分考虑到网民的预订习惯，使得网页设计凸显人性化。除去自身企业网站的建设之外，神州租车还积极和门户网站（例如新浪）等进行多项合作，借助门户网站的超强覆盖量扩大自身网站的传播。

神州租车以商务人群为现有租车市场中的核心目标，集中全方位资源针对商旅人士进行有特定目标的品牌传播及业务推广：

（1）选择分众传媒楼宇电视，直接、快速地在已开业 11 个城市的写字楼进行高密度投放，短时间内针对目标人群迅速传递公司品牌及服务特点；

（2）在航空杂志进行全面广告投放，针对目标人群宣传神州租车独有的业务特点；

（3）投放百度、Google 以及地方报纸分类广告，针对已经存在明确租车需求的客户进行营销；

（4）推出首租首日半价促销，并提供 GPS、儿童座椅、异店还车等免费增值服务，吸引首批尝试人群；

（5）业务扩展到全国范围 30 个城市后，选择 CCTV 一套、二套黄金栏目（“朝闻天下”、“经济半小时”、“对话”、“证券时间”等）进行电视广告投放，在快速扩大知名度同时，借助央视的公信力，提升品牌高度及权威性，树立行业第一品牌形象；

（6）同时以高密度机场投放，配合电视广告，在目标客户中强化公司的影响力；

（7）在广州、深圳投放地铁媒体，在上海投放出租车媒体，深化在重点市场的传播；

（8）联合中国最大的门户网站——新浪，打造全新租车频道，借助网络的力量，继续快速扩大品牌知名度，同时借助新浪资源，扩展预订渠道，增加业务量；

（9）保持在重点城市的品牌渗透，包括东方卫视，分众楼宇电视，北京、上海、广州的地铁广告；

神州租车积极参与社会活动，提高在公众中的知名度。2008 年 3 月，神州租车正式成为北京 2008 奥运会贵宾用车服务商，为奥运会及残奥会来访贵宾提供租车服务。5 月，神州租车成为搜狐、网易、法制晚报等多家媒体奥运火炬接力报道的全国统一租车服务商，在充分发挥全国网络优势的同时，借助奥运火炬传递的契机，提高了自身影响。

同时，神州租车也积极投入到社会公益活动，履行一个企业公民的社会职责。四川大地震发生的第二天，神州租车就发动员工募捐，筹集了价值 120 万元的救灾药品发往灾区。同时，从四川周边城市调集车辆赶赴成都，免费提供车辆用于全国各大媒体的前线报道，包括中央人民广播电台、中国青年报等，获得社会的好评，也充分体现了做一个负责任的企业的坚定立场。

神州租车在通过多种渠道进行推广的同时，充分发掘了关联行业的渠道潜力，全方位建立关联行业的战略合作，从而迅速延伸了会员平台，扩大业务来源。从 2008 年 3 月至 9 月短短半年时间，神州租车先后与中国国际航空、海南航空、上海航空等知名航空公司实现旅客互换，与中国银行、建设银行、招商银行、交通银行等十余家大型银行实现会员引入，与如家连锁酒店等经济型酒店成立合作，建立了和航空、银行、酒店等商旅平台的最广泛合作，在扩大会员规模的同时，也为会员创造更多增值优惠，逐步强化市场地位。

第五节 汽车租赁合同

一、汽车租赁合同的重要性

汽车租赁作为一种交易方式，主要特征是使用权和所有权的分离，交易双方权责关系比较复杂。因此《中华人民共和国合同法》在第十三章中对租赁合同的内容进行了详尽说明。汽车租赁因租赁物为交通工具，除具有租赁的通性外，还有很多特性，汽车租赁双方在交易过程中的权利、义务需要更为全面、细致地厘定。

所以，在1998年4月1日交通部、国家计委颁布的《汽车租赁业管理暂行规定》第十三条中规定，办理汽车租赁业务应签订租赁合同，必须使用由各省级道路运输管理机构根据国家有关规定制定的汽车租赁文本，并规定了合同内容。部分省市的有关部门已经开始制定统一的汽车租赁合同文本。北京市2002年8月21日公布的《北京市汽车租赁管理办法》在第十一条中也明确规定了汽车租赁合同应包括的内容。

二、汽车租赁合同的主要内容和特点

除《中华人民共和国合同法》中租赁合同的主要内容外，汽车租赁合同有以下内容和特点：

(一)出租、租赁双方权利义务

出租人与承租人的权利义务、服务内容已形成双方认可的约定俗成的固定模式。出租人要为租赁车辆投保第三者责任险、车损险、盗抢险等，还应当负责租赁车辆的维修、年检、各种税费的交纳等，并提供免费救援、保险索赔等服务。一些大的、服务规范的租赁公司，甚至负责解决租车人将车钥匙锁在车内这类问题，承诺为承租人提供全方位服务，承租人除了遵纪守法地开车、加油、交纳租金之外，全无后顾之忧。当然，承租人不得侵犯出租人对租赁车辆的所有权，需承担因人为原因造成的损失和发生意外时保险免赔部分的损失。上述内容，虽然不同的出租人描述的方式不同，但肯定会在双方签订的合同上，以非常清楚和可以度量的方式确定，以保证汽车租赁过程中双方的权益。

以往汽车租赁合同都是由出租人单方面制订的，因此存在不同程度侵犯承租人利益的“霸王条款”。根据国家工商管理总局《经济合同示范文本管理办法》关于“包括财产租赁合同在内的一些经营活动的经济合同由工商部门统一制订示范合同文本”的规定，2003年北京市工商行政管理局、北京市运输管理局推出了汽车租赁统一合同文本，该合同文本在某些条款上，作出了有利于承租人的修改：

1)在“出租人的违约责任”中明确地规定了出租人出现各种违约情况时，承租人要求赔偿的权利，体现了统一合同文本维护消费者弱势群体的原则。

2)取消了以往约定俗成但有“霸王条款”嫌疑的内容。以前租赁合同基本都有这样含义的条款：“如车辆丢失，承租人将继续支付车辆丢失后三个月的租金”。实际上，在《中华人民共和国合同法》第十三章第二百三十一条规定：“因不可归责于承租人的事由，致使租赁物部分或者全部毁损、灭失的，承租人可以要求减少租金或者不支付租金。”一般情况下租赁车辆被盗难以归咎于承租人的过失，所以，统一合同文本就没有采用过去约定俗成的这项内容。

3）确定风险分担原则，即保护消费者利益。在国外，有的信用卡本身包含第三者责任险，或者可以随时购买不同保期的各种保险，因此，国外的租赁汽车就有全险或无保险，或者上某些指定险种多种情况。但在国内保险制度不是很完善，由于承租人租用车辆期间的风险较高，所以有必要要求汽车租赁企业为租赁车辆上保险。但有的企业从经营成本考虑，不上保险，而是采取自保的方式自己承担租赁车辆的有关风险。为了保护消费者利益，统一合同第二条“出租人的义务”第五款确定保险方面条款时依据的风险责任分担的原则，规定了各方承担风险的种类和比例。

统一合同文本比较公正地确定了汽车租赁双方的权利和义务，在汽车租赁交易中，无论出租人还是承租人，援用该合同都将能妥善地维护自己的权利。

（二）承租人、担保人信息资料

汽车租赁承租人、担保方的信息是汽车租赁合同的最重要内容之一。信息资料包括承租人、担保方的名称、法定地址、居住地址、联系电话（固定电话、移动电话）等详细内容。当承租人是法人时，承办人的相关信息也应在合同中记录。承租人、承办人身份证明的有关证件的复印件也是信息资料的组成部分。

在签订租赁合同时，出租人应核实承租人信息的真实性和承办人与承租人委托关系的合法性。

（三）租赁车辆交接清单

汽车租赁交易存在租赁物转移的特点，因此必须在租赁合同中记录出租、租赁方在签订合同时租赁物的物理特性及现状，合同的这部分内容被称为“车辆交接单”，它通常包括车型、车辆牌号、发动机号、车架号及车辆外观等。为了准确直观地记录车辆外观状况，通常在车辆平面示意图的相应位置，用不同符号标记车辆的实际状况。出租、承租人在交接车辆时应认真核对车辆交接单。

三、《北京市汽车租赁合同》条款

（一）术语解释

（1）出租人：持有经营范围含有“汽车租赁”的营业执照和汽车租赁经营许可证，为承租人提供汽车租赁服务的企业。

（2）承租人：与出租人订立汽车租赁合同，获得租赁车辆使用权的自然人、法人和其他组织。

（3）保证人：当承租人不能履行汽车租赁合同约定的义务时，代为承担相应责任的第三方。

（4）租赁车辆：依照汽车租赁合同约定，出租人提供给承租人使用的车辆，包括附属设施、部件和牌证。

（5）租金：承租人为获得租赁车辆使用权及相关服务而向出租人支付的费用。租金不包括承租人使用租赁车辆发生的燃油费、通行费、停车费、违章罚款等费用。

（6）有效证件：能够证明租赁车辆符合法律、法规规定的在道路上行驶的有关证件，如行驶证、道路运输证、养路费缴讫凭证、车船税讫、年检标志等。

(7)设备:指保证车辆安全、正常行驶及相应服务所需的设备,如备胎、随车工具、防盗锁、报警器、灭火器、座套、脚垫、点烟器、烟灰缸等。

(8)超时费:超过合同约定租期且不足一个收费周期,以合同约定标准,计收超时部分的租金。

(9)超程费:超出合同约定的行驶里程部分,按元/km 计收费用。

(10)保证金:为保证承租人履行合同义务,由承租人提供的资金形式的担保。

(二)通用条款

本条款根据《中华人民共和国合同法》、《北京市汽车租赁管理办法》等有关法律、法规、规章制订。

第一条　出租人的权利

1. 拥有租赁车辆所有权。

2. 依照合同向承租人计收租金及约定费用。

第二条　出租人的义务

1. 向承租人交付技术状况为《营运车辆技术等级划分和评定要求》(JT/T 198—2004)规定的一级标准、设备齐全的租赁车辆,以及租赁车辆行驶所需的有效证件。

2. 交接租赁车辆时如实提供车辆状况信息。

3. 免费提供租赁车辆维护以及合理使用过程中出现的故障维修服务。

4. 提供本市行政区域内故障、事故的 24h 救援服务。

5. 承担不低于 80% 的因交通事故或盗抢造成的租赁车辆车价损失;承担不低于 5 万元的第三者责任意外风险。

6. 对所获得的承租人信息负有保密义务。

第三条　承租人的权利

1. 按租赁合同的约定拥有租赁车辆使用权。

2. 有权获知保证安全驾驶所需的车辆技术状况及性能信息。

3. 有权获得出租人为保障租赁车辆使用功能所提供的相应服务。

第四条　承租人的义务

1. 如实向出租人提供驾驶证、身份证、户口本、营业执照等身份证明资料。

2. 按合同约定交纳租金及其他费用。

3. 按车辆性能、操作规程及相关法律、法规的规定使用租赁车辆。

4. 妥善保管租赁车辆,维持车辆原状。未经出租人允许,不得擅自修理车辆,不得擅自改善、更换、增设他物。

5. 承担不高于 20% 的因交通事故或盗抢造成的租赁车辆车价损失;承担因交通事故引发的其他责任;承担保险条款规定赔付范围、合同约定或法律法规规定应由出租人承担之外的其他经济损失。

6. 保护出租人车辆所有权不受侵犯。不得转卖、抵押、质押、转借租赁车辆;未经出租人允许和相关管理部门批准,不得转租租赁车辆。

7. 租赁车辆发生交通事故、被盗抢时,应立即向公安、交管等部门报案并在 12h 内通知出租人,协助出租人办理相关手续。

8. 保证租赁车辆为合同登记的驾驶员驾驶。在租赁期内，如承租人登记的信息发生变化，应及时通知出租人。

9. 租赁期满，应按时返还租赁车辆及有效证件。

第五条 租金、保证金

1. 租金单位为元/年、元/季、元/月、元/天、元/h。租金标准双方约定。

2. 承租人用保证金提供担保的，保证金不得用于充抵租金，合同履行完毕后，保证金应退还承租人。承租双方经约定也可采取其他方式担保。

第六条 意外风险

1. 双方约定的意外风险责任，出租人可向保险公司投保或以其他方式承担。对约定分担的意外风险未投保的，风险损失的计算、赔付，参照机动车辆保险条款及赔付程序进行。

2. 政府政策重大变化、不可抗力以及无法归究责任造成的损失，依照有关法规和公平原则双方协商解决。

第七条 出租人的违约责任

出租人未能履行向承租人提供合同约定的车辆、服务等义务时，应承担下列违约责任：

1. 提供的租赁车辆不符合一级标准的，应予以更换；车辆危及承租人人身安全的，承租人有权解除合同。

2. 不能按约定提供故障维修、救援时，承租人有权解除合同，出租人应退还租赁车辆停驶期间租金并支付停驶期间租金20%的违约金。

3. 维修、救援后租赁车辆仍无法恢复使用功能，出租人应提供相当档次替换车或其他救济措施。

4. 出租人原因导致车辆技术故障的，应承担由此给承租人造成的直接损失。

第八条 承租人的违约责任

承租人不能按合同约定交纳费用、使用租赁车辆、保管租赁车辆、归还租赁车辆时，应承担下列违约责任：

1. 逾期交纳租金的，每逾期一日按应交租金总额的0.5%交纳滞纳金。逾期归还租赁车辆的，除继续计收租金外，应交纳逾期应交租金20%的违约金。

2. 承租人有下列行为的，出租人有权解除合同并收回租赁车辆：

(1)提供虚假信息；

(2)租赁车辆被转卖、抵押、质押、转借、转租或确有证据证明存在上述危险；

(3)拖欠租金或其他费用。

3. 承担不按车辆性能或操作程序使用而造成的租赁车辆修理、停驶损失；承担因过失被保险公司拒绝赔偿的损失。

4. 承担擅自改善、更换、增设他物等改变租赁车辆原状造成的损失。

5. 承担非出租人原因导致车辆被第三方扣押的责任。

6. 违反交通安全法规时，应在被告知的5日内接受处罚。如拒绝接受处罚，合同中登记的驾驶员将作为违法责任人被提交公安交通管理部门处理。

第九条 担保条款

如采用保证人提供担保的方式，保证人应就承租人履行本合同的义务负连带保证责任。

第十条　特别约定

承租双方可对本合同通用条款内容以书面形式予以增加、细化，但不得违反有关法规及政策规定，不得违反公平原则。另行约定中含有不合理地减轻或免除通用条款规定应由出租人承担的责任内容的，仍以通用条款为准。

第十一条　其他

1.“专用条款”、“汽车租赁登记表（见表4-5）”、“车辆交接单”（见表4-6）作为“通用条款”的附件，共同构成《北京市汽车租赁合同》。

2.承租人如要求延长租期，须在合同到期前提出续租申请，出租人有权决定是否续租。

3.本合同项下发生的争议，双方应协商或向北京出租汽车暨汽车租赁协会、各级消费者协会等部门申请调解解决；协商或调解解决不成的，可向有管辖权的人民法院提起诉讼或向双方选定的仲裁机构提起仲裁。

汽车租赁登记表　　表4-5

合同号：

<table>
<tr><td>承租人</td><td colspan="5"></td></tr>
<tr><td>住址/地址</td><td colspan="5"></td></tr>
<tr><td>电话</td><td colspan="2"></td><td>证件种类号码</td><td colspan="2"></td></tr>
<tr><td>担保人</td><td colspan="5"></td></tr>
<tr><td>住址/地址</td><td colspan="5"></td></tr>
<tr><td>电话</td><td colspan="2"></td><td>证件种类号码</td><td colspan="2"></td></tr>
<tr><td>驾驶员</td><td>档案号</td><td colspan="2">驾驶证号</td><td colspan="2">电话</td></tr>
<tr><td></td><td></td><td colspan="2"></td><td colspan="2"></td></tr>
<tr><td></td><td></td><td colspan="2"></td><td colspan="2"></td></tr>
<tr><td>车牌号</td><td>车型</td><td>颜色</td><td>发动机号</td><td>车架号</td><td>燃料标号</td></tr>
<tr><td></td><td></td><td></td><td></td><td></td><td></td></tr>
<tr><td colspan="2">起租时间</td><td colspan="2">终租时间</td><td>租期</td><td>限驶里程</td></tr>
<tr><td colspan="2"></td><td colspan="2"></td><td></td><td></td></tr>
<tr><td>租金标准</td><td>超程费</td><td>超时费</td><td>保证金</td><td>预付租金</td><td>下次付款日</td></tr>
<tr><td></td><td></td><td></td><td></td><td></td><td></td></tr>
<tr><td>合同变更记录</td><td colspan="5"></td></tr>
<tr><td colspan="3">出租人：
经办人：
日期：</td><td colspan="3">承租人：
经办人：
日期：</td></tr>
</table>

车辆交接单　　表4-6

车号			车型			颜色		
检验项目	发	收	检验项目	发	收	检验项目	发	收
行车执照			防盗/报警			点烟器		
养路费			灭火器			烟灰缸		
年检证			座套			备胎		
税讫证			脚垫			随车工具		
1 2 3 4 5 6 7 8 9 10 11							图例说明 1:完好 √ 2:缺少 × 3:划伤 - 4:裂陷 / 5:凹陷 ○ 6:脱落 △ 7:其他?	
区域	发	收	区域	发	收	区域	发	收
区域1			区域2			区域3		
区域4			区域5			区域6		
区域7			区域8			区域9		
区域10			区域11			区域12		
区域13			区域14			区域15		
车辆交接状况:								
燃油标号				发/收车油量记录		/		
起/始公里数	/			下次维护公里数				
发车员/时间	/			接车人/时间		/		
交车人/时间	/			收车员/时间		/		

四、英文汽车租赁合同样本

由于承租人中外籍人士的不断上升,在业务中准备英文汽车租赁合同十分必要,下面是一份基本反映了《北京市汽车租赁合同》条款的英文合同样本。

THE AGREEMENT

In accordance with the *Contract Law of the People's Republic of China*, and other relevant laws and regulations, this Agreement has been entered into through consultations under the principles of equality, free will, mutual benefit, and at a rental charge.

Article 1: The object for rental

At the **Renter**'s request **Car Rental Company** agrees to rent the object for rental to the **Renter** at a price. The object for rental referred to here is a **Car**.

Model:____________________Registration No. :____________________

Color:____________________Engine serial No. :____________________

Chassis serial No. :________________________________

Article 2: The rental period

The rental period will be ________ month(s) beginning from ________ (month) ________ (date) ________ (year) to ________ (month) ________ (date) ________ (year).

Article 3: The rental content

The Owner(**Car Rental Company**) offer Renter driver for the object for rental during period of the agreement.

Article 4: Rental charges and payment

Each period rental charge **RMB**(in full spelling):________yuan.

The period of installments is ____________(month/s).

The first installment towards the total of the rental charge must be paid on the day when this **Agreement** comes into effect. The full payment of rental charge for each rental period must be paid in advance.

Article 5: The rental deposit

Upon the signature of this **Agreement**, the **Renter** must pay **Car Rental Company** a cash deposit a sum of **RMB** ________yuan.

In case of the Renter's damages of the **car**, **Car Rental Company** reserves the right to deduct an appropriate amount from the deposit; if the deposit is insufficient to cover the sum to be deducted, the **Renter** will make up for the balance.

Article 6: Responsibilities of Car Rental Company

Car Rental Company undertakes to

(1) Pay salary and welfare to driver, ensure necessary training for driver.

(2) Provide the **Renter** with a **Car** in good condition, and with a full set of original valid documents.

(3) Free repair and maintenance to the **Car** under normal circumstances.

(4) Cover the car insurance for motor vehicles insurance\third – party liability insurance\burglary insurance.

(5) Take formalities for the annual examination of the **Car** during the rental period.

(6) Pay the vehicle operation tax, vehicle purchase surcharge, and road maintenance tax.

(7) Assist the **Renter** in claiming for insurance coverage in case of damage or loss of the **Car** arising from accidents or theft.

(8) If the unavailability of the car is caused by **Car Rental Company**, a similar substitute must be provided on a complimentary basis.

Article 7: Renter's responsibilities

The **Renter** undertakes to

(1) take good care of the **Car** and use it in normal manners.

(2) Driver works 8 hours/day, exclusive of 1 hour for lunch, and enjoy holiday and festival according to Chinese law. worktime counted no interruption from the driver start work. **Renter** should pay to **driver** extra work fee in the listed case:

RMB ______yuan/hr. for over worktime in usually.

RMB ________yuan/hr. for over worktime in public holiday.

(3) Pay driver allowance **RMB** ________yuan/time for missing lunch or dinner, while can not offer meal until 14:00 or 19:30.

(4) Out of Beijing, driver's board and lodging be covered by renter.

(5) all costs of running the car, just like oil, highway, parking, will be borne by the **Renter.**

(6) take the **Car** for maintenance at the place specified by **Car Rental Company** when the mileage reaches 5,000 kilometers

(7) mileage limitation during the agreement period is ________kilometers; and pay excessive mileage at **RMB** ________yuan per kilometer.

Article8: Liabilities for violating the Agreement

The **Renter** must pay late payment charge daily on a 0.5% basis, in case of failure to pay the rental charge on time.

If the **Renter** chooses to terminate the **Agreement** before it expires, **Car Rental Company** can deduct 20% of the total rental charge for the balance of the rented period from the rental deposit.

An extra-time charge, salary and extra work fee will be demanded of the **Renter** who fails to return the **Car** on time or renew rental after the **Agreement** expires.

For both sides, any compensation caused by breach the agreement is subject to the final negotiation between **Car Rental Company and Renter.**

Article 9: Addendum

The **Car** mentioned in this **Agreement** refers to the **Car** shown in **Record** of this **Agreement**, which includes the entire vehicle and its accessories.

The original, the appendix and the addendum together constitute this **Agreement**, the **Agreement** in Chinese and English all have equal legal force.

Any disputes in connection with this **Agreement** should be resolved through consultations. If that fails, the case will be taken to the People's Court for settlement.

This **Agreement** is in duplicate in Chinese and English, **Car Rental Company** and the **Renter** each hold a copy signed or stamped by both parties.

Owner of the Car (Car Rental company) : (stamp)

Tel:__________________

Person in charge:__________________

The Renter of the Car: (stamp)

Tel:__________________

Person in charge:__________________

Signed on ________ **(month)** ________ **(date)** ________ **(year)**

Appendix

1. WHO MAY OPERATE THE CAR

Only the driver issued by **Car Rental Company** are authorized to operate the **Car**. No other persons are permitted to operate the **Car**.

Renter is entitled to drive the car occasionally after obtain the legalized local driving license subject to **Renter** assuming relative responsibility, no add rental charges applied.

2. RENTER'S RESPLNSIBILITIES

With the exception of ordinary wear, the **Renter** must return the **Car** to **Car Rental Company** in the same condition it was in when the **Renter** received it. No removal, nor is it permitted add anything, parts or ads, is permitted. The **Renter** must return the **Car** to **Car Rental Company** by the due date specified, unless authorized by **Car Rental Company** in writing .

3. PROHIBITED USE OF THE CAR

Any use of the **Car** as prohibited below will breach this **Agreement**. The **Renter** will be held fully responsible for **Car Rental Company**'s damages, costs and attorney's fees resulting from that breach. All the **Renter**'s liability protection under this agreement will become void. Under this **Agreement** the **Renter** and / or any **Authorized Operator** may not:

(1) Permit the use of the **Car** by anyone other than the Driver.

(2) Damage or lose the **Car** due to negligence, intentional or unintentional; intentionally destroy, damage or aid the theft of the **Car**.

(3) Take the **Car** to any places outside of the Beijing Administrative Zone without advise **Car Rental Company.**

(4) Use the **Car** for competition, racing or any profitable operation.

(5) Use the **Car** for any purpose that could probably be charged as crime.

(6) Use the **Car** to tow or push anything.

(7) Obtain a **Car** by fraud or illegal means.

(8) Mortgage or lend the **Car** to others.

4. PAYMENT OF CHARGES

If payment is by check, the payment is not complete until the amount paid has been shown in **Car Rental Company**'s account.

5. COMPUTATION OF CHARGES

1) Rental charge

The **Renter** can use the **Car** as permitted by this **Agreement** and should make monthly payment to **Car Rental Company**. The rental charge is the result of the monthly rental rate multiplied by the number of rental months.

2) Extra time charges

If the **Renter** fails to return the **Car** at the time as specified in the **Agreement**, the charge during the extra time will be calculated on a per day basis (less than a day is counted as a day): The charge is the result of the daily rental rate multiplied by the extra rental days.

3) Extra mileage charges

This is determined by subtracting the **Car**'s odometer reading at the beginning of the rental from the reading when the **Car** is returned, excluding 3 kilometers of discrepancy. The extra mileage charge is the result of the per-kilometer rate multiplied by the extra number of kilometers driven.

4) Late payment fees

Will be applied to the **Renter** who fails to pay the charges on time. If payment is not effected within three days after the due date, the **Renter** billed to under this **Agreement** must pay from the fourth day onwards a late-payment fee as specified in this **Agreement**.

6. RESPONSIBILITY LIMITED

The agreement be not involved in any legal dispute between **Renter** and **The third-party**. Prohibit to mortgage the car to others.

Renter's Record

Name ____

(unit or person)

Nationality ____________________ **Passport No.** ________________________

Place of registration ____

(as shown on ID card)

Account No. ____________________ **Zip code** ____________________

Telephone ________________ Fax ________________ E-mail ________________

Current address ____

Person in charge ________________ **Position** ________________

Driver's name: ________________ **ID No.** ________________

Sex: male ________ female ________ age ________ License No. ________________

第六节　利 润 分 析

汽车租赁的利润受三大因素影响:一是租金收入;二是运营成本;三是退出营运后租赁车辆残值的销售收入。

影响利润的最大因素是租金收入。影响租金收入的最大因素是租金标准、出租率。影响租金标准、出租率的最大因素是市场。在汽车租赁经营过程中,唯有租金收入的管理是最复杂的。如何对租金收入、市场和它们之间相互关系的作用、影响进行分析、研究,运用相关知识、理论提高汽车租赁利润,是汽车租赁运营管理的核心部分,有关这方面的论述,详见本书第五章第一节。

影响利润的另一因素是运营成本。由于汽车租赁的运营成本如车辆保险、维修、人工成本透明度高,可预测性强,具有可控性。因此在汽车租赁的经营管理过程中,运营成本的管理相对简单。

影响利润的再一因素是运营车辆残值的销售收入。由于残值的销售收入受车辆的运营年限影响,而运营年限又决定着租金收入。因此如何获得租金收入和残值销售收入的最大值或者说使租金收入与残值销售收入边际收益最大化,是汽车租赁经营科学化的重要部分。

一、汽车租赁利润与租赁车辆运营期限

租赁车辆从购入到退出运营,其间既有营业收入,亦发生包括折旧等在内的运营成本。收入会随着车况、出租率的下降而减少;相反,成本,特别是维修费用会随着运营期间的延长而增加。那么,租赁车辆运营到什么期限时才能实现最大利润?最大利润是多少?

如果将收入和成本变化趋势建立成数学模型的话,它们将产生一个交点,即盈亏点。根据“利润 = 收入 - 成本”的公式可以知道,此时的利润为零,经营活动应该停止。根据数学模型及其分析,我们将能非常清楚地预见到租赁车辆收入、成本、利润在不同时期的情况,并据此对经营活动进行调整,减少管理决策的盲目性。

在对一定数量的某型车辆从购入到更新的整个运营过程中各种经营数据的统计、分析的基础上,分别建立收入、成本数学模型并对利润情况进行分析。

(一)收入

主要参数:

(1)从新车购入到退出运营的期间:	48 个月
(2)新车租金标准:	5000 元/月
(3)退出运营时租金标准:	3000 元/月
(4)新车出租率:	95%
(5)退出运营时出租率:	65%

假设租金标准、出租率的变化是时间 X 的线性函数,则可以建立租金标准和出租率的变化趋势图(图 4-4、图 4-5):

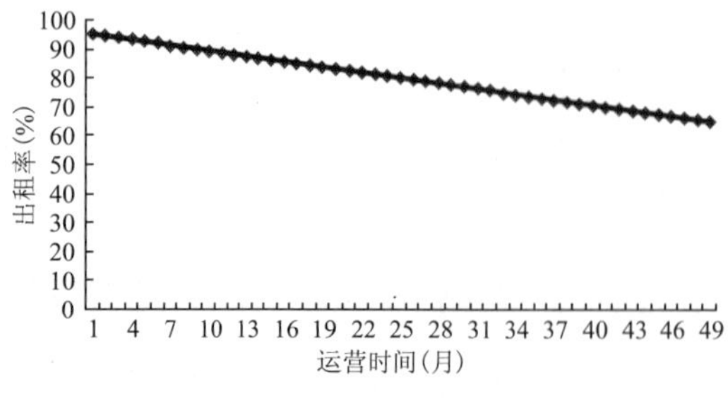

图 4-4 出租率变化趋势

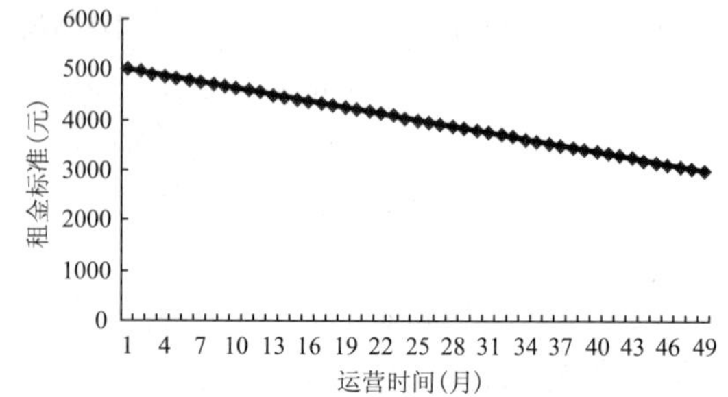

图 4-5 租金标准变化趋势

出租率变化数学模型：

$$Y_1 = 0.95 - 0.0063x$$

租金变化数学模型：

$$Y_2 = 5000 - 41.67x$$

由此得到某一时刻(x)的租金收入数学模型：

$$Y = Y_1 \times Y_2 = 0.26x^2 - 41.09x + 4750 \quad (x\text{ 为车辆运营时间})$$

(二)成本

成本由固定、可变两部分构成。

1. 固定成本参数

(1)折旧。

车价：	1235000 元
购置税：	10555.60 元
号牌费：	174 元

按6年折旧,残值3%记提折旧

$$\text{月提折旧} = (1235000 + 10555.60 + 174) \times 97\% \div 72 = 1808.37\text{ 元}$$

(2)财务费用:33.33 元/车。

(3)人工费:315.17 元/车。

(4)运营成本

验车费：	200 ÷ 12 = 16.67 元
车船使用税：	200 ÷ 12 = 16.67 元
保险费：	3697 ÷ 12 = 308.08 元
燃料费：	46878.84 ÷ 300 = 156.26 元
共计	497.68 元

以上各项总和为固定参数:2654.55 元。

2. 可变参数

通过对一定数量的标本、48 个月、1392 个统计数据的分析,得到以下修理费用的基本数学模型(图 4-6)：

$$y = 0.12x^2 + 2.19x + 19.74$$

固定参数与可变参数共同构成成本数学模型：

$$y = 0.12x^2 + 2.19x + 3484.29$$

(三)利润分析

将收入数学模型和成本数学模型做成图 4-7 可以看到：

1. 盈亏点

收入、成本曲线分别成下降和上升趋势并在 X 轴 33 附近即运营后 33 个月处相交,此时,收入与成本相等,也就是说利润为零。有关数值如下：

收入 =3677.17 元,成本 =3687.24 元。

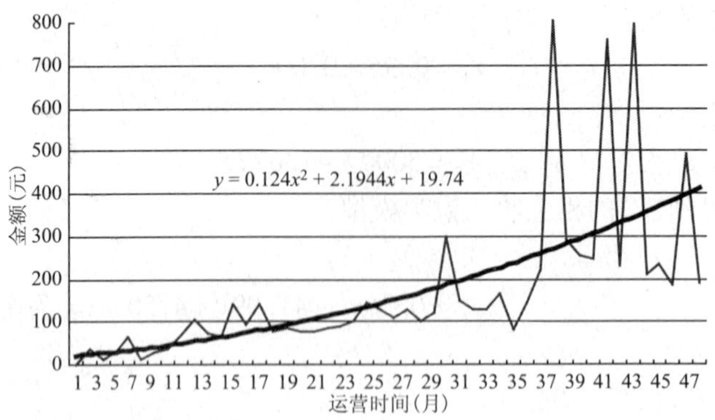

图 4-6　修理费变化趋势

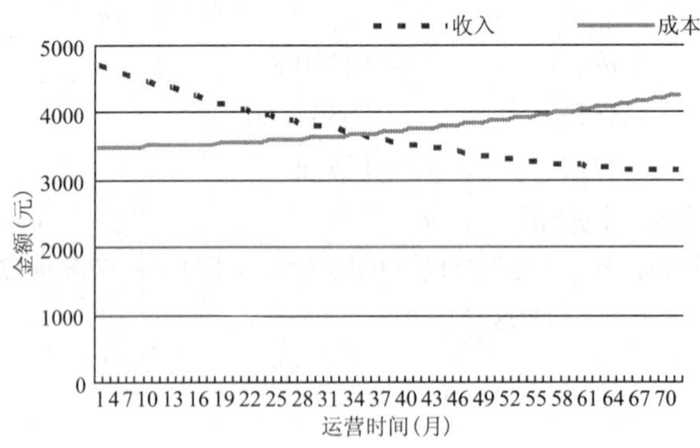

图 4-7　收入与成本变化趋势数学模型

2. 利润

租赁车辆自投入运营到盈亏点停止运营的累计利润是收入曲线和成本曲线在焦点左侧所包围的面积：

$$
\begin{aligned}
P &= \int_0^{33}(0.26x^2 - 41.09x + 4750)\,dx \\
&\quad - \int_0^{33}(0.12x^2 + 2.19x + 3484.29)\,dx \\
&= 19874.09
\end{aligned}
$$

3. 未提折旧

未提折旧 = 1808.37 × (72 − 33)

　　　　= 70526.43 元

如果使用了 33 个月某型车在旧车交易市场可卖 60000 元，

则实际未提折旧 = 70526.43 − 60000 = 10526.43 元

那么，实际利润 = 利润 − 实际未提折旧

　　　　　　= 19874.09 − 10526.43

　　　　　　= 9347.66（元）

通过以上计算，可以预测购入某型新车投入租赁运营，在正常租金和出租率下，33 个月时的累计净利润达到最高值为 9347 元。

(四)租赁车辆最佳运营期限

如果按照数学模型的分析指导业务,那么汽车租赁的利润率是十分低的。出现这种情况的原因是:

(1)出租率和租金标准的变化趋势非常难以预测,本分析中的参数只是经验数值。

(2)汽车租赁的可变成本——维修费用的变化趋势实际上不是时间的线性函数,而是阶梯性变化的。所以以线性函数作为成本模型分析利润是不准确的。

(3)影响汽车租赁利润还有一个重要因素,就是二手车的价格,二手车价格变化趋势基本与租金收入模型的函数相似,是时间的减函数。一方面在盈亏点左侧租金收入是随时间的增加而增加;另一方面二手车的价格随时间增加而减少。因此如何获得租金收入与二手车销售收入的边际收益,即利润最大化,是确定运营车辆运营年限的最重要因素,也就是说并不是在盈亏点的利润最高。

在综合考虑影响汽车租赁利润的各项因素,并对租金标准、成本、出租率、二手车价格与时间的函数关系进行分析后,汽车租赁经营者可以大致得到租赁车辆的一个合理的运营时间。从对汽车租赁企业运营车辆的统计看,中档车型的运营年限不超过2年为宜。

二、租赁车辆的退出方式

(一)运营车辆账目清理遇到的问题

租赁车辆运营一定时间后,经常发生故障,造成出租率下降、维修成本增加,导致利润下降。根据上节分析,运营车辆一般在运营2年左右应退出运营,否则将出现亏损。

汽车租赁企业的运营车辆退出的出路,一般都是交给车辆经纪公司,进入二手车市场,这种模式有以下缺点:

(1)二手车交易环节的利润,汽车租赁企业无法分享。

(2)二手车行情波动无法控制和预测,而租赁企业实际利润最终由二手车的销售价格决定,所以由于二手车行情的不确定导致汽车租赁经营状况的不确定。

现行财务制度规定租赁车辆折旧年限为10年,而租赁车辆实际更新的年限最多2年,车辆更新时尚有8年的折旧未计提,财务进行账目清理时出现账面净值与市值不符,导致当期亏损,更新越多,亏损越大,乃至影响利润,降低股东回报。车辆退出运营时财务亏损情况分析见表4-7。

车辆退出运营时出现的财务亏损情况(单位:元)　　表4-7

折旧基数	月折旧额		退出运营车辆销售价格	清理时未提折旧	更新时当期亏损
	10年	2年			
100000	833	4167	74000	80000	6000

以普通桑塔纳和桑塔纳2000为例,按照10年折旧的财务规定计算,购入4年后更新时,分别有85578.42元和124694.68元的折旧没有计提。即使按照正常情况,4年车龄的普通桑塔纳、桑塔纳2000旧车分别能卖60000元和100000元计算,最终也有25578.42元和24694.68元的账面亏损。

（二）以租代卖可以妥善解决租赁车辆退役对利润的侵蚀

以租代卖结合汽车租赁服务与汽车分期付款销售的优势，可以完全消除上述弊端。形式上以租代卖与通常的汽车租赁业务基本相同，只是在租赁合同签订时，即确定承租人在租期结束时，购买所租用的车辆，即承租人是其租赁车辆的买方。需要澄清的是以租代卖，并非租赁公司销售车辆，而是租赁公司委托旧车经纪公司将车辆销售给特定的客户。所以，汽车租赁公司的"以租代卖"业务并不存在任何违法经营的问题。表4-8为不同更新方式的比较。

不同更新方式的比较 表4-8

比较项目 更新方式	付款方式	产权变化时间	卖车收入	财务清理结果
卖车	一次付清	购车后4年	60000元	亏损25578.42元
以租代卖	分期付款	购车后6.5年	90000元	4421.58元

以普通桑塔纳为例，如果按月付租金3000元，30个月后产权归承租人，过户费由承租人承担的以租代卖方式更新车辆，可以以租金形式提现车辆未提折旧90000元，这样即使按照财务10年折旧的方法计算，仍有4421.58元的赢利。

以租代卖，可以将租赁车辆的更新年限延长2～3年，一是避免卖车时财务清理出现账面亏损；二是通过租赁服务和实质上的信用消费，获得更多的利润。

近些年来分期付款的汽车销售的方式逐渐被人们接受，虽然采用分期付款的方式与一次性购车相比，消费者最终要多付出一些，但对于那些刚刚步入小康，没有太多的余款，又急需解决出行问题的人来说，无疑是有着很大吸引力的。尤其对于那些因工作需要而需购车的消费者来说更是如此。

以租代卖与分期付款的比较见表4-9。

以租代卖与分期付款的比较 表4-9

比较项目 卖车方式	手续	银行贷款	售后服务	产权转移时间
分期付款	烦琐	有	无	合同开始
以租代卖	简单	无	有	合同结束

分期付款汽车销售，一般都有银行以买方信贷或卖方信贷的方式介入，无论是购车人或汽车销售商向银行办理贷款手续，手续相当烦琐。购车人须提供担保或抵押，接受信用审核等。购车人在支付贷款利息的同时，还需支付手续费；投保信用险、担保险，额外支出很多费用。此外，分期付款有一笔不小的首付款，包括至少20%的车款、手续费、保险费等。分期付款购车人需自行承担购车后的各种维护费用，处理车辆维修、保养、年检、事故处理、保险理赔等问题，特别是对非汽车专业人士，这都是非常棘手的工作。

以租代卖是信用消费的一种形式，必须有一套完整的信用保障体系。一般的租赁公司开展以租代卖业务的对象是老客户，而且租赁企业的客户资信审核制度为开展以租代卖业务提供了全面的信用保障基础。汽车租赁企业目前中长期业务的比例一般在70%以上，其中不少客户是以租代卖的潜在客户。因此汽车租赁企业具备开展以租代卖业务的一切条件。

可以相信以租代卖作为分期付款销售汽车的一种形式，具有非常广阔的市场前景。

(三)以租代卖需要确定的几个参数

1. 车辆价格

首期付款包括:

(1)首付款:车价的20%;

(2)手续费:车价的3.5%;

(3)信用险:贷款部分2%;

(4)担保险:贷款部分2%。

(5)车辆维修等运行费用:车价的6.5%

以3年车龄普通桑塔纳为例,假设现车价为70000元,2年分期付款,则购车人首期付款为:70000×20% +70000×3.5% +70000×80% ×2% +70000×80% ×2% +70000×6.5% =23240元,每月付款为70000×80%/24 =2334元。2年后付款总额为79256元(不包括过户费)。

由于以租代卖销售的车辆为租赁车,一般行驶里程都在7万km以上,车况较差,难以卖到70000元的价格,但从尽量减少到账面亏损考虑,车辆销售价格以85000元为宜。为了让客户接受从销售上看明显不合理的价格,应在租赁服务方面给予必要保障。

2. 租期

实施以租代卖的车辆因车况不佳,维修费用渐增,所以租期越短越好。但如果太短,每期租金太高,承租人无法接受,所以结合车辆价格、承租人可接受的月租金考虑,租期以2年为佳。

3. 租金

在以上车价和租期条件下,桑塔纳的月租金为3500元。此价格虽然比分期付款购车的价格高,但由于没有首付款且包括救援等租赁服务,所以应能为承租人接受。表4-10为以租代卖各项参数的比较。

以租代卖各项参数的比较　　表4-10

租期(月)	18			24			30		
车价(元)	90000	85000	75000	90000	85000	75000	90000	85000	75000
月租金(元)	5000	4723	4167	3750	3542	3125	3000	2833	2500

(四)实施方案

1. 以租代卖的模式

正常汽车租赁的租后服务包括车辆维修、保险、救援、年检。主要成本是保险和维修。仍以普通桑塔纳为例:

(1)保费(年):

第三者责任险800元;

车辆损失险1080(240 +70000 ×1.2%)元;

盗抢险700(70000 ×1%)元。

(2)维修费用(年):2400元(预计)。

2年租期以上费用总计9960元。如果以租代卖中提供与汽车租赁相同的服务,此费用难以节省,在不可能提高车辆价格的情况下,势必降低收入;如果舍去租后服务又必定影响承租人的购车热情。

为解决这一矛盾,应根据承租人具体情况,设立以下三种以租代卖模式:

第一种：

承租人为老客户且是单位租车的具体承办人，以租代卖车辆为在租车辆，这种情况下承租人对车辆的使用比较用心，以租代卖期间的维修费用较低、出险情况应较少，因此可以提供租后服务，但不投保车辆损失险和盗抢险，这样可降低1/3的成本。这种情况可以按车价90000元处理。

第二种：

承租人为老客户，没有其他利益要求，这种情况可以按车价85000元计算。

第三种：

对于其他客户，不提供租后服务，这样车价不高于75000元的情况下，一般的客户能够接受。

2. 以租代卖基本程序

由财务部对拟按以租代卖形式更新的车辆进行财务清算，列出车辆目前账面净值清单交业务部。

业务部以车辆账面净值除以租代卖租期（24个月）初步算出各车每月租金。然后根据该车实际车况、承租人的情况，选择不同的以租代卖模式，最终确定车辆月租金标准。

与承租人签订《以租代卖合同》。因租赁阶段不涉及产权问题，因此以租代卖的资格审核可援用汽车租赁标准。

租赁期满后，按照车辆更新程序与承租人办理车辆更新手续。

合理开展以租代卖的业务，可以降低二手车价格波动对汽车租赁利润的侵蚀，同时可以充分发挥汽车租赁服务到位、经营模式为公众熟悉、交易模式方便、手续办理简单等优势，在汽车金融业务日趋扩大的形势下，获得持续发展。

第七节　经营分析

汽车租赁的经营规模达到一定程度，一般是运营车辆超过400辆时，如果没有完备的经营分析体系，企业的经营管理者就很难及时、准确地了解经营状况，企业领导由于缺乏正确的信息基础，往往会做出错误的经营决策，使企业处于混乱的管理中。

目前多数汽车租赁企业使用计算机进行业务管理，汽车租赁的计算机管理技术已十分成熟，可以通过对基础数据的统计，向经营者提供一些反映企业经营情况的指标数据，为领导决策提供依据。

企业也可以根据各自需要和特点，自行制订经营分析方案，无论计算机管理还是人工操作，经营分析的基础是大量数据和报表，通过科学、系统的经营分析，可以获得企业经营状况的准确判断。

一、经营分析管理体系

经营分析管理体系依汽车租赁企业经营管理体系及业务特点而设计，分为综合分析、租赁业务统计管理、基础数据统计三个层级，包括五方面数据：租赁业务、更新业务、财务指标、人员指标和车辆指标。经营分析管理体系以定期报表为形式，以对企业经营活动的数据描述为内容。

经营分析管理体系第一层级为“经营分析”，其形式是《经营分析报告》。《经营分析报告》是经营分析管理体系对汇集数据的归纳和分析，其用途在于为高层管理者提供公司经营状态的综合数据和关键数据，评定公司经营管理效率及工作改进的方向。《经营分析报告》除必要的分析外，主要由几个反映企业经营状况的统计表构成，这些统计表包括《经营状况综合统计表》（表4-11）、《收入状况统计表》（表4-12）、《车辆状况统计表》（表4-13）。这三个表比较科学、全面地反映了企业的租赁业务、更新业务、财务指标、人员指标、车辆指标五方面的数据。通过对这些表格的分析，经营者可以掌握企业的经营状况并针对这些数据反映的某些问题，适时进行经营策略的调整。

经营状况综合统计表　　表4-11

填报单位：　　　　　　　　　年　　月

项目		本月数	本年累计数	项目			本月数	本年累计数
车辆	新增车辆			租金（元）	期初欠款余额			
	更新车辆				本月应收			
出租（辆×天）	合计				计收金额			
	客户				调整金额			
	公务				本月实现			
	包租				预收转入			
退租（元）	合计				本月收入			
	实收违约金				其他增减			
	实收修理费				补交欠款			
	租金				期末欠款余额			
租赁合同（辆）	增减净值				预收待转			
	新增合同			保证金（元）	增减净值			
	提前解除				实收保证金			
	到期终止				退出保证金			
服务（次）	救援次数			车辆保险（元）	保险费（元）			
	表扬驾驶员次数				投保车辆（辆）			
	投诉次数				险种	全险		
交通事故责任（次）	全责					车损/第三者/盗抢/无免赔		
	主责					车损/第三者		
	同责					第三者		
	次责				出险次数			
	无责				保险事故结案次数			
修车费用（元）	合计				核定经济损失（元）			
	内部修理				实际赔付额（元）			
	外部修理			指标	目标收入（元）			
驾驶员保险	增减净值				目标收入率（%）			
	全险变化				收入实现率（%）			
	无险变化				车辆出租率（%）			

注：1. 目标收入 = Σ（车型 × 月租报价）。

2. 目标收入率 = 本月应收/目标收入 × 100%。

3. 收入实现率 = 本月实现/本月应收 × 100%。

4. 车辆出租率 = 本月出租天数/[（车辆总数 − 挂靠）× 30 天] × 100%。

单位负责人：　　　　填报人：　　　　联系电话：　　　　报出日期：

收入状况统计表　　表 4-12

填报单位(盖章):　　年　月　日

项　目		小计	桑塔纳	桑3000	捷达	富康	富康988	切诺基	索纳塔	别克	奥迪A6	奥迪A4	本田	时代超人	都市先锋	帕萨特	奇瑞	金额小计(万元)
租金标准(元/月)																		
车辆合计																		
保证金状况(元/辆)																		
车辆合计																		

注:本表的统计时点为月末 17:00。

单位负责人:　　制表人:

车辆状况统计表

表 4-13

填报单位(盖章):　　　　　　　　　　　　　　　　　　年　　月　　日

项目			小计	伊兰特	桑3000	捷达	富康	凯越	宝来	索纳塔	别克	奥迪A6	奥迪A4	雅阁	时代超人	都市先锋	帕萨特	奇瑞	瑞风	别克GL8
车辆购置年份	2000年																			
	2001年																			
	2002年																			
	2003年																			
	2004年																			
	2005年																			
	2006年																			
	合计																			
营运状况	出租																			
	停驶																			
	其中:	待租																		
		在修																		
		待更																		
		待查																		
	合计																			
车辆保险状况	全险																			
	车损/第三者/盗抢/无免赔																			
	车损/第三者																			
	第三者																			
	车辆合计																			
车辆保险到期月份	1月																			
	2月																			
	3月																			
	4月																			
	5月																			
	6月																			
	7月																			
	8月																			
	9月																			
	10月																			
	11月																			
	12月																			
	车辆合计																			

注:本表的统计时点为:月末17:00。

单位负责人:　　　　　　　　　　　　　　　　　　制表人:

经营分析管理体系第二层级为"租赁业务管理统计",包括《租赁业务统计报告》、《更新业务报告》等月报及财务、人员、车辆三种数据。"租赁业务管理统计"是对公司经营管理活动主要构成的统计分析。

经营分析管理体系第三层级为"基础数据统计",由各部门周报、日报及日常管理报表构成,是对日常工作情况的记录汇总。"基础管理统计"为经营管理分析提供基本素材,是企业经营管理体系的基础。

二、经营管理分析体系运作程序

(一)企业综合分析

企业财务部或办公室等负责经营分析的部门,以《运营统计报告》、《服务统计报告》、《更新业务报告》、财务、人力数据为依据,对企业当月经营情况进行综合分析,形成《经营分析报告》,下月初上报总经理。

(二)租赁业务统计

租赁业务统计是各部门对每天、每周汇总的相应岗位的统计数据进行归类、汇总,并在这些数据的基础上对本部门的经营、管理活动的统计、分析。按汇总关系分为租赁业务、中心业务、部门基础数据三层统计。各部门于次月前将当月统计报告上报办公室。

(三)基础数据统计

基础数据是企业经营状况的基本表征,如各营业部当日出租车辆、停驶车辆情况,租金收入情况,车辆维修情况等。基础数据报表为对日常业务工作情况的记录,并依需要当日报送相关部门。

三、经营分析系统运行规则

(一)租赁业务管理统计规则

1.《租赁业务统计报告》

《租赁业务统计报告》为月报,是《运营统计报告》及《服务统计报告》两份独立报告的统称,由经营管理部门负责汇总。

1)《运营统计报告》由运营中心负责编制,编制周期为月,完成日期为每月 4 日以前。《运营统计报告》编制依据为《运营日报》。《运营日报》由运营中心根据《营业部日报》每日编制。

2)《服务统计报告》由服务中心负责编制,编制周期为月,完成日期为每月 4 日以前。《服务统计报告》编制依据为《保障部周报》、《保险部周报》。

2.《更新业务报告》

由设备管理部门根据各营业部编制的周报统计当月租赁车辆的更新情况和更新需求。《更新部周报》根据上周六至本周五的日常工作编制。编制日期为周五,月初、月末不足一整周的期间,应单独编制周报。

3. 财务数据

财务部提供的数据项目为成本、费用及公司盈利能力、偿债能力、发展能力、经营管理效率的指标。所提供的数据用于编制《经营分析报告》。

4. 人事数据

人事数据由各部门按照企业人事管理制度，于每月 25 日上报办公室，主要内容是当月有关企业人员构成及变动的数据。

5. 车辆数据

车辆数据的主要统计标准：车辆总数、车型、车号、购置时间、车辆技术性能、维修记录等。由设备部门定期统计。

（二）部门、岗位基础统计规则

部门基础统计报告以《营业部日报》、《保障工作一览表》、《保险工作一览表》日常管理基础报表构成。其基本编制关系及规则如下：

1. 周报

1)《服务中心周报》由服务中心根据《保障部周报》和《保险部周报》编制。每月初及月末不足一整周的期间应单独编制一份周报。

2)《保障部周报》由保障部根据上周六至本周五的《保障工作一览表》及相关工作单编制。完成时间为每周五，并报服务中心。每月初及月末不足一整周的期间应单独编制一份周报。

3)《保险部周报》由保险部根据上周六至本周五的《保险工作一览表》及相关工作记录编制，完成时间为每周五，并报服务中心。每月初及月末不足一整周的期间应单独编制一份周报。

2. 日报(及基础表格)

日报统计数据以 17:00 为时限，编制依据为部门、岗位日常基础业务表格(数据)。

1)《工作日报》根据每日相关基础管理表格填写，并于每日营业结束时报运营中心。《工作日报》记录的内容包括车辆、合同、租金、修理、救援等各项事宜。《工作日报》同时还应附各类营业部日常管理表格，如《业务情况登记表》、《车辆停驶表》等。营业部《工作日报》见表 4-14。

营业部《工作日报》　　日期：　　表 4-14

出　租	退　租
车号：	车号：
工作内容	

车　型	出　租		退租	停　运				实际运营	运营合计	出租率
	长租	零租		待租	替换	在修	借用			

续上表

车型	出租		退租	停运				实际运营	运营合计	出租率
	长租	零租		待租	替换	在修	借用			

2)《保障部工作日报》由保障部人员对每日发生的工作细项加以登记。内容包括车辆维修、救援。车辆报修单见表4-15。

车辆报修单　　表4-15

<table>
<tr><td colspan="3">车型：</td><td colspan="5">车号：</td><td colspan="3">报修时间：</td></tr>
<tr><td colspan="8">租车单位：</td><td colspan="3">报修人：</td></tr>
<tr><td colspan="11">报修内容：</td></tr>
<tr><td>维护项目</td><td>机油</td><td>三滤</td><td>制动液</td><td>制动片(块)</td><td>灯光音响</td><td>蓄电池</td><td>制冷系统</td><td>轮胎</td><td>底盘</td><td>紧固螺钉</td></tr>
<tr><td>维护结果</td><td></td><td></td><td></td><td></td><td></td><td></td><td></td><td></td><td></td><td></td></tr>
<tr><td colspan="11">保养公里数：</td></tr>
<tr><td colspan="11">租赁服务部签字：　　　　年　月　日</td></tr>
<tr><td colspan="11">修理结果：
修理部签字：
年　月　日</td></tr>
</table>

3)《保险工作一览表》由保障部人员依每日发生的工作细项加以登记。所登记内容包括与投保、出险相关的各项事宜。其附属文件有车辆事故报险记录等(表4-16)。

车辆事故报险记录

表4-16

车号:__________ 车型:____________ 颜色:__________

出险时间:__________ 出险地点:____________________

责任:__________ 驾驶员:__________ 驾驶证号:__________

联系电话:

事故经过及损失情况:

修理费垫付方式:保险公司□ 客户□ 租赁公司□

填制人: 填制时间:

四、数据统计标准与术语

为确保各统计报表的一致性,对于各类统计数据的标准以及术语,应有统一的规定。部分汽车租赁业务统计的标准与术语如下:

(1)车龄:出列更新车辆及待用指标,均做车龄统计,其车龄按该车出列之日起计算。

(2)车型档次:中档车型中的“其他”指单价在20万元以下的车型,高档车型中的“其他”指单价在20万元以上的车型。

(3)待卖车辆:退出运营,尚未售出的车辆,包括内部指标车。

(4)待过户车辆:已售出但未完成过户手续的车辆,包括内部指标车。

(5)待用指标:车已售出,并已完成过户手续的指标车。

(6)新增车辆:指非用指标购买的新车。

(7)更新车辆:指用指标购买的新车。

(8)并购车辆:为兼并其他公司的车辆。

(9)在修平均费用:指每修理一车次的平均修理费。

(10)单车保险费用:按运营规模(包括空指标及待售车)计算。

(11)单车收入:按实际运营车数(不包括空指标及出列车辆)计算。

(12)在租均价:按租金收入及平均在租车辆数计算,单位为元/(车·月)。

(13)出租率:在租车数/实际运营车数×100%。

(14)平均出租率:为当月每日出租率的算术平均。

(15)续租:即合同到期后续签合同。

(16)租出天数:为当月所有短租合同完成租期之和。

(17)人车比:实际运营车数/(运营中心人员+营业部业务员)。

(18)人均收益:当月租金收入/(运营中心人员+营业部业务员)。

(19)在租均价:按租金收入及平均在租车辆数计算,单位为元/(车·月)。

(20)保障比:实际运营车数/维修保障人数。

(21)维护基数:平均在租车数×8(一车每年做8次维护)/12

(22)救援率:救援车次/(平均在租车辆数×30)

(23)其他作业:包括安装排挡锁、配脚垫、座套等非修理项目。

第八节　信用审核与风险控制

一、汽车租赁信用审核

信用审核和管理是汽车租赁风险控制的重要环节，是风险控制工作成功有效的基础。汽车租赁特别是长期租赁的风险控制工作具有很强的策略性，比如一方面承租人可能因为非主观原因偶尔拖欠租金，另一方面承租人可能因为财务问题从偶尔拖欠演变成长期拖欠租金甚至人车失控，那么如何对这两种情况进行正确判断，既不因贸然采取措施丢失客户，也不能因犹豫不决错失良机造成资产损失？完善的信用审核和管理工作，为风险控制提供正确的决策依据和准确的执行信息，保证风险控制工作的成功。

完善的信用审核和管理是建立在对承租人大量的信息调查基础上，这与常规业务的快捷服务要求是一对矛盾，因此汽车租赁的一般业务可以按照本章“第一节　业务程序”下的“二、租车业务”中的程序，通过对承租人的证件和常规的核实程序完成信用审核，并通过周密的风险控制工作确保租赁车辆的财产安全。对于融资租赁业务、租用高档车的业务、租用车辆数量多的业务或者会员的信用审核，由于没有常规业务开展信用审核工作方面的局限性，有条件可实行更严格的信用审核工作。

信用审核和管理主要有四个目的：一是确定承租人信用信息的真实及长期稳定性；二是确定承租人具有履行合同的能力；三是确认承租人不能履行合同时，代为履行合同义务的担保方资料的真实性和履约能力；四是监控承租人信用能力的变化。

（一）收集承租人信用资料

1. 收集信用信息的方式

多数情况承租人根据汽车租赁企业的信用信息调查表要求内容提供信用信息，信用信息调查表是一份综合性表格，用于收集承租人的信用资质的信息，并由信用分析人员对表中列示的情况做出调查。这些信息，被看做信用调查的一部分，是一种未经证实的事实陈述。某些事实可以不经证实便被接受；其他事实可以通过进一步的调查得以证实。通过填写资格审查表从申请者那里得到线索，如有必要证实的话，通过进一步的调查来证实这些线索，将是更加经济有效的做法。

如果汽车租赁企业认为承租人提供的信用信息不够全面，或不足以反映承租人的信用情况，汽车租赁企业可以通过其他信用渠道，收集承租人的信用信息。这些渠道包括：与承租人有信贷关系、资金往来关系的金融机构，如银行；与承租人有车辆分期付款、房屋分期付款业务关系的房地产企业、汽车销售企业；专业的信用管理公司（北京、上海等大城市已有专门提供信用信息服务的这类公司）。通常汽车租赁企业在获得承租人授权后，可以向上述机构提出获得承租人信用信息服务的要求，并在支付一定费用后获得有关信息。

2. 收集信用信息的内容

信用信息资料一般包括三方面内容。

1）基本信息。主要是承租人基本资料，包括姓名、年龄、职业、贷款历史、居住、收入、婚姻情况、联系方式等方面的个人信息或法人工商注册及实际经营的信息，如单位名称、经营地点、法人代表名称、联系方式等。

2)既往信用信息。主要是承租人的银行信用,包括各商业银行提供的个人信用记录、信用卡使用情况,尤其是未偿还的债务情况和信用卡透支情况以及法人单位的经营状况、银行账目情况、银行贷款证等信息;承租人的社会信用和特别记录,包括曾经发生的金融诈骗等不良记录,司法、纳税等方面的信息,恶意透支、赊账不还、偷逃税或者受到公安、工商、税务等行政管理机关处罚的不良行为。

3)合同期间信用情况。主要是承租人在当前汽车租赁合同期间的信用情况,如是否按时交纳租金、有无变更并隐瞒基本信息情况等。

(二)信息核实

对于户口本、身份证、营业执照、房产等证件类的核实,一般通过鉴别真伪的方式进行;也可通过互联网的一些查询服务,如身份证网、红盾网等进行;对于收入证明、银行资产证明、经营或居住地址等的核实,应采取实地核实或向相应机构电话核实的办法。

(三)信用信息评估

承租人信用评估是指通过使用科学严谨的分析方法,综合考察影响其信用状况的主客观因素,并对其履行债务的意愿和能力进行全面的判断和评估。

承租人信用评估的内容主要包括三个方面:第一,对承租人信用的综合性、全方位的考察,不但有反映其外在客观经济环境的指标,如个人的资产状况、收入水平、社会职务与地位以及该人所生活的经济环境的宏观经济状况等,还包括能反映其内在道德诚信水平的指标,如历史的信用行为记录、信用透支、发生不良信用时所受处罚与诉讼情况、犯罪记录等;第二,承租人信用评估应使用科学的分析方法,得到定量化的评估结果;第三,承租人信用评估应包括对该人履行各种经济承诺的评价,对不同的征信单位分别给出相应的评估结果。

汽车租赁企业应当建立完善的承租人信用评估管理信息系统,全面和集中掌握承租人的资信水平、经营财务状况、偿债能力等信息,以风险量化评估的方法和模型为基础,开发和运用统一的承租人信用评级体系,作为承租人选择的依据,并为承租人信用风险识别、监测以及制定差别化的授信政策提供基础。汽车租赁企业也可以借鉴使用金融信贷机构信用评估体系。

金融信贷机构信用评估系统的评估方法分为三类:定性评估法、定量评估法和综合评估法。对于汽车租赁行业,一般使用定性评估法,该方法是指评估人员根据其自身的知识、经验和综合分析判断能力,在对评价对象进行深入调查、了解的基础上,对照评价参考标准,对各项评价指标的内容进行分析判断,形成定性评价结论。这种方法的评估结果依赖于评估人员的经验和能力,主观性较强,结果的客观、公正性难以保证。

定性评估可以使用信用分级表格或规范的核对程序更好地构建判断,以全面地考虑信用申请的各个方面。通过使用信用分级表格,作出信用决策经常会变得比较容易。信用分级表格是一种预先准备的表格,用以记录业务员对信用申请中各种信用资质做出评估。业务员完成了信用调查并分析了申请中的项目后,列出的信用资质会逐个地评价为优秀、良好、一般或差四个等级,这四个等级的具体划分定义是;

优秀:上等,资质很高或很好。

良好:一般以上,有较满意的资质,仅次于上等。

一般:资质一般,不好也不坏。

差:总的来说不满意,一般以下或资质有问题。

(四)信用信息管理

信用信息评价主要是为风险控制服务,即风险控制根据信用评价结果,对信用等级一般的加强风险监控,对于信用等级差的及时采取收回租赁车辆、进入司法程序、向公安部门报案等措施。

信用信息的收集、评估都是一个动态过程,业务员应及时补充承租人在租赁期间的信用信息,并进行信用等级分析。

二、风险控制

汽车租赁行业有如下两个特点:一是所有权与使用权分离;二是租赁物具有高移动性和变现性。这两大特性决定了汽车租赁是一个高风险行业。正常情况下,汽车租赁企业通过坏账准备、向保险机构投保等措施分散经营风险,可以保证企业经营的正常进行。但当这种风险无法预测和制约时,汽车租赁企业的经营将限于困境。据统计,北京汽车租赁行业 2006 年最终没有被追回的被骗车辆约占车辆总数的 2%。汽车租赁企业为各类经营风险承担了巨大的经济损失,并消耗了大量精力,严重地影响了企业的健康发展。

这种风险状况同样影响到整个汽车金融行业的发展,几年前非常兴旺的分期付款汽车销售,由于购车者不按时支付分期付款,很多银行、汽车销售公司、担保机构被沉重的应收款压得喘不过气来,汽车金融业务几近停顿。一些外资汽车金融公司虽然正式成立已有时日,但出于对我国汽车分期付款、汽车租赁经营风险的畏惧,迟迟不敢开展业务。

(一)形成汽车租赁风险的主要原因

1. 维护出租人权益的法律环境不健全

目前我国的法律环境不健全表现在两方面:

(1)没有维护出租人对租赁物“无条件所有权”的专项法规;

(2)社会上对第三方非法占有租赁企业车辆的违法行为缺乏正确认识,漠视甚至纵容这种现象。

在美国、加拿大等国家,有一种“租赁、担保权益登记制度”。租赁企业将租赁物在相关机构登记后,租赁物将不能转让,登记内容对公众开放,任何人都可很方便地查询。出租人也可通过简易法律程序,向法官提供租赁合同、承租人 3 个月以上不交租金的证明,法庭当即可颁布执行令,在相关部门协助下收回租赁物。在普通法系国家,如美国、英国、加拿大,法律上允许租赁企业在承租人违反合同时,以非暴力和合法手段自助取回租赁物。

在我国虽然各项法规对机动车辆产权的转移、抵押、典当等都有相关规定,但关于租赁企业的租赁物的权益没有专项规定,这对汽车租赁这一高风险行业,确实是一个缺憾。此外,执法机构普遍地对所谓“善意第三方”过于宽松,在执法过程中,对于一些明显的买赃行为,不严格依法处理,未能有效维护受害方的利益,使汽车租赁企业为收回车辆不得不向买赃方支付赎金。这种对买赃行为的无罪或轻罪处理,客观地纵容了骗车销赃的行为,形成了汽车租赁高风险的氛围。

2. 信用体系缺失

美国有许多专门从事征信、信用评级、商账追收、信用管理等业务的信用中介服务机构。

在个人资信服务领域，全国有1000多家当地或地区的信用局（credit bureau）为消费者服务，这些信用局构成覆盖全国的信用服务体系和数据库，数据库包含超过1.7亿消费者的信用记录。“911”后，美国甚至将刷卡系统联网，任何一笔消费及信用卡的信息都会自动进入信用系统的信息库。信用局每年会提供5亿份以上的信用报告，典型的信用报告一般包括四部分内容：个人信息（如姓名、住址、社会保障号码、出生日期、工作状况）、信用历史、查询情况（放款人、保险人等其他机构的查询情况）和公共记录（来自法院的破产情况等）；在企业征信领域，邓白氏是全世界最大、历史最悠久和最有影响的信用调查公司，该公司在很多国家建立了办事处或附属机构，它的数据库涵盖了超过全球5700万家企业的信息；在资信评级行业，目前美国国内几个主要公司基本上主宰了美国的资信评级市场并且在国际上的声誉也是最好的。

美国政府对信用管理法案的主要监督和执法机构分两类：一类是银行系统的机构，包括财政部货币监理办公室、联邦储备系统和联邦储蓄保险公司；一类是非银行系统的机构，包括联邦贸易委员会、国家信用联盟办公室和储蓄监督局。这些政府管理部门对信用管理主要有六项功能：

（1）根据法律对不讲信用的责任人进行适量惩处。

（2）教育全民在对失信责任人的惩罚期内，不要对其进行任何形式的授信。

（3）在法定期限内，政府工商注册部门不允许有严重违约记录的企业法人和主要责任人注册新企业。

（4）允许信用服务公司在法定的期限内，长期保存并传播失信人的原始不良信用记录。

（5）对有违规行为的信用服务公司进行监督和处罚。

（6）制定执行法案的具体规则。

美国的信用系统周密而有效，就连轻微的违法行为，比如乘车逃票都有可能被记录到信用信息库中，并且影响到其包括退休金在内的个人生活。在这样的信用体系下，车辆被骗的风险自然较低。

由中国人民银行组织各商业银行组建的全国统一的个人信用信息基础数据库已全国联网，该系统是一个全国统一的企业和个人的信用信息的基础数据库。在个人数据方面，该数据库的信息包括借款人和信用卡持有人的基本信息和信贷信息，此外还将采集公安部门、社会保障部门、公积金管理部门的相关信息。但该系统有非常严格的使用限制，在相当一段时期内汽车租赁企业无法利用其信息资源作为风险防范的手段。目前汽车租赁企业对客户的信用审核，只能依靠审核客户提供的户口本、身份证、营业执照等最基本的手段，风险防范的漏洞很多。

（二）汽车租赁风险种类

汽车租赁的主要风险有：车辆在租赁中失控、车辆被盗、租金拖欠。

1.车辆在租赁中失控

车辆在租赁中失控是汽车租赁经营过程中给企业造成损失最大的风险，也是最难以防范的风险，主要有两种情况：

1）承租人使用真实身份租车。由于经营情况或个人经济情况恶化，将车辆抵押或转租给第三方。或者因与第三方发生纠纷，车辆被第三方扣留。还有一种情况，就是承租人拖欠租金，租赁企业未能及时收回车辆、终止合同，造成承租人应付租金数额巨大，导致承租人一躲了之，租赁车辆仍在承租人手中。

2)承租人恶意租车。其目的就是骗取租赁车辆后非法倒卖、抵押牟利。这些犯罪分子有时使用虚假、伪造的身份证明。随着身份证网等身份核实手段的完善和汽车租赁业务人员对证件识别能力的提高,犯罪分子开始利用真的营业执照等法人身份证明,但这些企业或法人单位实际已不存在。随着人户分离情况的增多,按户口本地址寻找承租人的困难越来越大,加上以真实身份租车给诈骗定罪增加了相当大的难度,使用以个人真实身份租车进行诈骗的现象有上升的趋势。

2. 车辆被盗

租赁车辆在承租人租用期间,由于疏于管理(多数情况下无法获得相关证据),车辆在使用或停放时丢失。有时也存在承租人监守自盗的情况,如某租赁公司对承租人交回的丢失车辆车钥匙进行痕迹鉴定,发现该车钥匙有痕迹证明曾被复制过,但这一证据无法给承租人定罪。虽然如此,对汽车租赁企业而言,这是可以规避的经营风险,方法就是投保车辆盗抢险或安装车辆防盗装置。目前租赁车辆盗抢险保险费率为车辆价值的1%,对于桑塔纳等易盗车型,保险公司可能会提高保费或拒绝承保。除机械式防盗锁外,GPS、GSM等电子防盗装置的防盗功能已很强大,其安装和使用费用与盗抢险费用相当。

3. 拖欠租金

拖欠租金属于汽车租赁企业可以控制的风险。处理这类风险并防止损失扩大的有效措施就是当承租人出现拖欠租金的频率越来越多,拖欠时间越来越长的趋势时,立即终止合同、收回车辆。一般而言,承租人拖欠租金超过2个月将十分危险,如不采取措施,可能会由拖欠租金转为车辆失控。

(三)汽车风险防范措施

1. 签订合同前风险防范的措施

1)会员管理。签订合同前的风险防范措施就是预先在以下几个方面对客户进行信用审核和评估:

(1)客户租赁车辆的目的是否合理,是否有能力支付租金。

(2)客户是否有稳固的社会和经济地位,一般从客户的职业、工作单位、居住条件、年龄及婚育状况进行判断。

(3)客户是否可提供信用破产时的担保。如财产担保或第三方担保等。

审核的方法主要是对客户提供的各类资料的审核以及对资料真实性的复核,包括上门核实。对一些信用特征比较清晰的客户,比如知名人士,在政府、大型金融机构、公检法机关供职的人员可以适当精简审核过程和手续。

汽车租赁企业一般设立专门部门,以发展会员的方式,对客户进行信用审核。这样可以避免在签订合同时进行信用审核容易造成疏漏、增加客户办理租赁手续时间等弊端。通过信用审核的客户填写记录会员信息、双方在会员服务方面的权利义务条款等内容的“会员申请表”并签字后获得会员卡,会员租车时凭会员卡就可以免除信用审核的程序。会员的有效期为一年,到期后应对会员资格进行重新审核,但对会员信用状况的期间复核也很重要,定期组织会员活动是复核会员信用状况的很好手段。

会员管理除是一种有效的风险控制手段外,还是汽车租赁企业营销手段,提高汽车租赁利润的“收益管理”理论中,会员制是建立“价格藩篱”的措施之一。

2)利用相对完善的信用体系。汽车租赁企业的信用体系毕竟具有很多局限性，随着我国信用体系的发展、完善，利用社会信用体系、银行信用体系，可以降低汽车租赁企业信用管理的成本，提高信用管理的功效。现阶段，汽车租赁企业与银行进行联名卡形式的合作，能够较好地解决信用管理问题。民航、宾馆行业在营销中建立了庞大的会员体系，其会员的信用标准和消费领域与汽车租赁行业有很大的重叠性，与这两个行业合作，共享其信用等级比较高的会员，有很大的可操作性和发展空间。

2. 签订合同时的防范措施

签订合同时的风险防范措施比较薄弱，主要依据客户提供的有关证件等有限资料，在有限的时间内按照业务程序对客户的信用情况进行审核，其判断的准确性常依赖负责客户资格审核的业务员的工作能力。业务员应加强对证件识别能力的训练。在与客户接触时，尽可能地与客户交谈以获得对方更多的信息，通过对这些信息的综合分析，对客户信用情况及其资料的真伪做出判断。因此，业务员有较丰富的社会知识和宽阔的知识视野是十分重要的。

1)业务员应严格、细致地审核客户提供的资料。住址包括注册地、经营地址、经办人的居住地址等是核实的重点。对资料之间的相互比对是检查其真实性的重要办法。某犯罪分子使用真实的营业执照，但签订合同所用公章的名称与营业执照的名称有一字之差：公章中为“冷”字，营业执照为“泠”字，业务员在办理租赁手续中未能发现这一纰漏，使其得逞。而营业执照的单位也以这一字之差否认是租车合同的合法主体。

2)应婉拒个人同时租用多辆车或长租，业务员应注意观察同来租车人相互之间的关系。通常个人用户基本只在节假日租车，如在其他日子或同时、先后租用多辆汽车或长期租用汽车，违背一般规律情况，应予特别注意。

有时犯罪分子以招收驾驶员为名，让受害人到租赁公司租车，然后人车消失，租车人既拿不到工资，又要承当赔偿责任。多数情况受害人经济状况不佳，无法履行赔偿判决，最终还是汽车租赁企业受害。

3)对于注册资金少于100万的公司应加强审核和监控。这类企业多从事装修、广告、科技、咨询、餐饮等行业，竞争激烈，淘汰率高，对具有这些特点的承租人，一定要谨慎。如某装饰有限责任公司，注册资金50万元，主要从事装修业务。开始租金交纳情况尚可，半年后拖欠租金并失去联系。到公司注册、营业地址查找无结果，到其法人代表身份证地址查找亦无所获，后经了解该公司经营失败已经倒闭。

在签订合同时对客户信用情况审核，参考表4-17所列规律，对提高信用审核的有效性有一定帮助。

对28例未能正常收回租赁车辆案例部分数据的统计　　表4-17

项目	承租人为个人	承租人为法人	注册资金≤100万	无固定电话
数字	11	9	3	5

针对汽车租赁企业的信用审核规律和措施，诈骗分子采取了反审核措施并且越来越专业化。某诈骗团伙利用租赁企业周六、周日工作人员少、业务繁忙，容易产生疏漏，租赁企业对有固定场所的客户审核容易麻痹的情况，租用办公室，然后通知租赁公司送车上门，结果两天内数家租赁公司上当，近10辆租赁车被骗。但一家租赁公司没有上当，因为他们发现犯罪分子租用的宾馆位置根本不适宜从事营业执照上的业务。虽然营业执照是真的，但只是注册资金

为50万元的咨询公司,而且犯罪分子的言谈举止有很多做戏的成分。后来查明,犯罪分子从工商注册代理机构买来的营业执照。因此,在进行信用审核时,不能仅仅机械地执行业务程序,查看证件、地址、电话,而是要察言观色,尽可能多地获得客户信息,对这些信息综合分析,作出正确判断。

3. 合同履行中

车辆失控、车辆被盗、拖欠租金等风险多是在车辆租赁过程中发生的。

对于长租客户,除定期收取租金外,应设法采取各种方式定期与承租人接触,如上门服务、征求意见等,造成汽车租赁企业随时重视和关注承租人的印象。反之,承租人可能觉得汽车租赁企业对车辆疏于管理,产生邪念。特别是对于将租赁车辆开往外地的承租人,应严格审核,避免租赁车辆长期在外地,处于无法控制的状况。如租赁车辆必须长期在外地行驶,可委托当地汽车租赁企业代为管理,降低风险。

租赁车辆的防盗装置应定期检查或更换, GPS 等电子防盗装置应保持运行可靠,对突然失去踪迹的车辆及可疑车辆应注意发生时间、地点和规律。

随时注意承租人的交款情况,如多次出现迟交租金的情况,应考虑终止合同,以免损失扩大。当出现交款异常时,应采取恰当方式,到承租人处了解情况,及时掌握对方行踪。在催收应付租金时,应向承租人下发书面通知书,作为日后起诉承租人违约的证据之一,收取支票时,应注意是否有证签模糊等违反银行票证管理规定的地方,防止承租人借机拖延支付。

一般的汽车租赁合同都在承租人违约责任中有这类规定:“承租人有下列行为的,出租人有权解除合同并收回租赁车辆:提供虚假信息;租赁车辆被转卖、抵押、质押、转借、转租或确有证据证明存在上述危险;拖欠租金或其他费用。”这为汽车租赁企业在面临风险时,采取相应措施保护自身利益提供了法律依据。在采取措施之前,应首先向承租人发出合同终止通知书。

如果承租人合同期满后仍未退还车辆,汽车租赁企业应向承租人发出合同终止通知书,以防止承租人利用《中华人民共和国合同法》第二百三十六条“租赁期间届满,承租人继续使用租赁物,出租人没有提出异议的,原租赁合同继续有效,但租赁期限为不定期”推脱法律责任。

4. 善后处理

1)车辆失控。确认车辆失控后应尽快寻找承租人及相关人员和车辆的下落,整理、收集租赁合同、收款通知书等证据。如汽车租赁企业自行收回车辆和欠款失败,承租人行为属于刑事犯罪的,可向公安机关报案,寻求协助。不属于刑事案件的,可向法院起诉,除合同规定的租金外,可追加车辆失控期间租金的赔偿。

2)车辆被盗。应立即协同承租人到当地派出所报案,汽车租赁企业同时通知保险公司。公安部门立案后进入侦察程序,如果3个月后未能破案,公安机关向汽车租赁企业发出《车辆被盗证明》,企业凭此证明向保险公司办理索赔手续。注意必须向承租人收回被盗车辆的车钥匙,交给保险公司。

3)拖欠租金。通常情况,汽车租赁企业应在合同履行期间根据承租人拖欠租金情况,随时终止合同,以早收回租赁车辆为首要目标,降低由拖欠租金转为车辆失控,遭受更大损失的风险。另外,可向法院起诉承租人支付拖欠租金和利息。

如发现承租人有其他违法犯罪行为,应及时向公安部门报告。

第九节　法 律 事 务

汽车租赁经营中遇到车辆被第三方占据、承租人驾驶租赁车辆发生交通事故由出租人承当连带责任等问题,多数情况都是汽车租赁企业蒙受损失。因此谈及此类问题,汽车租赁经营者屡屡感叹,希望尽快出台汽车租赁的法规来保护汽车租赁经营者的合法权益。按照我国的法律框架和立法状况,出台汽车租赁专项法规的希望是比较渺茫的,但这并不是说汽车租赁没有法规的保护,实际上《中华人民共和国物权法》、《中华人民共和国合同法》、《中华人民共和国担保法》、《机动车登记规定》、《典当管理办法》等有关条款及其他法律法规,都能够为汽车租赁的合法经营提供保护。

一、车辆被第三方占据

这类案件涉及出租人、承租人、受让车辆的第三方,存在租赁合同纠纷、非法转让车辆等不同关系,刑事案件与经济纠纷并存(图4-8)。在如此复杂的关系中,应争取问题简单化,以便及早解决问题,减少出租人的损失。

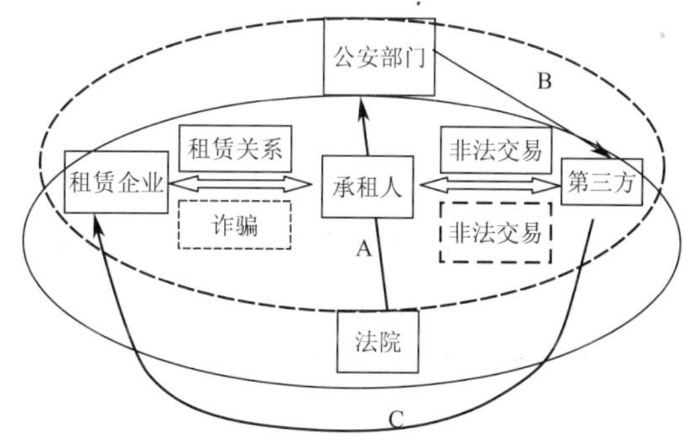

图4-8　租赁车辆被第三方占有的法律关系及处理程序示意图

图4-8虚线椭圆属于公安部门处理范围,涉及诈骗、非法买卖等问题,关系复杂。实线椭圆属于法院处理范围,为出租人与承租人的经济纠纷,以双方合同为基础,关系清晰。通常解决此类问题的原则是向法院起诉承租方履行租赁合同,返还租赁车辆。但由于具体情况不同,也可采取起诉第三方和直接要求公安部门返还车辆的办法。

(一)起诉承租人

此方案适合承租人可以到案应诉,承租人具有赔偿能力且车辆因涉及刑事案件等原因被公安部门扣留的情况。

1. 法律程序

(1)诉承租方,要求终止租赁合同返还车辆或给予赔偿。

(2)提出诉前财产保全,要求法院出具“司法协助函”,协调公安部门查封租赁车辆(A、B)。

(3)要求“先予执行”,协调公安部门将租赁车辆返还我方(C)。

2. 诉讼原则

不必纠缠承租人与占据租赁车辆的第三方的法律关系,只要求法官根据出租人与承租人汽车租赁合同的事实以及承租人专卖、抵押等处置租赁物的非法性,依法确认出租人对租赁车辆的所有权,并主张所有权人对租赁车辆的权利。

3. 举证

(1)《汽车租赁合同》证明出租人、承租人在租赁车辆上的法律关系,即承租人无权处理租赁车辆。

(2)租赁车辆的各种产权证明、登记证书,证明承租人事实没有办理车辆产权变更的登记手续。

4. 法律依据

《中华人民共和国担保法》、《机动车登记规定》关于车辆抵押、交易登记的规定。

(二)起诉第三方

此方案适合承租人无法到案应诉或没有赔偿能力,且第三方和租赁车辆下落明确。

1. 诉讼请求

诉第三方购买承租人所租用的出租人所有的车辆交易无效,将车辆返还。

2. 举证

(1)《汽车租赁合同》证明出租人、承租人在租赁车辆上的法律关系,即承租人无权处理租赁车辆。

(2)租赁车辆的各种产权证明、登记证书,证明承租人事实没有办理车辆产权变更的登记手续。

3. 法律依据

《中华人民共和国物权法》第一百零六条规定:"无处分权人将不动产或者动产转让给受让人的,所有权人有权追回;除法律另有规定外,符合下列情形的,受让人取得该不动产或者动产的所有权:(一)受让人受让该不动产或者动产时是善意的;(二)以合理的价格转让;(三)转让的不动产或者动产依照法律规定应当登记的已经登记,不需要登记的已经交付给受让人。受让人依照前款规定取得不动产或者动产的所有权的,原所有权人有权向无处分权人请求赔偿损失。"

承租人只是获得租赁车辆的使用权而不是所有权,所以其无权处置租赁车辆,而且承租人与第三方的车辆买卖没有办理登记手续。因此依照《中华人民共和国物权法》第一百零六条之规定,出租人有权追回租赁车辆,法院应判令第三方向出租人返还租赁车辆。

如果第三方为典当行,可追加典当行为被告,法律依据是《典当管理办法》第二十七条"典当行不得收当下列财物:当户没有所有权或者未能依法取得处分权的财产"和第四十二条"典当行经营机动车质押典当业务,应当到车辆管理部门办理质押登记手续"。

承租方不是车辆的产权人,也未获得处理车辆的合法授权,不能在车辆管理部门办理质押登记手续,典当行接受车辆,明显违法该法律条款。

【案例6】起诉第三方返还所购买的租赁车辆

天津市民石×将自己车辆委托某汽车租赁公司出租,2005年7月犯罪嫌疑人张××从租赁公司租走石×的车后,伪造石×的全套手续,将车辆卖给了第三方王××,但未办理车辆过户手续犯罪嫌疑人就消失了。后来犯罪嫌疑人落网,2006年6月30日因合同诈骗罪和诈骗罪,数罪并罚,被判处执行有期徒刑4年。由于张××服刑且没有偿还能力,王××无法追回被骗钱款,因此拒绝返还车辆,认为自己是善意第三方,是合法获得车辆,出租人应当补偿其被

骗损失后才能取回自己车辆。于是石×起诉王××,要求法院判令被告返还车辆。

2007年3月28日,天津市东丽区人民法院对此案依法作出了判决。法院认为:根据《中华人民共和国物权法》第一百零六条规定,被告未办理车辆过户登记,不属于善意取得范围,被告应返还原告石×所拥有的车辆。

我国汽车租赁行业主要问题之一是大量租赁车辆被骗,其根源是犯罪分子(无处分权人)将诈骗来的租赁车辆非法转卖给第三方(受让人)后,第三方以"善意取得"为由,对抗汽车租赁企业(所有权人)对租赁车辆主张权利。由于"善意取得"的滥用,客观上助长了诈骗租赁车辆的犯罪行为。天津市东丽区人民法院对此案的判决,有效地阻断"诈骗租赁车辆——非法转卖租赁车辆——获得非法收益"环节,削弱了租赁车辆诈骗问题存在的基础,这个判例是一个令汽车租赁行业振奋的好消息。另外,2007年5月11日起施行的《最高人民法院、最高人民检察院关于办理与盗窃、抢劫、诈骗、抢夺机动车相关刑事案件具体应用法律若干问题的解释》,对"明知是盗窃、抢劫、诈骗、抢夺的机动车,买卖、介绍买卖、典当、拍卖、抵押或者用其抵债的"等4种严重危害汽车租赁企业利益的犯罪行为的具体认定和处罚,做出了明确的解释。这也为消除租赁车辆被骗问题创造了良好基础。

(三)直接向公安部门索要车辆

如租赁车辆确为公安部门扣留,可依据《最高人民法院、最高人民检察院关于办理与盗窃、抢劫、诈骗、抢夺机动车相关刑事案件具体应用法律若干问题的解释》、《公安机关办理刑事案件程序规定》、《关于依法查处盗窃、抢劫机动车案件的规定》有关规定,直接要求公安部门返还租赁车辆。

《关于依法查处盗窃、抢劫机动车案件的规定》对违反国家规定购买车辆,经查证是赃车的,公安机关可以根据《刑事诉讼法》第一百一十条和第一百一十四条规定进行追缴和扣押。对直接从犯罪分子处追缴的被盗窃、抢劫的机动车辆,经检验鉴定、查证属实后,可依法先行返还失主。按照赃物管理规定,在返还失主前,任何单位和个人都不得挪用、损毁或者自行处理。

如租赁车辆作为物证被扣押,根据公安部颁发的《公安机关办理刑事案件程序规定》第五十七条"收集、调取的物证应当是原物。原物不便搬运、保存或者依法应当返还被害人的,可以拍摄足以反映原物外形或者内容的照片、录像",公安机关应先行返还车辆。但注意在车辆被扣时应要求警方根据该程序第五十三条"公安机关向有关单位和个人调取实物证据,应当经县级以上公安机关负责人批准,开具《调取证据通知书》"。

上述法律诉讼中最重要的一个法律依据是承租人与第三方关于租赁车辆的买卖、抵押交易没有办理国家法规所规定的手续,属于无效交易。有关车辆买卖、办理抵押登记手续的法规如下:

1.《中华人民共和国担保法》

第三十四条规定,下列财产可以抵押:抵押人所有的机器、交通运输工具和其他财产。车辆产权为出租方所有,而非抵押人(承租方)所有。

第四十一条规定,当事人以本法第四十二条规定的财产抵押的,应当办理抵押物登记。第四十二条规定,办理抵押物登记的部门以航空器、船舶、车辆抵押的,为运输工具的登记部门。

2.《机动车登记规定》

关于车辆买卖,"第三节　转移登记"第十八条规定:"已注册登记的机动车所有权发生转

移的，现机动车所有人应当自机动车交付之日起三十日内向登记地车辆管理所申请转移登记。”第十九条规定：“办理转移登记必须提供现机动车所有人的身份证明、机动车所有权转移的证明和凭证、机动车登记证书、机动车行驶证等6类证件或证明。”

关于车辆抵押，“第四节　抵押登记”第二十二条规定：“机动车所有人将机动车作为抵押物抵押的，应当向登记地车辆管理所申请抵押登记；抵押权消灭的，应当向登记地车辆管理所申请解除抵押登记。”第二十三条规定：“办理抵押登记应提交机动车所有人和抵押权人的身份证明、机动车登记证书、机动车所有人和抵押权人依法订立的主合同和抵押合同等证明、凭证。”

相关规定明确办理车辆转移、抵押登记的必须是机动车所有人，办理转移、抵押的程序详尽、复杂，由于承租人是在出租人不知晓的情况下抵押车辆，因此没有车辆所有人的协助不可能办理车辆的抵押手续，承租人从事非法交易时根本无法获得该程序所要求的交易车辆的各项文件。

(四)相关法律概念措施介绍

1.“先刑事后民事”问题

如到法院起诉，可能法院会以“先刑事后民事”为由不予立案。但实际上，只有在下列情况下，才执行“先刑事后民事”原则：

1)刑事附带民事诉讼的，民事的处理涉及刑事审判结果或者要依刑事审判结果为依据时；

2)民事赔偿责任需要民事刑事一起审理，民事可能导致刑事过分迟延时。

而我们的案件是民事、刑事各自单独立案，且两个案件没有相互影响关系，所以不必依据“先刑事后民事”的原则。有关法规参见《关于在审理经济纠纷案件中涉及经济犯罪嫌疑若干问题的规定》、《关于及时查处在经济纠纷案件中发现的经济犯罪的通知》。

2. 财产保全

当汽车租赁企业发现失控车辆的具体下落时，可向法院要求财产保全，查封租赁车辆，避免车辆再次失去下落。为降低车辆被转移的风险，应提出诉前保全。

财产保全是指遇有关财产可能被转移、隐藏等情形，可能对利害关系人权益造成损害或可能使法院将来生效的判决难以执行时，人民法院根据利害关系人或当事人的申请，或依职权对一定财产采取的特殊保护措施。

财产保全分为诉前财产保全和诉讼中的财产保全。诉前财产保全指在诉讼发生前，人民法院根据利害关系人的申请，对有关财产采取保护措施的制度。诉前财产保全要求较严格，一般适用于情况紧急，且申请人应当提供担保。诉讼中的财产保全，则是当事人已经起诉，人民法院已经受理案件后才采取的财产保全。诉讼中的财产保全，可以由当事人申请，也可以由人民法院依职权作出决定。

财产保全限于诉讼请求的范围或与本案有关的财物。所谓诉讼请求范围，是指保全的财产价值与诉讼请求的价值相当；与本案有关的财物，主要是指本案的标的物，可供将来执行法院判决的财物。财产保全的措施有查封、扣押、冻结财产以及法律规定的其他方法。

3. 先予执行

先予执行指人民法院在审理民事案件后，作出终审判决前，根据当事人的申请，裁定另一方当事人给付申请人一定数额的钱财，或者裁定另一方当事人立即实施或停止某一行为的法

律制度。

多数情况下第三方通过交易获得租赁车辆，与承租方存在经济关系，虽然根据相关法规他们之间的交易不受法律保护，但为了避免不必要的纠纷，在出租方对租赁物所有权关系明确的情况下，可要求法院在承租方与第三方的民事诉讼法尚未完结前，将处于第三方控制之下的租赁车辆归还汽车租赁企业。

法院在判决作出前，或者在判决生效前，经原告申请，或者由法院依职权裁定，由被告预先给付部分金钱或者财物，以解决原告生活上、生产上急需的行为，又称先行给付。实际上是使权利人在判决生效前实现部分权利的一种规定。一些国家的民事诉讼法把这种给付称为假执行。《中华人民共和国民事诉讼法》规定，人民法院对下列案件，必要时可以书面裁定先予执行：追索赡养费、扶养费、抚育费、抚恤金、医疗费用的；追索劳动报酬的；因情况紧急需要先予执行的。采取先予执行必须具备一定条件：

(1)原告提起的诉讼必须是给付性质的，即要求被告给付一定金钱或财物；

(2)给付的根据必须明确权利义务关系；

(3)如不采取先予执行措施，将严重影响申请人的生活或者生产经营的；

(4)被申请人有履行能力。

租赁车辆为第三方占据，要求先予执行完全符合上述条件。

无论是财产保全还是先予执行，申请人都应向法院提供担保，如果申请人败诉，应当赔偿被申请人因财产查封或先予执行遭受的损失。胜诉后担保全额退还申请人。因租赁车辆被第三方占据的法律事实清楚，汽车租赁企业败诉的几率极小，所以汽车租赁企业可向法院交付现金担保，担保金额为被保全或先予执行的标的物价值。汽车租赁企业可以降低诉讼标的物价值的办法减少担保数额，降低标的物价值并不影响汽车租赁企业的诉讼利益。

二、连带责任

租赁车辆在承租人租用期间，因承租人或承租人允许的驾驶人员驾驶租赁车辆导致交通事故，造成人身伤害。交通安全部门认定导致交通事故的主要责任是驾驶人，与车辆技术状况无关。法院对受害人提出的损害赔偿诉讼裁定，在交通事故责任人不能履行赔偿责任的情况下，由车主——汽车租赁企业代为赔偿。

汽车租赁企业是交通事故的受害者，而且在交通事故中没有任何责任，却要承当赔偿责任。法院的判决，让汽车租赁企业感到不公和无辜。天津某汽车租赁企业因同样问题无端损失数十万元，最终不得不退出汽车租赁经营。2005 年一起受害人起诉与交通事故无直接责任的汽车租赁公司损害赔偿案立案后，重庆市 33 家汽车租赁公司向法院提交了一份联合签名的“声援书”，表示：汽车租赁是一个高风险的行业，如果将类似事故责任转嫁给汽车租赁公司，汽车租赁公司将会因此而倒闭。随着汽车租赁市场的扩大，这类问题愈显突出并给行业发展造成障碍。

(一)汽车租赁企业承担连带责任违反《中华人民共和国民法通则》公平原则

《中华人民共和国民法通则》第四条规定：“民事活动应当遵循自愿、公平、等价有偿、诚实信用的原则。”《中华人民共和国合同法》第二百一十二条所说的租赁，是指出租人把租赁物交付给承租人使用、收益，承租人支付租金的交易。承租人因为使用租赁物而受益，自然也应当

承担相应的义务。将承租人的赔偿责任转嫁给汽车租赁企业，有失公平原则。

（二）不当引用“无过错责任”

2004 年 3 月 29 日，承租人王某到某汽车租赁公司租走一辆北京现代牌轿车，双方签订了租赁合同。31 日凌晨，王某的朋友吴某驾驶这辆车行驶到大连市马栏广场附近时，将 101 路无轨电车拉线杆撞倒，车辆损坏严重。交警部门认定吴某持未审验驾驶证酒后驾车，对事故负全责。

事故发生后，租赁公司将承租人王某告上法庭，要求王某赔偿修车费和停驶费等。王某以车是其朋友吴某私自开走为由，拒绝赔偿。2005 年 1 月，沙河口区法院一审判决王某赔偿汽车租赁公司 16 万余元。

101 路电车所属公司又将汽车租赁公司、承租人王某、肇事者吴某一起告上法庭，要求三被告共同赔偿损失 11 万元。汽车租赁公司认为，公司与承租人王某有合同约定，发生事故由王某承担责任，而吴某与公司没有任何关系，因此该公司对该起事故不应承担责任。而承租人王某则表示，吴某未经其同意擅自将车开走造成事故，应由吴某自己负责。

法院审理认为，吴某对事故负全责，应赔偿电车公司的全部损失；王某对所租车辆保管不当，也负有赔偿义务；而汽车租赁公司应预见汽车在行驶中有可能发生危害人身或财产安全的行为，应承担经营中的风险责任。因此，法院判决吴某和王某共同赔偿电车公司 11 万元，汽车租赁公司对此承担垫付责任。

很显然，汽车租赁企业在此案中不具备构成民事责任的四个条件：行为的违法性、损害事实、因果关系、主观过错。法院依据“汽车租赁公司应预见汽车在行驶中有可能发生危害人身或财产安全的行为，应承担经营中的风险责任”，判定汽车租赁企业承担损害赔偿，援用了“无过错责任原则”。

我国《民法通则》第一百零六条规定：“公民、法人由于过错侵害国家的、集体的财产，侵害他人财产、人身的应当承担民事责任。没有过错，但法律规定应当承担民事责任的，应当承担民事责任。”无过错责任原则必须在法律规定的范围内适用，不能随意扩大其适用范围。具体的适用范围是《民法通则》第一百二十一条至一百二十七条、第一百三十三条所规定的缺陷产品的侵权行为、高度危险作业的侵权行为、环境污染的侵权行为、地面施工引起的侵权行为、饲养的动物引起的侵权行为、国家机关工作人员执行职务中的侵权行为、无民事行为能力或限制民事行为能力人的侵权行为、法人工作人员的侵权行为、因建筑物等物件引起的侵权行为致人损害的赔偿案件侵权行为。此外，我国单行法规对适用无过错责任原则也作出了规定，比如《卫生法》第三十九条、第四十条，《药品管理法》第五十六条，《兽药管理法》第四十七条，《环境保护法》第二十三条，《水污染防治法》第四十一条、第四十二条等。穷尽目前国内所有涉及“无过错责任”的法规，没有任何一款规定汽车租赁企业应当为第三方使用车辆造成的损害，承担赔偿责任。

（三）现有的任何交通安全法规没有租赁公司承担连带责任的规定

《中华人民共和国道路交通安全法》的征求意见草案中曾有第四十九条第二款中规定：“驾驶人与机动车所有人、管理人就机动车事故责任的承担事先已有书面约定的，从其约定。”虽然《中华人民共和国道路交通安全法》正式颁布时没有草案中的这项内容，但同样也没有“交通事故的损害赔偿超出责任人的赔偿能力的，由车辆所有人赔偿”这类意思的条款。《中华人民共和国道路交通安全法》涉及事故赔偿责任的条款只有第七十五条和第七十六条，规定事故责任人或保险公司依规定对医疗费用的支付和损害赔偿负责，并没有提及车辆所有人的责任。

（四）《中华人民共和国合同法》第二百四十六条同样适用汽车租赁

《中华人民共和国合同法》第二百四十六条规定："承租人占有租赁物期间，租赁物造成第三人人身伤害或财产损害的，出租人不承担责任。"虽然我们在《合同法》有关租赁的第十三章里没有看到与此类似的条款，但这并不表明第二百四十六条不适用租赁，因为租赁的性质以及《民法通则》确定民事主体权利义务的原则，已经不言而喻地表明承租人应当为其所获得的权益承担相应责任。而《合同法》之所以强调融资租赁的出租人不承担租赁物对第三者造成损害的责任，是因为根据《合同法》，融资租赁的租赁物在租赁期间可能被预设为承租人的财产，容易因物权的变化对双方的义务产生歧义，有必要特别强调一下承租人的相应责任。

1. 从《合同法》看租赁和融资租赁承租人的主要义务相同

简而言之，两者的根本区别在于租赁只涉及出租人和承租人，而融资租赁则涉及出租人、承租人、出卖人。也就是说租赁的承租人租用的是出租人现有的租赁物。融资租赁的承租人租用的租赁物是出租人根据承租人对出卖人、租赁物的选择，而向出卖人购买的。有关内容详见《中华人民共和国合同法》第二百一十二条和第二百三十七条。

再有就是合同期满后的租赁物的处理。根据《合同法》第二百三十五条、第二百五十条，租赁是"租赁期间届满，承租人应当返还租赁物"。融资租赁则是"出租人和承租人可以约定租赁期间届满租赁物的归属。"即租赁物的所有权可以归出租人，也可以归承租人。在这里，我们特别提请注意，这一区别只是体现在合同期届满后。

除了上述区别外，租赁与融资租赁各方的权利和义务基本上没有差别。特别是《合同法》第十三章租赁合同第二百三十五条"租赁期间届满，承租人应当返还租赁物"和第十三章融资租赁合同第二百四十二条"出租人享有租赁物的所有权"，说明了租赁和融资租赁本质上的一致性。

因此，至少从《合同法》租赁和融资租赁合同关于交易性质、双方权利义务的条款看，在合同期间，承担因使用租赁物造成的第三人损害赔偿责任方面，租赁和融资租赁的承租人的义务应当是一致的。

2. 融资租赁与租赁的差别不能作承租人责任差别的依据

有人认为融资租赁的承租人承担使用租赁物造成的责任是因为租赁物的所有权在租期结束时归承租人，但所有权的转移只是融资租赁的条件之一。汽车融资租赁的承租就可以在租期结束时选择购买车辆还是退租或继续租用车辆。如果承租人发生了交通事故，其是否承担责任只能待租期结束时他是否购买汽车来确定，这显然不合理。

比较融资租赁、租赁的权利义务和它们性质之间差别可以看出，《中华人民共和国合同法》第二百四十六条规定："承租人占有租赁物期间，租赁物造成第三人人身伤害或财产损害的，出租人不承担责任。"同样适用汽车租赁。

（五）案例和司法解释支持汽车租赁企业在交通事故中的无过错免责

1. 案例

2004 年 5 月 26 日，济南市市中区法院一审判决被告某汽车租赁公司胜诉，不承担交通事

故的赔偿责任。

2003年3月21日，济南市某汽车租赁公司将一辆“长安之星”面包车租给市民李某。李某驾驶着这辆车拉着7个人去枣庄办事。23日下午，在返回济南途中的104国道泰安段，该车发生交通事故，李某及4名乘客当场死亡，另外3名乘客重伤。泰安市交巡支队认定驾驶员李某负全责。

经调解无效，4名死者家属将该汽车租赁公司告上法庭，要求赔偿经济损失22万余元。

法庭经审理后认为，该汽车租赁公司在将车辆租赁给李某使用后，在李某使用期间即丧失了对车辆的实际占有和使用支配权，丧失了对该车辆的实际支配和控制能力，对于租赁使用过程中所发生的交通事故没有任何过错，依法不承担民事赔偿责任。

2. 司法解释

【文号】法释[2000]38号

2000年11月21日最高人民法院审判委员会第1143次会议通过，自2000年12月8日起施行。

四川省高级人民法院：

你院川高法[1992]2号《关于在实行分期付款、保留所有权的车辆买卖合同履行过程中购买方使用该车辆进行货物运输给他人造成损失的，出卖方是否应当承担民事责任的请示》收悉。经研究，答复如下：

采取分期付款方式购车，出卖方在购买方付清全部车款前保留车辆所有权的，购买方以自己名义与他人订立货物运输合同并使用该车运输时，因交通事故造成他人财产损失的，出卖方不承担民事责任。

此复

分期付款，特别是车辆所有权未转移时的分期付款购买车辆，依上节分析，在确定承租人责任方面与汽车租赁相同。所以，该司法解释同样适用汽车租赁。

第十节　融资租赁

按照我国目前的管理框架和法规，融资租赁业务只有经金融管理机构或商务部批准的企业能够经营，汽车融资租赁也是如此。汽车融资租赁相对于飞机、工业设备的融资租赁是非常简单的。由于融资租赁是由承租人承担租赁物的经营风险，而且维修、保险等车辆服务内容都由承租人承担，因此即使与汽车租赁服务相比，汽车融资租赁的经营过程也是很简单的。所以在市场需求的推动下，很多汽车租赁服务企业事实上也在开展融资租赁业务。为了避免与国家有关管理政策和法规发生冲突，汽车租赁服务行业将融资租赁业务称为“以租代卖”，简称“租卖”。在与客户签订合同时，通常都是签订一个长租合同和一个汽车租赁合同期满后将租赁车辆销售给承租方的协议。两份合同完全覆盖了融资租赁合同的内容，又没有违法相关法规，这不能不说是汽车租赁行业对融资租赁业务的一个创新发展。

汽车融资租赁业务在管理、业务操作、服务方面与汽车租赁服务没有太多的区别，多数汽车租赁服务企业在管理和业务处理方面都不把融资租赁作为一个单独业务处理。对于承租方而言，融资租赁的主要区别体现在财务和所有权上。

一、汽车融资租赁的特点

汽车融资租赁的基本交易过程如图 4-9。从图中可以看出,汽车融资租赁与其他融资租赁具有相同的共性,即涉及三方当事人,有两个合同。

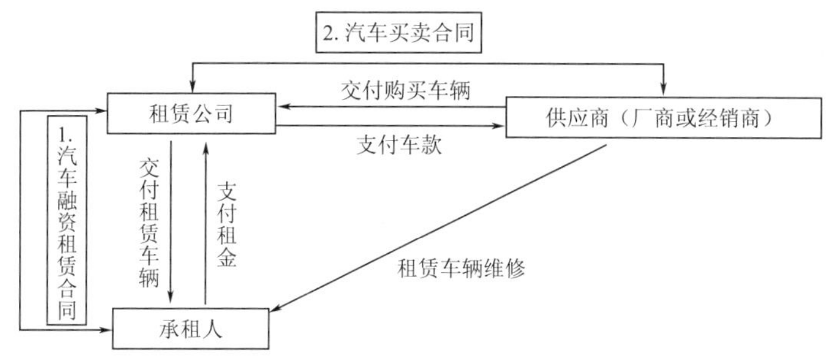

图 4-9　汽车融资租赁经营过程

(一)与其他融资租赁的区别

作为融资租赁的一个分类,汽车融资租赁具备融资租赁的所有特征,但有一点比较特殊,即汽车融资租赁合同都会明确规定合同终止时,承租人在支付车辆过户费用、转让费后车辆使用权转移给承租人。而其他融资租赁在租期结束后可以退租、续租,而不一定转让租赁物所有权。

(二)与汽车租赁服务的区别

1. 承租人目的不同

汽车租赁服务承租人目的是解决临时的交通需求,租期结束后租赁物归还出租人;汽车融资租赁承租人的目的是拥有租赁车辆的所有权,租期结束后过户给承租人。

2. 租期不同

汽车融资租赁的租期在 1 ~3 年,而汽车租赁服务的租期一般不超过 1 年。

3. 费用不同

除保证金和租金外,汽车融资租赁的承租人还需支付手续费、转让费、车辆保险费、车辆购置税及交付发生的杂费。保证金一般为租赁车辆价格的 30% ,高于汽车租赁服务的保证金。

4. 费用支付方式不同

汽车融资租赁各期费用支付的数量不等,第一期支付的费用除保证金外包括租金、手续费、杂费,最后一期包括租金、设备转让金。而汽车租赁服务的各期租金是等额的。

5. 责任不同

汽车融资租赁的出租方不负责租赁车辆的维修、保险理赔,一般由汽车供应方负责车辆维修。

二、汽车融资租赁的业务流程

租赁公司(出租人)按照承租人的要求从汽车供应商处购进汽车,并出租给承租人使用。承租人按租赁合同规定分期向租赁公司支付租金(一般每月支付一次)。租赁期间由汽车供货商提供车辆的回购担保,一旦承租方违约拒付租金,由租赁公司会同供货商启动车辆回购程序,收回租赁车辆并予以处置。汽车的维护费用由承租人负责,委托出租人或汽车供货商进行。租赁期满后,承租人支付完毕租赁合同约定的租金并支付一定数量的设备转让费后,获得设备的所有权。

上述业务的基本过程是:

(一)承租人提交申请及资料

承租人向租赁公司提出汽车融资租赁业务的申请并提供有关资料。

(二)承租人资格审核

租赁公司对承租人进行项目审查并通过。审核项目包括企业的工商注册资料、财务报表、银行贷款卡等;承租人为个人的包括户口本、身份证、工作证、收入证明等。

(三)签订合同、协议

汽车租赁融资业务涉及如下合同协议:

1. 融资租赁合同

确定租赁公司与承租人的各项权利义务以及融资租赁业务的各项内容,比如租赁物、租金标准、租期、租金支付方式等。

2. 车辆销售和回购担保合同

租赁公司、承租人与汽车供货商签订买卖合同和车辆回购担保合同,确定汽车销售公司待融资租赁合同生效时向承租人交付车辆并在承租人无法履行融资租赁合同时,回购租赁车辆。

3. 担保协议

承租人向租赁公司提供租赁担保(财产抵押或个人无限责任担保)并提供不低于租赁车辆价值30%的保证金。租赁公司对承租人的担保进行公证备案。

4. 签订抵押合同

为了进一步保证租赁公司的债权得以实现,租赁公司应和承租人签订《抵押合同》,抵押担保的范围包括租赁本金总额、利息、罚息、违约金、损害赔偿金以及租赁公司为实现债权而支付的费用,并依法进行公证。

(四)合同履行

承租人支付租赁保证金后,上述各合同协议生效。租赁公司向供货商支付货款;供货商向租赁公司提交车辆发票及提货单据;租赁公司凭供货商有效发票及单据向车辆管理部门办理牌证和登记手续;租赁公司按合同约定向承租人交付车辆;承租人以租赁公司为受益人按合同约定向保险公司投保车辆相关保险,保险项目包括车辆损失险、交强险、第三者责任险、盗抢险、车身划痕险、玻璃险、不计免赔险;承租人按合同规定向租赁公司支付租金。

(五)融资租赁合同终止转移车辆产权

合同结束,租赁公司与承租人按约定进行余值处理,向承租人出具租赁物件所有权转移证明并协助承租人办理产权转移手续。

全部程序见图4-10。

三、汽车融资租赁的用益物权登记

汽车融资租赁合同期间,租赁车辆的所有权人为汽车租赁企业,包括车辆购买发票、机动车行驶证、车辆登记证等车辆所有人登记的都是汽车租赁企业。承租人依据融资租赁合同获

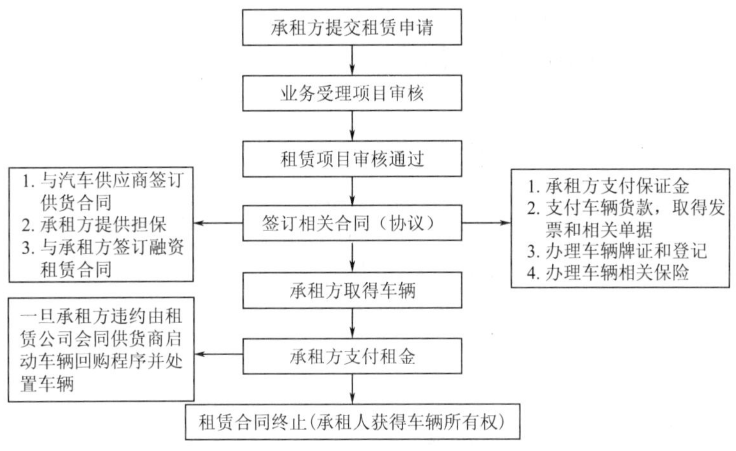

图 4-10　汽车融资租赁业务流程示意图

得了租赁车辆的使用权,在使用过程中产生一系列涉及车辆的权益和责任,这些权益和责任的关联方是承租人而不是汽车租赁企业,因此除所有权登记外,无论汽车租赁企业还是承租人都需要车辆应当有用益物权的登记。

(一)汽车租赁企业对用益物权登记的需求

(1)租赁车辆发生交通事故,汽车租赁企业需要证明自己虽是车辆所用人,但非使用者,没有承担赔偿的责任。

(2)租赁车辆使用中发生其他造成第三方损害的,汽车租赁企业需要证明自己虽是车辆所用人,但非使用者,无赔偿责任。

(二)承租人对用益物权登记的需求

(1)承租人使用融资租赁车辆从事经营活动,需要办理道路运输证等经营手续;

(2)承租人需要证明车辆为其所使用,以享受某种特定的待遇,比如税收减免等;

(3)承租人需要证明其为车辆保险的受益人。

由于目前我国没有车辆用益物权登记制度,因此汽车租赁企业不得不冒着资产流失危险,把融资租赁汽车的产权登记为承租人。作为补救措施,通过公证机构办理实际产权为租赁公司所有,承租人是拥有形式上的产权的公证登记。或者在租赁车辆发票的购货单位填写为汽车承租人,但备注付款单位注明为租赁公司,以确保租赁公司对该租赁标的物的所有权。通过这种变通方式,承租人在未获得租赁车辆所有权的情况下,以上述条件,获得车辆所有权的登记证明,间接实现用益物权登记的目的。这种方法,给出租人、承租人产生各类纠纷,埋下隐患,不利于汽车融资租赁企业的健康发展。

【背景资料 2】从物权登记制度分析车辆融资租赁的发展障碍

我国汽车融资租赁的发展比较缓慢,其障碍之一是车辆登记部门拒绝将承租人作为车辆登记的一方。多年来汽车融资租赁行业一直呼吁解决融资租赁车辆的登记问题并做了大量工作,但收效甚微。

无论是租赁还是融资租赁,基本特征是租赁物所有人以租赁物的占有权、使用权和收益权为对价,获取租金收入。因此租赁是形成用益物权变化的主要原因,用益物权的登记对维护租

赁双方的权益十分重要。但由于车辆登记缺少用益物权的内容,使现行车辆物权登记制度无法实现其应有作用,影响了车辆融资租赁业务的发展。比如因为没有车辆用益物权的登记,承租人(用益物权方)无法获得车辆在税收等方面的优惠政策,而出租人(所有权方)因不是特定对象,也无法获得优惠;出租人(所有权方)不得不承担承租人(用益物权方)使用租赁车辆而引发的损害赔偿。

车辆登记缺少"用益物权"登记内容。物权包括所有权、用益物权和担保物权三个方面。《物权法》第一百一十七条规定:"用益物权人对他人所有的不动产或者动产,依法享有占有、使用和收益的权利。"但由于种种原因,同为交通工具的物权登记,机动车的物权登记仅包括所有权、担保权的登记,而不包括用益物权的登记。船舶、飞机的物权登记则包括所有权、用益物权、担保权的登记。

船舶、飞机融资租赁比较发达,这得益于其完善的物权登记制度,特别是在用益物权方面,都有具体条款。如《中华人民共和国船舶登记条例》对船舶租赁、《中华人民共和国民用航空器权利登记条例》对占有权都有详尽的登记规定,能够保证租赁双方的权益。

《机动车登记规定》由公安部颁布,是部门法规;《中华人民共和国船舶登记条例》、《中华人民共和国民用航空器权利登记条例》由国务院颁布,是国家法规。机动车登记由公安机关交通管理部门负责;船舶、飞机登记由交通运输部门负责。目前交通运输工具的登记分两大类:一是物权登记,二是运营管理登记。由于船舶、飞机多为运营性质,所以物权登记同时具有运营管理登记的功能,都由交通运输部负责。机动车由公安交管部门办理登记,如从事经营活动,还需到交通运输部门办理运营登记。

从上述差异看出,现行车辆登记不是物权登记。这点可从公安部对最高人民法院研究室关于机动车财产所有权转移时间问题的函复[公交管(2000)110号]获得证实,函复称"根据现行机动车登记法规和有关规定,公安机关办理的机动车登记,是准予或者不准予机动车上道路行驶的登记,不是机动车所有权登记。"

对此,汽车租赁行业呼吁尽快完善机动车辆物权登记制度,消除汽车融资租赁的发展障碍。

四、汽车融资租赁租金核算

汽车融资租赁业务的核心内容是租金的计算。融资租赁的租金主要依据汽车分期付款的模式计算,根据租金的计算方法不同,融资租赁分为以下两种:

(一)等额本息融资租赁

等额本息即承租人每期支付的租金相等。

计算公式如下:

1. 每期租金(R)

$$R=\frac{Pi(1+i)^n}{(1+i)^n-1}$$

2. 租金总额($\sum R$)

$$\sum R=n\frac{Pi(1+i)^n}{(1+i)^n-1}$$

式中：R——月租金；

P——车辆费用，包括车款、购置税、号牌费、租赁期间的车船使用税、维护费等；

i——参照银行贷款利率的月利率；

n——总期数（月）或交纳租金次数。

以车辆的购置及租期12个月内发生的各项费用（P）总计10万元、银行贷款年利率5.58%为例，各期租金如表4-18。

等额本息融资租赁租金计算表　　表4-18

期　　数	当期租金（元）	未还车辆费用（元）	当期利息（元）
第1期	8587.3505	100000.0000	465.0000
第2期	8587.3505	91877.6495	427.2311
第3期	8587.3505	83717.5301	389.2865
第4期	8587.3505	75519.4661	351.1655
第5期	8587.3505	67283.2811	312.8673
第6期	8587.3505	59008.7979	274.3909
第7期	8587.3505	50695.8383	235.7356
第8期	8587.3505	42344.2234	196.9006
第9期	8587.3505	33953.7735	157.8850
第10期	8587.3505	25524.3080	118.6880
第11期	8587.3505	17055.6455	79.3088
第12期	8587.3505	8547.6038	39.7464
还款数额	103048.21		
支付利息	3048.21		

（二）等额本金融资租赁

等额本金是指每期租金中本金是定额的，由于本金随着还款次数的增加而不断减少，所以每期还款中的利息部分也不断减少。所以其特点是期初租金多，期末租金少。

计算公式如下：

1. 每期租金（R）

$$R = V + (P - nV)i$$

2. 租金总额（$\sum R$）

$$\sum R = n(V + Pi) - \frac{(1+n)nVi}{2}$$

式中：V——每期本金，$V = P/n$；

其他字母的所代表的参数与等额本息融资租赁中租金总额的计算公式相同。

做汽车租赁融资业务时，企业都需要编制"融资租赁概算书"和"租金表"以便计算、核收租金。表4-19、表4-20是以租期（n）为12个月、车辆费用（P）总计10万元、银行贷款年利率

5.58%为例编写的概算书和租金表。

融资租赁概算书 表4-19

序号	项目	数额	说明
1	车辆费用 P	100000元	=车价+购置税+费+维修费等
2	租金总额 $\sum R$	103023元	$\sum R=n(V+Pi)-(1+n)nVi/2$
3	租赁手续费	10302元	$=10\%\sum R$(签订合同时支付)
4	租赁设备转让费	1000元	$=1\%P$(合同终止时支付)
5	杂费	1000元	按照承租方要求安装附属设备、车辆运输的费用(车辆交接时支付)
6	总计	115325元	=2+3+4+5
7	保证金	20604元	$=20\%\sum R$(签订合同时支付)
8	每期本金 V	8333元	$V=P/n$
9	每期租金 R	$R=V+(P-nV)i$	详见“租金表”
10	首期费用	40704元	=3+5+7+首期租金
11	利率(‰)i	4.65‰	i=银行贷款年利率/12
12	租期	12月	
13	交纳租金次数 n	12次	
14	每期间隔	1个月	

租 金 表 表4-20

期数	当期租金(元)	未还本金(元)	当期利息(元)
第1期	8798.3333	100000.0000	465.0000
第2期	8759.5833	91666.6667	426.2500
第3期	8720.8333	83333.3334	387.5000
第4期	8682.0833	75000.0001	348.7500
第5期	8643.3333	66666.6668	310.0000
第6期	8604.5833	58333.3335	271.2500
第7期	8565.8333	50000.0002	232.5000
第8期	8527.0833	41666.6669	193.7500
第9期	8488.3333	33333.3336	155.0000
第10期	8449.5833	25000.0003	116.2500
第11期	8410.8333	16666.6670	77.5000
第12期	8372.0833	8333.3337	38.7500
还款数额	103022.50		
支付利息	3022.50		

五、汽车融资租赁的其他业务模式

除常规的汽车融资租赁业务外，为了适应市场需求，不断有比较灵活的汽车融资租赁业务创新出来，比如合同购买、车队管理等，以下介绍两种比较常见的其他汽车租赁业务模式。

（一）委托租赁业务

租赁公司接受厂商或经销商委托，将车辆按融资租赁方式出租给客户（承租人），租赁公司作为受托人，代委托方收取租金，交纳有关税费，租赁公司只收取手续费。在委托租赁期间，汽车产权在委托人，租赁公司不承担风险。此方式，可以为厂商或经销商节约税费。业务流程见图4-11。

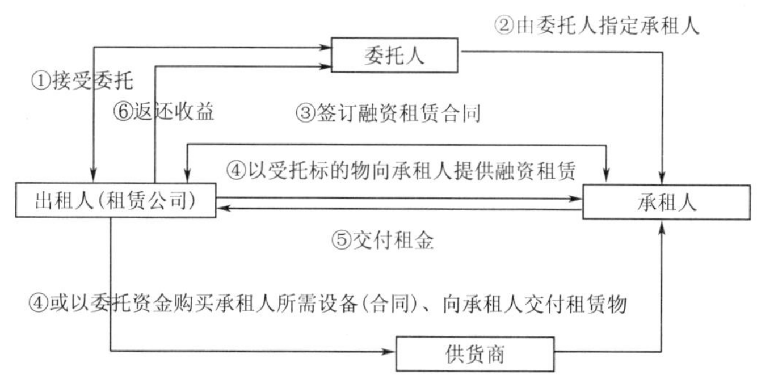

图4-11　委托租赁流程图

（二）售后回租业务

租赁公司与客户以双方协议价格购买客户现有车辆，再以长期租赁方式回租给客户，并提供必要服务，这样能减少目标客户的管理负担，有效降低固定资产比例，并能有选择地分解有关费用。回租可以设计为融资性租赁，也可以设计为经营性租赁。具体业务流程见图4-12。

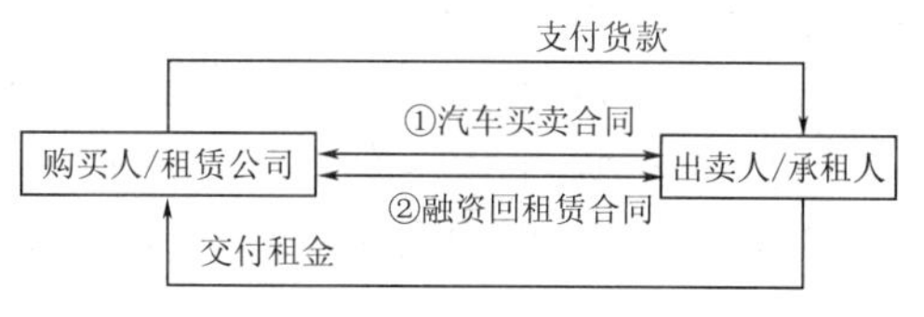

图4-12　售后回租流程图

目前很多大型国有企业和政府机关进行公务车改革，多采用售后回租的模式，即大型国有企业和政府机关将现有公务车按照现价卖给汽车租赁企业，然后在使用车辆时，再向租赁公司租用，这样可以提高车辆使用效率，降低大型国有企业和政府机关的财政支出，减少行政人员。

【案例7】售后回租利润测算

某大型国有企业拟采取售后回租方式进行公务车改革，该企业现有各型车辆20辆，欲全部按现值转售给汽车租赁企业，并在3年内按照市场同类车型的市场最低报价回租，并保证80%的回租率。

汽车租赁企业根据上述条件，对该笔业务的利润率进行分析如下。

1. 成本测算

1）购车成本740万元。为稳妥起见，对车辆现值的评估，取价格上限，20辆车的总现值为

740 万元,具体参数见表 4-21。

车辆清单 表 4-21

序号	型号	购置时间	数量(辆)	现值(含过户费)
1	奥迪 A6 2.4	2000 年 7 月	2	奥迪 A6 2.4 原车购置价格 50 万元/辆,平均现值为原值 90%,45 万元/辆 奥迪 A4 1.8T 原车购置价格 48 万元/辆,平均现值为原值 95%,45.6 万元/辆
2	奥迪 A6 2.4	2000 年 12 月	3	
3	奥迪 A6 2.4	2002 年 10 月	2	
4	奥迪 A6 2.4	2003 年 9 月	2	
5	奥迪 A6 2.4	2003 年 12 月	2	
6	奥迪 A6 2.4	2004 年 2 月	2	
7	奥迪 A4 1.8T	2003 年 12 月	2	
8	奥迪 100	1996 年	1	原价不详,现值约 6 万元/辆
9	奥迪 100	1995 年	2	
10	别克 GL8	2002 年 11 月	1	原值 37 万元,现值 33.8 万元/辆
11	考斯特	1996 年	1	原价不详,现值约 10 万元
合计			20	约 740.5 万元

2)单车年运营成本 17620 元。运营成本包括验车费、车船使用税、保险费、维修费、管理费等,具体计算如下:

(1)验车费:100 元;

(2)车船使用税:200 元;

(3)保险费:14520 元。保险费包括交强险、车辆损失险、盗抢险等费用。具体数额按平均投保车价 48 万元,根据保险公司报价确定。

(4)维修费(平均每月 150 元)1800 元;

(5)管理费 1000 元。管理费主要是人工费、办公费等,根据企业规模及管理水平确定。

三年总成本 = 购车成本 + 单车年运营成本 ×3 年 ×20 辆

=7405000 + 17620 ×3 ×20

=8462200(元)

2. 收入测算

1)租金收入 6858000 元。租金标准根据对 10 家汽车租赁企业相关报价的统计,按照其平均报价的下限制定。每年的租金标准因车况下降,按照一定幅度逐年递减。具体租金收入预测见表 4-22。

收入预测(出租率 80%) 表 4-22

序号	车型	购置日期	租金(元/月)			车数(辆)	三年收入(元)
			第一年	第二年	第三年		
1	奥迪 A62.4	2000 年 7 月	12000	11000	10000	2	792000
2	奥迪 A62.4	2000 年 12 月	12500	11500	10500	3	1242000

续上表

序号	车　型	购置日期	租金(元/月)			车数(辆)	三年收入(元)
			第一年	第二年	第三年		
3	奥迪 A62.4	2002 年 1 月	13000	12000	11000	2	864000
4	奥迪 A62.4	2003 年 9 月	14500	13500	12500	2	972000
5	奥迪 A62.4	2003 年 12 月	15000	14000	13000	2	1008000
6	奥迪 A62.4	2004 年 2 月	15000	14000	13000	2	1008000
7	奥迪 A41.8T	2003 年 12 月	14500	13500	12500	2	972000
收入			2106000	1950000	1794000	15	6858000
			第一年收入	第二年收入	第三年收入	总车数	总收入

2)车辆残值销售收入 4414324.356 元。该收入为三年租期结束后,销售租赁车辆的收入,具体数值见表 4-23。

三年后净值预测　　表 4-23

序号	车　　型	购置日期	车数(辆)	单车原值(元)	三年后残值率	三年后净值(元)
1	奥迪 A6/2.4	2000 年 7 月	2	500000	37%	366493.15
2	奥迪 A6/2.4	2000 年 12 月	3	500000	41%	609472.60
3	奥迪 A6/2.4	2002 年 1 月	2	500000	51%	509383.56
4	奥迪 A6/2.4	2003 年 9 月	2	500000	67%	667630.14
5	奥迪 A6/2.4	2003 年 12 月	2	500000	69%	691315.07
6	奥迪 A6/2.4	2004 年 2 月	2	500000	71%	707452.05
7	奥迪 A4/1.8T	2003 年 12 月	2	480000	69%	663662.47
8	奥迪 100	1996 年 1 月	1	38000	0%	0.00
9	奥迪 100	1995 年 1 月	2	380000	0%	0.00
10	别克 GL8/	2002 年 11 月	1	338000	59%	198915.32
11	考斯特	1996 年 1 月	1	320000	0%	0.00
	折旧率	9.50%	三年后车辆总净值			4414324

预测车辆净值的计算方法:

预测日的车辆净值 = 车辆原值 × 预测日残值率

预测日残值率 = 100% − 购置日期到预测日的天数/365 天 × 折旧率

$$
\begin{aligned}
\text{总收入} &= \text{租金} + \text{车辆残值销售收入}\\
&= 6858000 + 4414324\\
&= 11272324(\text{元})
\end{aligned}
$$

3.利润率测算

1)利润 = 收入 − 成本

$$
\begin{aligned}
&= 11272324 - 8462200\\
&= 2810124(\text{元})
\end{aligned}
$$

2)利润率 =(利润/成本)/3

=(2810124/8462200)/3

=11.07%

六、汽车融资收益分析

(一)汽车融资租赁成本和收益预测的有关参数说明和规则

1)作为租赁项目的直接成本,我们简化成以下几部分:资金成本、标的物成本、税收(租赁销售费用、办公费用、工资等暂不计算在内)。

2)作为租赁项目的收入,可以由以下几部分组成:租金收入、手续费收入、管理费收入、贸易返利收入、保证金的利差收入。

3)一般租赁手续费为标的物总价的3%,管理费为标的物总价的1%,贸易返利为标的物总价的5%左右,保证金的利差6%左右。多数公司将上述收费合并为手续费,按租金总额的10%收取。

4)资金年利润率 =(利润总计/折合实际占用一年资金总计)×100%

假定一辆轿车的价格为15万元人民币,年利率按8%计,手续费按3%计,为4500元人民币;管理费按每年1%,1500元人民币计,三年共4500元;保证金按30%支付,共45000元人民币;每月按固定金额还款(等额本息),因此计算结果如下:

每月还款4708.15元,还到第二十六期就可以本金冲抵租金,再还41.21元余额,即可提前结束合同。公司期初垫付资金96000元,直至项目租金付清,总共相当公司垫付102674.65元,共一年期间。而收入利润为:管理费4500元,手续费4500元;租赁利息17453.01元,共计26453.01元。

上述计算还不包含融资租赁按照利差5%交税;如果是从银行贷款的话,也没有扣除银行的贷款利息;可能应归还客户的保证金存款利息也未计入成本;同时,没有将通常应收益的贸易返利计算在内。表4-24为收益预测。

收益预测　　表4-24

本金(元)	150000.00		租赁期限(年)	3
租赁保证金率(%)	30.00		每年还租金期数(期)	12
手续费率(%)	3.00		租赁期数	36
租赁年利率(%)	8.000		预计资金缺口(元)	96000.00
期初或期末支付	期末		年管理费率(%)	1.00
生息率(‰/天)	0.2222		每期按天数(天)	30.4167
	占用资金	租金($c+d$)	本金(c)	租赁费(d)
合计	102674.65	117703.68	100250.64	17453.01
管理费(g)	4500.00		手续费(h)	4500.00
利润总额($=g+h+d$)	26453.01		资金年利润率	257.74%

(二)按照租金定额业务收益分析

1. 按照利差的5%交税

(1)税收为26453.01×5%=1322.65(元);

(2)利润为26453.01-1322.65=25130.36(元);

(3)年收益率为25130.36÷96000=26.18%。

2. 所用资金为银行贷款

则应将银行费用成本计入,按三年期利率5.76%计算:

(1)所用资金利息为102674.65×5.76%=5914.06(元);

(2)税收为(26453.01-5914.06)×5%=20538.95×5%=1026.95(元);

(3)利润为26453.01-5914.06-1026.95=19512.00(元);

(4)年收益率为19512.00÷96000=20.33%。

3. 客户存放的保证金利息要求返还

则按银行存款利率2%计算:

(1)成本要增加45000×2%=900.00(元);

(2)所用资金利息为102674.65×5.76%=5914.06(元);

(3)税收为(26453.01-5914.06-900.00)×5%=19638.95×5%=981.95(元);

(4)利润为26453.01-5914.06.33-900.00-981.95=18657.00(元);

(5)年收益率为18657.00÷96000=19.43%。

思　考　题

1. 汽车租赁业务程序分哪几类?
2. 汽车租赁业务程序都有哪些项目?
3. 使用信用卡与不使用信用卡租车的业务程序有哪些区别?
4. 车务工作的主要内容有哪些?
5. 汽车租赁经营管理的主要工作是什么?
6. 汽车租赁市场调研有哪几个阶段?
7. 谈谈市场调研与营销对汽车租赁经营的重要性。
8. 谈谈汽车租赁服务产品设计及价格管理对汽车租赁经营的重要性。
9. 汽车租赁合同条款都包括哪些方面的内容?
10. 汽车租赁利润有哪些主要影响因素?
11. 什么是汽车租赁经营盈亏平衡点?汽车租赁经营的盈亏平衡点是如何确定的?
12. 经营分析体系由哪几个层级构成?
13. 汽车租赁风险有哪几个种类?
14. 防范汽车租赁风险的措施有哪些?
15. 汽车租赁经营中常遇到的法律纠纷有哪几种?
16. 解决租赁车辆被第三方非法占有的三个途径是什么?
17. 汽车融资租赁的主要业务程序是什么?
18. 汽车融资租赁租金核算有哪几种方法?

第五章　汽车租赁管理技术

第一节　收益管理

一、什么是收益管理

任何一个汽车租赁公司，都不会僵化地执行一成不变的价格标准，例如车辆状况相近的桑塔纳，对客户甲租金是4500元/月，对客户乙租金是4000元/月，对客户丙租金可能是2500元/月。这种对同一车型实行不同甚至差别较大的定价办法十分普遍，它既可保住某些肯付高租金的客户，又可以尽可能地通过提高出租率增加租金收入，通过不同租金的组合，获得最佳收益，这就是对收益管理的朴素理解和原始应用。

20世纪80年代，收益管理这种谋求收入最大化的新经营管理技术出现了。收益管理是一种用于制订最佳定价方针的手段，而最佳定价方针能够使销售或服务产生最大利润。收益管理亦称"效益管理"或"实时定价"，它主要通过建立实时预测模型和对以市场细分为基础的需求行为分析，确定最佳的销售或服务价格。收益管理实际上是一个很复杂的系统，它包括了多种管理策略。收益管理开始是由民航开发，目的是以最大赢利方式分配一趟航班的座位，以达到固定能力来匹配各细分市场的潜在需求。

收益管理在航空业取得了辉煌的成绩，据美国航空公司的统计，1989~1991年期间，收益管理系统的运用给该公司增加了14亿美元的收入，同期的税后利润增加了8.92亿美元。曾名噪一时的美国人民捷运航空公司的前首席执行官唐纳德伯尔在公司1996年破产后总结原因时说："1981~1985年期间我们是一个充满活力的赢利公司。随后我们开始从顶峰跌入到每月亏损5千万美元的地步。我们公司没有任何变化，可是美国航空公司却将他们的收益管理渗透到我们的每一个市场。当美国航空公司以终结者的面目出现时，我们赢利的日子就彻底结束了。我们丧失了防卫能力，我们的末路到了，因为他们总能够比我们的价格或即将公布的价格要低。"

收益管理是如此重要的保护利益的战术武器，并且十分有效，在目前高度竞争的环境中，在商业领域得到了广泛应用。在民航业获得赞誉之后，20世纪90年代，首先是美国，然后是欧洲，收益管理渗透到更多的商业领域，其中比较成功的是酒店行业。

二、收益管理的基础知识

收益管理的核心是价格细分，亦称价格歧视，就是根据客户不同的需求特征和价格弹性向客户执行不同的价格标准。这种价格细分采用了一种客户划分标准，这些标准是一些合理的原则和限制性条件。如租期的长短（日租、月租、年租）、租金的支付方式（先付、后付、一次性支付、分期支付)等。这些标准一方面使那些对价格弹性高的客户在某些限制条件下享受低价;另一方面那些价格弹性低客户愿意付全价。这种划分标准的重要作用在于:通过价格藩篱将那些愿意并且能够消费得起的客户和为了使价格低一点而愿意改变自己消费方式的客户区分开,最大限度地开发市场潜在需求,提高效益。图 5-1 为汽车租赁需求曲线。

结合图 5-1 解释价格细分:同样以桑塔纳为例,4500 元/月的租金(P)确实令租赁公司满意,但只有外企等少量客户(Q),所以租赁公司的收益为需求曲线 D 下的面积 $PAQO$,这就是未进行价格细分的收益。

但是,如果在保持 4500 元/月(P_1)的租金、Q_1 个客户的这个市场之外,进行价格细分,开发能够接受 3500 元/月租金(P_2)的个人客户市场,获得 Q_2 个客户(见图 5-2)。那么公司的收益就是需求曲线 D_1 和需求曲线 D_2 下的面积 $P_1BQ_1O + P_2CQ_2O$。显然,同样是桑塔纳,经过价格细分后的收益比未价格细分要高。当然价格细分越充分,收益越高。

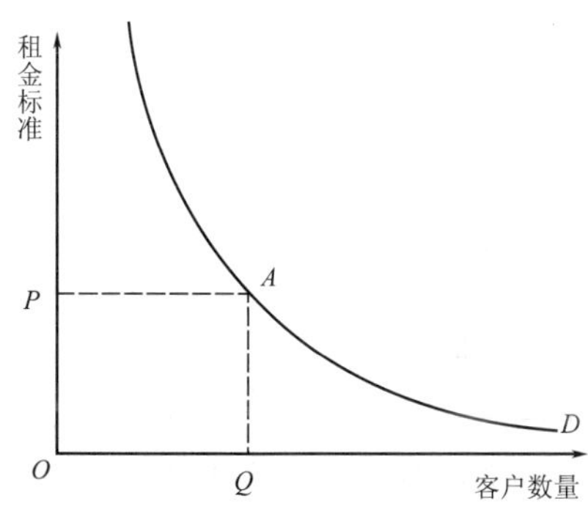

图 5-1　汽车租赁需求曲线

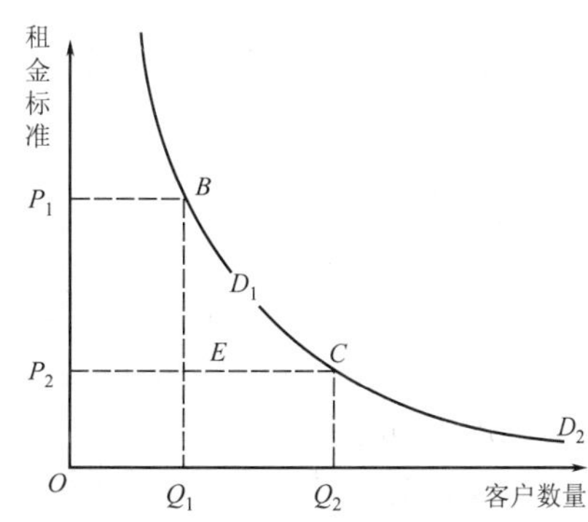

图 5-2　收益管理原理示意图

价格细分存在于某一销售商按照不同价格销售同一产品时。需要强调的是,产品指包括非具体形态物质在内各类服务。理论上讲,价格细分是市场垄断的特征。如果没有垄断市场,那么必须具备防止价格细分导致折扣市场形成的手段,比如构成彼此孤立的不同价格群体;确保顾客难以比较价格或则严格控制价格信息,整个市场被称为价格藩篱的边界分割成彼此独立的市场。这确实是收益管理在汽车租赁领域应用的一个障碍,不过会员制、特定条件的优惠租车等,都是解决这个问题的有效措施。

收益管理至今已经形成比较成熟的管理工具,其通用和专业的相关软件广泛地应用在民航、饭店的销售、预订系统。随着收益管理的普及,软件公司正在开发适用汽车租赁的收益管理软件,使用者只要输入某些参数,软件就会提供具体的某个车的定价方案,届时,汽车租赁企业就不再为如何确定租金、如何把握优惠程度等耗费精力了。收益管理软件有强大的数据收集、处理系统,通过汇集、分析客户、车辆信息,进行非常科学、准确的计算分析,并据此确定每个站点的每个车辆针对某个客户在某个租期的最佳价格。

三、适用收益管理行业的特征

并不是所有行业都适合使用收益管理理论提高收益,只有具备以下几个特征的行业,才能

通过收益管理有效地提高收益。

(一)存货时效性强

他们销售的是一过保质期或某一时间限制就没有任何价值的产品或服务,同时通过销售产品获得收益的机会也随之永远地消失了。没有预订的飞机座位或假期宾馆在航班起飞或假期过后没有任何剩余价值;虽然汽车停放在车场没有形态上的任何变化,但没有租出去,就没有任何收益。这就是"零营业额库存"的概念。最具代表性的行业就是服务业,不可储存性是服务业最重要的特性之一。

(二)需求随时间而变化

需求曲线随时间、日期、季节的不同而呈现波动。汽车租赁在春季、"黄金周"需求高涨,在其他季节需求低迷,其市场波动曲线非常稳定和鲜明。相反,粮油、日用等生活必需品就极少随时间而波动。

(三)可变的需求和不可变的生产能力

市场需求频繁波动,或低于或高于生产能力。但生产力的资源基本恒定,生产能力是刚性的,在短期内无法根据供求情况改变自己产品的产量。如果要调整生产能力,需要付出很大代价。

(四)固定成本高,运营成本低

最初的投资十分巨大,但是每额外销售一单位产品的可变成本却很小,甚至可以忽略不计。在这类部门,通常可以用在价格不变的前提下额外赠送的办法吸引客户,赠送的部分最高可达总值的20%。这是由于产品或服务的成本受销售数量的影响很小,比如饭店行业,额外奉送的房间所消耗的成本如房屋清洁和相关服务的成本占总成本的比例可以忽略不计,而总成本中的主要部分人员工资、房屋建筑的折旧是固定的,与销售数量的关系不显著。汽车租赁也同样如此,相对于记提折旧、保险、场地费用等固定成本,车辆租赁所发生的营业费用、车辆磨损、里程损耗等运营成本微不足道。

(五)价格是强有力的杠杆

基于上一个因素,经营者具有充分利用价格作用的空间,通过价格调控对增加营业收入有非常大的影响。通常价格的1%变化,就会放大成为总收入10%~20%的变化。多数情况是单价下降,总收入上升;单价上升,总收入下降。

(六)可以细分的市场

产品的购买者,可以根据对产品特性的需要或价格敏感程度的不同而细分为不同的群体。

(七)产品或服务可以提前预订

通常是通过预订系统来完成的,综合其他技术预测和控制需求,从而制定价格。

四、收益管理在汽车租赁行业的应用

从适应收益管理的行业特征看,汽车租赁与民航、饭店完全一致,汽车租赁行业具备收益管理推广应用的基础。

收益管理的具体应用通常包含三个基本过程:预测需求、制定价格细分、建立价格藩篱。

(一)预测需求

简而言之,收益管理是在出租率相对较低的时期,在保持固有租金标准和出租率的前提下，通过对价格敏感的客户进行有条件的降价促销，提高总的租金收入。因此，收益管理首先要做的工作是确定出租率低的时段。如图5-3，预测需求的大致程序如下：

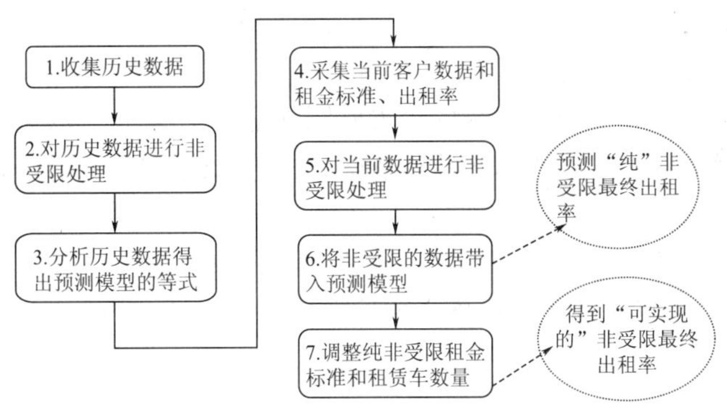

图5-3　预测程序

1. 采集出租率的历史数据

至少以月为单位，对企业2年以上的出租率进行采集和统计。出租率应按照车型分类，并且考虑环比或同比时价格变化对出租率的影响，按照有关参数和数学模型，对出租率进行修整。

2. 数据分类

按照统计和概率学理论，数据分类与实际情况越接近，则统计和预测出来的结果就越接近实际情况。因此在预测之前，需要对历史和当前的出租率数据进行分类。

3. 过滤数据

在采用大部分的预测模型进行分析时，用以分析的历史数据的样本都将剔除系统坏数据、用户坏数据和不相干数据。

系统坏数据和用户坏数据分别是系统和用户给予不可用于预测的数据的标志。

通过上述步骤，我们获得某种车型在某租金标准下全年的需求趋势图(见图5-4)。

通过对历史数据的统计分析和必要的修正，在市场的基本因素没有根本性变换的情况下，基本可以确定需求预测，并根据需求预测对出租率下降的时间段，运用收益管理进行价格和营销调整。

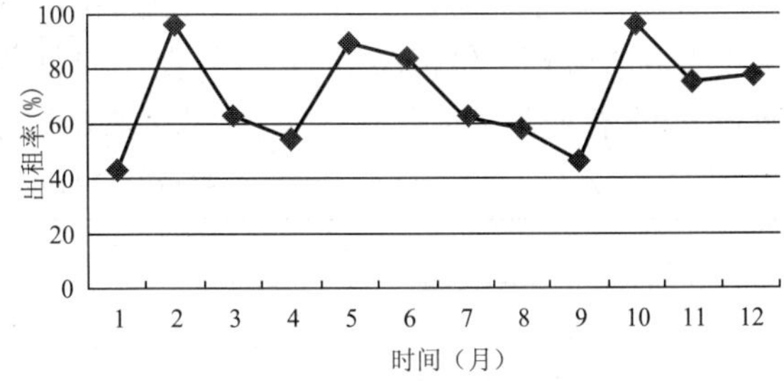

图5-4　某车型租金为4500元/月时出租率的变化趋势

(二)价格细分

适用收益管理行业的特征之一是价格具有非常巨大的杠杆左右。因此，在出租率下降的阶段运用降价手段是提高出租率和收入的最佳手段(但必须强调收益管理与一般的削价竞争是有非常显著的区别)。至于降价的幅度，可遵循下列原则：

(1)具体到某项业务时，汽车租赁的利润不是收入减去成本，因此租金不能依据成本定价。或者说，租金可以低于成本。

(2)在严格实行收益管理的基础上，租金价格可降至不低于营业费用、车辆磨损、里程损耗等运营成本。

(3)价格细分越细,收益管理的效果越显著。

(三)建立价格藩篱

建立价格藩篱是收益管理能否真正有效实施的核心所在,也是收益管理中价格细分与一般削价竞争的重要区别。建立价格藩篱的最主要原则是不要让客户反感,觉得受到歧视;其次是价格藩篱必须有效和可行。在汽车租赁行业中,建立价格藩篱主要有三种形式:

1. 预订

汽车租赁行业和酒店、航空等行业类似,通常对没有预订的客户实行门市价格,而对预订客户,则实行比门市价格优惠的预订价格。这种方法可以十分有效地建立价格藩篱而不造成客户被歧视的感觉。为了配合增大价格细分的密度,可限定客户作出预订的时间。比如客户需要在2月1~3日之间预订9月2日的车辆。

2. 会员

会员制是比较常见的建立价格藩篱的措施。非会员客户对会员享受优惠价格应是可以接受的,不会提出异议的。使用会员制服务建立价格藩篱需要注意一点:必须对会员数量和价格细分进行严格和科学地匹配,否则价格藩篱将被破坏。如划分不同等级的会员并享受不同程度的优惠或者控制会员的数量。

3. 附带条件销售

通过制订某些不易被客户反感或被指为歧视的条件,以特定的租金标准,在特定时间,向符合条件的特定客户提供租赁车辆。例如2月1日生日的客户可以当天以优惠价格租车。

假设某企业有某型汽车100辆,租金4000元/(辆·月),1月份出租率40%,未实行收益管理时的租金收入为160000元。通过对市场分析,企业制订了1000元/月、1500元/月、2000元/月、3000元/月的不同价格细分,利用预订、会员、附带条件销售等价格藩篱,在确保原有出租率和租金标准的情况下,又租出去20辆车。

从表5-1可以看出,运用收益管理后,出租率增加20%,租金收入增加19.38%。相反,如果没有收益管理中价格藩篱的作用,使用降低租金增加出租率的办法,可能造成两个不良后果:一是在企业间形成恶性竞争;二是虽然出租率上升了,但租金收入上升幅度很小甚至下降。

收益管理与非收益管理对比 表5-1

	租金标准(元/月)	4000	3000	2000	1500	1000	汇总数据
非收益管理	出租率(%)	40	0	0	0	0	40
	租金收入(元)	160000	0	0	0	0	160000
收益管理	出租率(%)	40	2	4	6	8	60
	租金收入(元)	160000	6000	8000	9000	8000	191000

【案例8】汽车租赁运用收益管理实例

异地还车,租赁公司需要把车开回原地以保持各站点的车辆平衡,所以除租金外,通常需要按照租车地与还车地之间的距离,客户需交纳1元/km左右的车辆返程服务费。但在汽车租赁企业的某些特惠活动中,你会发现异地还车的租金价格便宜的超乎你的想象(见表5-2)。

某汽车租赁企业优惠活动的主要数据 表 5-2

租车地点	车型	还车地点	限租期(天)	限定总公里数(km)	预计正常租金(元)	优惠后总金额(元)	节省费用(元)
北京首都机场店	GL8	郑州	2	900	2298	100	2198
		武汉	2	1400	2554		2454
		长沙	2	1800	3260		3160
		广州	3	2600	4843		4743
		深圳	3	2800	5006		4906

这就是收益管理在汽车租赁中的一个具体应用的事例。直接目的是保证客户在本次目的地的下一个租车业务,减少调度车辆的成本,间接目的是广告宣传;虽然具体到本次业务汽车租赁企业的租金收入比正常情况损失很多,宏观收益方面企业还是合算的。在这个案例中,建立价格樊篱的手段是设定严格的预定、租车、还车时间限制和行驶里程限制。

下面是某企业汽车租赁企业的一个特惠活动:

"100 元北京租 GL8? ……如此超值的优惠怎不令人心动! 天降美事,岂容错过! 活动火爆,车辆有限,先订先得。还等什么? 赶紧拿起电话,预订属于您的专享座驾吧。"

1. 活动地点

起始地点:北京首都机场店。

还车地点:郑州、长沙、广州、武汉、深圳任何门店。

2. 活动指定车型

GL8(1 辆)。

3. 租期

北京—郑州/武汉/长沙:限租 2 天

北京—广州/深圳:限租 3 天

4. 特惠价

100 元(含日租金、保险费、异地还车费、异店还车费、GPS 费)。

5. 车辆可租区间

2008 年 11 月 12 日至 2008 年 11 月 23 日。

6. 有效预订时间

2008 年 11 月 12 日至 2008 年 11 月 21 日(北京—郑州/武汉/长沙);

2008 年 11 月 10 日至 2008 年 11 月 20 日(北京—广州/深圳)。

7. 最晚还车时间

2008 年 11 月 23 日。

8. 活动的部分规则

(1)本活动仅限指定线路、指定车辆、指定租期的特惠车辆;

(2)本活动不享受任何会员优惠或其他特惠活动;

(3)以上车辆免异地还车费,但正常收取超公里费用;

(4)行车期间所产生的燃油费、过路过桥费自理;

(5)本次活动不允许续租;超时还车的,超时部分按正常计费的 300% 支付违约金。

收益管理在汽车租赁行业应用的精髓就是巧妙地利用价格藩篱,区分各个细分市场,在避

免未加区分地运用降价手段的前提下，充分发挥汽车租赁市场价格弹性的特性，提高整体出租率，并达到提高收益的目的。

第二节　汽车租赁电子商务

一、电子商务在汽车租赁行业的应用

电子商务是指交易双方之间利用互联网，按照一定的标准所进行的各类交易行为。交易双方将自己的各类供求意愿按照一定的格式输入电子商务系统，系统根据用户的要求，寻找相关信息，提供给用户多种交易选择。一旦用户确认，电子商务系统就会协助完成合同的签订、分类、传递和款项收付等全套业务。电子商务的应用，有助于降低交易成本，改善服务质量，提高企业的竞争力。

汽车租赁电子商务的交易对象是汽车租赁服务，交易者是汽车租赁企业和承租人，也有第三方通过建立信息、交易平台开展汽车租赁企业与承租人之间的中介服务业务。汽车租赁具有可以预订、服务产品易于展示、交易过程简洁等适合电子商务的特性；通过互联网与银行结算系统、公众信用数据系统的连接，汽车租赁电子商务可以实现网上租赁费用结算和信用审核，改变了烦琐、复杂的汽车租赁业务模式；汽车租赁电子商务为汽车租赁与关联业务，如航空、旅游、宾馆的融合提供了技术条件。汽车租赁与电子商务这些契合的关系使汽车租赁成为最早利用电子商务开展业务的行业之一，也是应用电子商务最成熟、最成功的行业之一。

自1996年赫兹开通第一个汽车租赁网站以来，汽车租赁电子商务迅速发展，现在汽车租赁发达国家，客户可以通过互联网，在家里或者宾馆、机场等查询汽车租赁信息、预订租赁车辆、办理结算手续。有的租赁公司，甚至构建像银行ATM的自动服务系统，如美国赫兹公司、泰勒租赁公司在很多机场建立了自动服务亭，通过该系统，客户可预订机票、旅馆和租赁汽车，还可以获得美国的天气信息、道路交通指南、重大新闻。欧洲汽车经过升级的网站，可以满足旅行社等汽车租赁代理商日益增长的通过互联网进行在线预订和信息搜索的需求。最新的改进使代理商可以安全地储存被代理客户的信息，如名称、地址、传真、电话、电子信箱等，使客户每次预订时不用重复填写信息。

【背景资料3】电子商务在汽车租赁中的应用

赫兹在其网站上为美国、加拿大、波多黎各和圣托马斯所有门店的租赁提供网上取车登记手续，只需进入 hertz. com 导航页面的“网上取车登记”，输入一些具体资料，如驾驶证和出生日期，便完成网上取车登记手续。在各大机场门店的赫兹自助服务亭或特快柜台出示打印出的确认单，不用10min就可以上路了。在旅游高峰期，配备手持电脑终端的赫兹工作人员会在还车区迎接客户，客户只需在手持电脑中输入旅客号码并刷信用卡，手持电脑即可以根据汽车租赁信息系统中该项汽车租赁业务的有关信息，如租金标准、租车时间、行驶里程等收取租赁费用并可在1min内提供给电脑打印的收据。

至尊租车的电子商务平台包括企业ERP系统、CMS系统、OA系统、短信平台、呼叫中心支持系统、网络培训系统、公司网站、门店多媒体咨询终端系统等，使得会员服务、租、还车业务的开展、车辆的维护及监控、内部的作业管理都可以有效地展开，并且相互达到紧密地关联和支

持。至尊租车的电子商务平台,还为客户提供了一个全方位的服务渠道。客户可以方便地通过各门店的多媒体咨询终端或者至尊租车的官方网站,或者电话服务中心预约租车,查询在至尊租车的消费情况,并随时对自己的账户进行充值。这一电子商务平台,为内部的日常业务操作及管理提供了一个强大且高效的支持后盾,全国所有门店的相关数据和凭证都实时地在该平台上流转和共享。对外的合作上,至尊租车和许多合作伙伴之间都实现了电子数据自动交换,业务上做到无缝对接。

二、汽车租赁电子商务工作基本原理

汽车租赁电子商务主要由汽车租赁数据中心、汽车租赁客户系统、汽车租赁站点系统、互联网四大部分组成(见图5-5)。

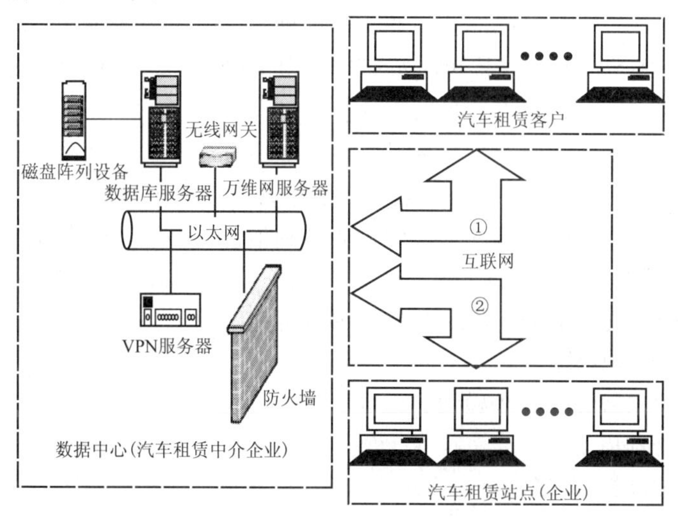

图5-5　汽车租赁电子商务工作原理示意图

(一)数据中心

数据中心一般是由防火墙、路由器、各种服务器及数据库软件构成的大型计算机系统,主要有以下三个功能:一是储存和处理租赁车辆、租赁客户、租赁合同内容等基础数据和动态数据;运行各种管理程序,计算和分析经营数据;二是接受客户系统的查询和预订,并对已储存的信息处理后与客户确定最终预订(过程①);三是将最终预订信息传输给汽车租赁站点,并在租赁站点与客户签订租赁合同后记录该合同的动态信息,为汽车租赁经营人员提供各种经营数据查询和分析(过程②)。上述信息处理过程都是通过连接汽车租赁数据中心、汽车租赁客户系统、汽车租赁站点系统的互联网进行,因此汽车租赁电子商务能够满足汽车租赁网络化的需要,并能提高汽车租赁经营管理水平。

(二)汽车租赁客户系统

汽车租赁客户系统就是任何一台与互联网相连的终端如计算机、信息服务亭等,客户通过该终端登陆公开的汽车租赁WEB网站,即可进入客户与汽车租赁企业互动的界面获得汽车租赁信息并进行汽车租赁预订。

(三)汽车租赁站点系统

汽车租赁站点系统是汽车租赁业务人员使用的互联网终端,一般使用专线拨号方式和密

码登陆汽车租赁业务程序,通过汽车租赁程序处理汽车租赁业务并与数据中心进行数据交流。

随着电子商务的日益普及和成熟,汽车租赁行业的业务特性使得企业利用电子商务解决方案构建业务流程与企业运营管理日益普及,通过一个管理系统,利用最新的信息技术手段,不但可以管理一个庞大的车队,还可以实现在线查询车辆相关信息,进行订单确认以完成在线交易。电子商务手段的应用可以使汽车租赁公司的管理适应汽车租赁行业的发展,而且各部门之间可以共享通用信息,与客户的信息交流更加通畅与快捷,突破了管理瓶颈,带动了租赁业务的大幅增长。有关汽车租赁站点系统的详细介绍,可参见本章第三节。

三、汽车租赁电子商务的企业管理功能

(一)优化经营管理

ERP(Enterprise Resource Planning,企业资源计划)是指建立在信息技术基础上,以系统化的管理思想,为企业决策层及员工提供决策运行手段的管理平台。ERP 系统集中信息技术与先进的管理思想于一身,成为现代企业的运行模式,反映时代对企业合理调配资源,最大化地创造社会财富的要求,成为企业在信息时代生存、发展的基石。ERP 系统已在很多大型和生产、管理复杂的企业得到广泛应用并取得巨大经济效益。汽车租赁企业的电子商务系统为 ERP 的应用建立了良好基础,使得汽车租赁企业做到信息流、资金流、物流集中地在同一个平台上运作,各职能部门、人员在相同的平台上进行相关的操作和信息资料的获取,保证了经营的高效、准确地进行。汽车租赁企业的 ERP 模块包括:

(1)租、还车业务管理模块;

(2)车辆及其他租赁设备管理模块;

(3)保险事故管理模块;

(4)交通违法事件管理模块;

(5)车辆安全监控管理模块;

(6)财务结算管理模块;

(7)门店拓展管理模块;

(8)会员资料维护管理模块。

(二)提高服务内涵

客户的服务是全方位的,是交互式的,是以满足客户需求为前提的。IT 技术的采用和电子商务的应用,在服务客户时,手续简单快捷、使用安全、放心,而且企业服务客户及与客户的沟通渠道畅通无阻,客人在各地门店都得到体贴和规范的服务。电子商务可以给汽车租赁客户以全新的感觉:

(1)客户感觉到每个接待窗口的员工都认识他;

(2)客户的一些个性化需求都事前得知(如喜欢的车型,颜色,甚至车牌);

(3)通过网站、呼叫中心、短信平台、E-MAIL、门店现场多方的交流,使客户感觉更加体贴。

(三)成本控制

因为利用了 IT 技术和电子商务,管理架构可以更加扁平化,工作效率的提高带来成本的降低。

(1)资金管理上可以做到收支两条线、减少门店财务人员的配置,做到集中管理。

(2)总部对各门店的管理手段得到强化,许多费用项目可以做到实时控制及事后核查。

(3)电子单证交换比传统的单证的交换节省时间和费用。

(4)对各门店资产可以做到有效管理监控,避免资产的流失和浪费。

(四)决策支持

因为数据中心积累沉淀了大量的数据:客户数据、供应商数据、服务商数据、合作伙伴数据、租车业务单证、各种事件单证。使得公司可以根据现有的数据进行各种数据挖掘和分析,可以就以下几个方面的工作展开科学的决策。

(1)产品的开发;

(2)服务的增加;

(3)市场的宣传;

(4)车辆的购买和配置;

(5)网点的布局;

(6)价格的制订。

每个决策动作都有根据、都有数据支持,而不是拍脑袋、凭感觉,这样的决策令团队在执行过程中更加坚定,更容易出结果而不是执行过程中患得患失。

(五)为汽车租赁网路经营提供支持

汽车租赁经营站点的网络化是靠以电子商务为核心、互联网为沟通渠道的汽车租赁电子商务系统的支撑,数百万客户在近百个国家的数万个租赁站点租用数十万辆租赁车,车辆、客户、租金信息的处理过程形成了庞大的数据流,只有可靠、完善的汽车租赁电子商务系统才能支持全球化的汽车租赁网络业务。汽车租赁的电子商务系统是非常庞大的,如美国前卫汽车租赁公司与一家信息系统公司签订了为期十年价值2.57亿美元的信息网络服务合同,根据该合同,信息系统公司向租赁公司提供数据中心、预订平台和系统的维护工作。美国电话电报公司(AT&T)为一家租赁公司发展和建设的一体化汽车租赁电子商务平台,该平台将卫星定位和网上预订结合起来,通过对同一时刻欧洲地区的所有租车预订进行统筹安排,合理搭配车辆形成,减少车辆在站点间的无效益调动,提高收益。

全球最大的租赁企业赫兹的汽车租赁网络覆盖美国本土和世界多数国家,其汽车租赁电子商务系统每年大约处理4000万个咨询电话和3000万个订车服务。赫兹的会员可在华盛顿租车到纽约,然后乘机到巴黎,开着租来的车再到法兰克福,最后飞回美国,在世界大多数城市旅游过程中享受非常方便的汽车租赁服务。至于汽车租赁电子商务的作用,可以看一个例子:“911”时,由于实行空中管制,飞机停航,纽约的近万辆租赁车辆被急于逃命的人们租光了,开到全美各地。但很快,租赁公司就可以确定所有车辆的位置,并通过雇佣驾驶员、对单程租赁予以优惠等办法,将分散在各地的租赁车辆收回,如果没有完备的汽车租赁网络,很难想象美国的汽车租赁可以承受“911”这种巨大灾变的考验,在紧急状况下担当交通运输的重任。

四、汽车租赁电子商务为客户服务的功能

通过互联网获得汽车租赁信息和办理汽车租赁手续已成为汽车租赁业务途径之一。多数汽车租赁企业都有 WEB 网站,汽车租赁客户可以直接或者通过搜索引擎登陆,非常方便地在

汽车租赁电子商务的租赁客户终端完成包括租赁站点查询、租赁车型查询、租金查询,根据需要通过客户终端提交预订并支付租金。

(一)网上预订

网上预订和登记送车是电子商务对汽车租赁业务最重要的贡献之一,加上网上电子支付,汽车租赁可以实现网上虚拟门店经营。即客户通过汽车租赁电子商务,在互联网上选择租赁车辆和支付租赁费用,在家门口交接租赁车辆,足不出户完成租车全过程。

网上预订包括四个步骤:①订制行程;②选择车型;③预订服务;④最后确认(图5-6)。客户在订制行程界面可以通过下拉菜单选择取车、还车城市和具体门店以及取车方式和租赁期限,通过日期列表和下拉菜单确定取车日期和时间后点击"下一步"进入选择车型阶段,依次完成上述四个步骤后即可提交租车订单。客户在接到汽车租赁企业的订单确认后,可以通过网上支付系统,交纳送车订金和授权、结算等租金支付操作。

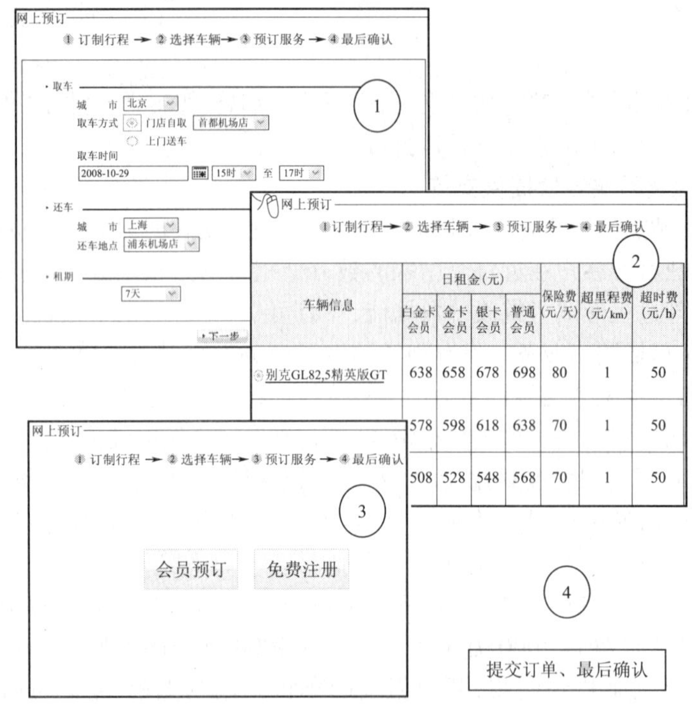

图5-6　汽车租赁客户网上预订过程

(二)门店查询

很多大型汽车租赁企业拥有遍布全球的汽车租赁站点,为方便客户快捷地寻找到符合需求的汽车租赁站点,汽车租赁电子商务的客户端都有各种形式的汽车租赁门店(站点)检索,可以非常方便地利用电子地图、下拉菜单、链接、模糊检索等方式查询到客户需要的汽车租赁门店。客户可直接在租车城市的选择框中输入或者在下拉单中选择需要的城市名称,也可以在地图中点击选择的城市进入该城市所有租赁门店的列表中,从中可以查询到具体的门店地址等联系方法。

(三)车型选择

车型选择界面(图5-7)有车辆照片、载客量、排气量、油箱容积、颜色等信息,客户可以比较全面地了解租赁车辆外形、性能指标。通过该界面客户可以了解选定车型的报价并提交订单。

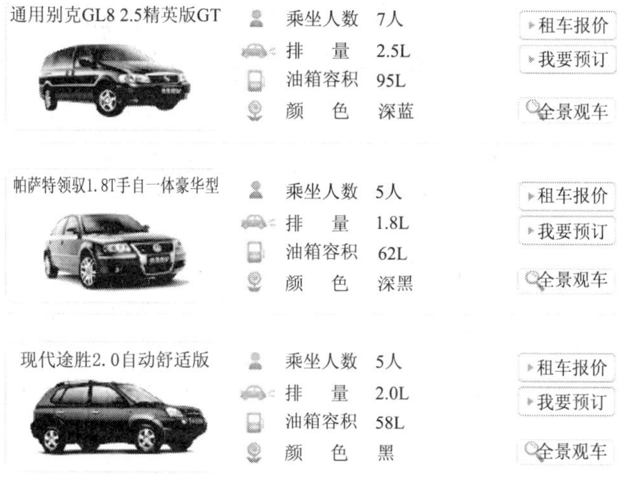

图 5-7　车型选择界面

除上述内容外，汽车租赁客户端还可提供增值服务、特惠服务、会员服务、费用及结算等，以及服务规则、企业信息、汽车租赁关联业务信息等内容。

五、汽车租赁电子商务的业务中介功能

如果数据中心不是仅为具体一个企业服务而是一个开放的平台，就产生了一种汽车租赁中介服务企业利用汽车电子商务，为汽车租赁企业与客户提供中介服务的新的汽车租赁业务模式，这种业务模式在国外已比较广泛，目前国内陆续有开展汽车租赁电子商务中介服务业务的尝试。

汽车租赁电子商务中介服务的主要过程是汽车租赁中介企业建立数据中心和汽车租赁客户登陆的 WEB 网站，收录各汽车租赁企业的车辆、租金等信息；汽车租赁客户在 WEB 网站上搜索汽车租赁信息并预订租赁车辆；汽车租赁中介企业传递预订信息，汽车租赁企业与租赁客户签订租赁合同，完成租赁业务；汽车租赁中介企业向汽车租赁企业收取中介费用。汽车租赁电子商务中介主要功能如下：

（一）预订平台

汽车租赁企业可以通过电子商务预订平台发布企业信息和租赁信息，承租人可以通过本平台查询、实时预订全国各大城市的适租车辆。

（二）网上门店管理系统

电子商务可以为小型汽车租赁企业提供网上门店管理系统，提高管理水平，降低管理成本。网上门店管理系统的功能包括：门店管理功能、车辆管理功能、订单管理功能、促销信息发布功能等。

（三）信用平台

汽车租赁中介服务企业与户籍管理部门、银行、工商、汽车租赁企业进行信用信息合作，将租车人的身份信息、信用信息录入信用数据库，汽车租赁企业可以实时查询租车人的身份和

信用。

(四)担保平台

汽车租赁中介服务企业通过事先信用审核,为符合信用标准的会员租车向汽车租赁企业提供信用担保,一旦租车的会员不能按时交纳租金或租赁车辆丢失,汽车租赁中介服务企业负责赔偿损失。

第三节　汽车租赁业务管理软件

汽车租赁管理软件已成为汽车租赁企业管理的重要工具,几乎所有的汽车租赁企业都使用汽车租赁管理软件处理日常业务。目前比较成熟并投入实际应用的汽车租赁管理软件有不同版本,但其主要功能基本相同,只是在界面的友好性及实用性方面存在一定差异。本节以在汽车租赁行业应用最为广泛的由首汽租赁有限责任公司开发的软件为例,简要介绍汽车租赁管理软件的使用。

一、系统登录

第一步:打开浏览器,在地址栏中输入管理系统地址(一般被默认为主页),即进入系统登录界面(图5-8)。

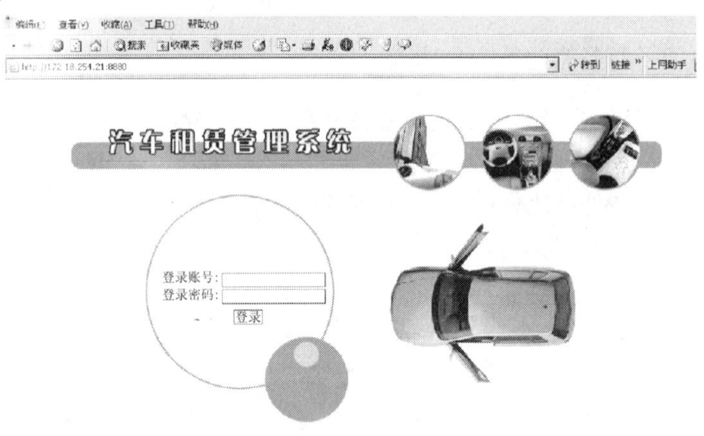

图5-8　汽车租赁管理系统登录界面

第二步:录入登录账号和密码,点击"登录",进入系统主功能界面(图5-9)。如登录账号和密码有误,系统将出现错误提示信息。操作人员的账号和密码,由专人根据操作人员的职责、部门、权限设定。每个操作人员获得账号和密码后,应妥善保管,不要泄密。登陆的账号和密码正确,进入系统主功能界面。系统主功能界面主要为两部分:

一是位于左侧的功能菜单,其上方显示当前时间以及登录人员及所属部门。然后依次是处理汽车租赁业务及管理的功能键。功能键由一级功能键及其子集组成。一级功能键共8个,包括公司管理、车辆管理、车辆维修、客户管理、预订、业务管理、查询统计、密码修改。每个一级功能键由若干个子集构成,进行某项操作时,应首先点击一级功能键,此时一级功能键左侧的"+"号变为"-"号,然后点击需要操作的子集功能键。

二是位于上方的快捷菜单，分别为合同、车辆、客户查询、计算器、重新登录、退出。各项查询的具体操作见后面相关内容。

图 5-9　系统主功能界面

二、公司管理

该功能主要是用于定义公司的业务部和系统的操作人员信息，包括部门管理和员工管理两个子集。是系统初始化工作的第一步，点击“公司管理”将拉开公司管理菜单，如图 5-10 所示。

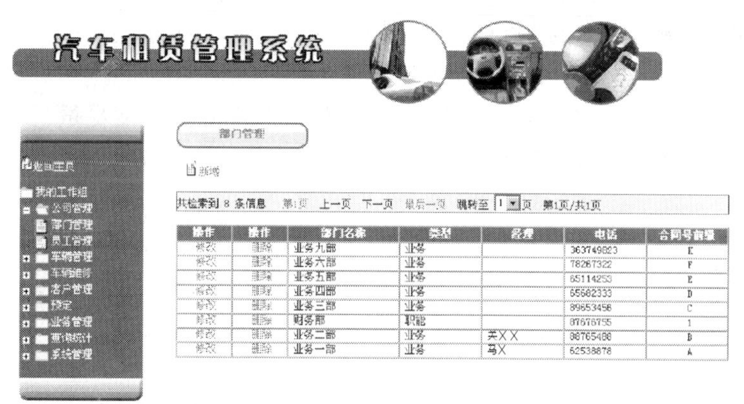

操作	操作	部门名称	类型	经理	电话	合同号前缀
修改	删除	业务九部	业务		363749823	K
修改	删除	业务六部	业务		78267322	F
修改	删除	业务五部	业务		65114253	E
修改	删除	业务四部	业务		65682333	D
修改	删除	业务三部	业务		89653458	C
修改	删除	财务部	职能		87676755	1
修改	删除	业务二部	业务	关XX	88765488	B
修改	删除	业务一部	业务	马X	62538878	A

图 5-10　公司管理界面

公司管理的子功能模块包括部门管理、员工管理。

（一）部门管理

部门管理界面如图 5-11 所示，有新增、修改、删除三项功能。系统定义完毕的部门信息将出现在此图中，点击相应条目左侧操作栏目中的“修改”和“删除”按钮，就可以对该条目进行修改和删除操作。如进行新增和修改操作，结果将出现在图 5-11 所示的界面中。

操作人员在条框中登陆相应信息，按“提交”，即完成部门管理的操作。（部门类别中职能部门为管理部门不产生业务数据，业务部门直接产生业务数据）填写或修改各条目中的内容，确认无误后,点击“提交”,完成新增或修改操作。

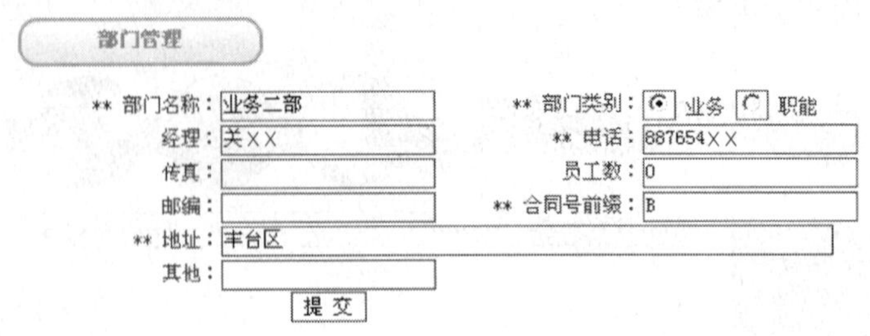

图 5-11　部门管理界面

(二)员工管理

点击功能菜单中公司管理子集中的“员工管理”,出现如下界面(图 5-12)。

员工管理

新增

共检索到 2 条信息　第1页　上一页　下一页　最后一页　跳转至 1 页　第1页/共1页

操作	操作	姓名	所属部门	性别	职务	身份证号	30日内租金权限%	30日外租金权限%
修改	删除	何	业务四部	男			100	100
修改	删除	杨	业务六部	男	业务员		60	10

图 5-12　员工管理界面

员工管理有新增、修改、删除三项功能。系统定义好的员工列表将在框架内显示,点击员工条目左侧操作栏目中的“修改”或“删除”按钮,可以对该条目进行修改和删除的操作。

为保证系统的安全运行,在给员工菜单授权时修改和删除的功能尽量只给关键岗位的人员,一些基础数据如部门、员工、车辆等一旦被删除后,由于数据的不完整将影响系统的正常运行。

三、车辆管理

该功能主要维护管理系统中的车辆信息,包括新增车辆、车辆查询等 11 个子集。

(一)新增车辆

使用该功能向系统中增加车辆信息,新增车辆界面,如图 5-13 所示。

单点选中的条目,该条目内容就会被选中填入选择框中,点“清空”可以清除已选中内容,点“取消”退出选择窗口。当选择内容较多时,为便于查找,可以使用上面的查询栏通过模糊查询查找,如在选择车型时,在查询栏中写入“桑”后点“查询”,将显示所有名称中带“桑”的车型。

(二)车辆查询

该功能用于根据各种用户给定条件对车辆的信息进行查询,在查询条件窗口中录入或选择查询条件,点击“查询”后,将在查询条件栏目下面显示符合条件的车辆信息列表。

本系统中的查询结果可以转换成 EXCEL 电子表格形式,以方便客户对信息进行二次分析

新增车辆

车辆信息

** 车牌号：京FH××××
** 车型：捷达春天　** 颜色：白
** 发动机号：#98090909*1　** 车架号：8090-90999*
防盗器号：　** 启用日期：2003-10-09
车辆价格：
随车附件1：　附件1价格：
随车附件2：　附件2价格：
随车附件3：　附件3价格：
备注：

状态信息

** 部门：业务一部　** 车辆状态：待租
** 当前里程：900

保险信息

** 保险年限：1　** 保险开始日期：2003-10-09
** 保险公司：人民保险公司　** 保险单号：1212221334343××××#

提交

图 5-13　新增车辆信息填写界面

统计，操作时选定查询条件下面的导出文件，点“查询”，将在查询条件栏目下方出现导出文件文字按钮（如图 5-14 所示）。

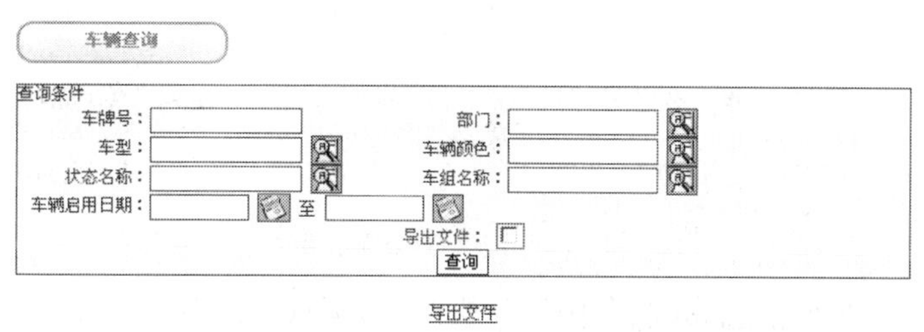

图 5-14　车辆信息查询界面

点“导出文件”按钮，将在新窗口中以电子表格格式显示查询结果（图 5-15）。

http://172.18.254.21:8880/carfile/200310911935.csv - Microsoft Internet Explorer

	A	B	C	D	E	F	G	H	I
1	车牌号	车型	颜色	部门	状态	发动机号	车架号	当前里程	启用日期
2	京222222	捷达春天	红色	业务四部	待租	werwer	werwer	400	2003-7-6
3	京A90000	捷达春天	黄色	业务三部	待租	34224	4566	400	2003-5-16
4	京A90001	捷达春天	黄色	业务四部	出租	dfsadf	asdsfa	6500	2003-6-2
5	京A90021	99桑塔纳	红色	业务六部	待租	232323	2323	400	2003-7-6
6	京AC3900	99桑塔纳	黄色	业务一部	待租	45353	53453	1	2003-5-16
7	京AE4849	捷达春天	黄色	业务一部	待租	7483303	678365	300	2003-5-15
8	京AE5555	99桑塔纳	红色	业务六部	待租	5.56E+09	555555	200	2003-5-15
9	京AJ4899	99桑塔纳	黑色	业务六部	待租	7483303	678365	400	2003-5-15
10	京BW3948	捷达春天	黑色	业务三部	待租	234233	234	600	2003-5-16

图 5-15　车辆信息 EXCEL 电子表格形式

查询结果是车辆的简要信息列表，当要查看车辆的详细信息时，在查询结果列表中直接点击车辆的牌号，即可在新窗口中显示车辆的详细信息列表，列表中将显示车辆的车务信息（牌号、车型、颜色、发动机号、底盘号等）、当前的状态信息、维护信息、保险信息、业务记录列表（车辆执行过合同的信息列表）、收入记录（车辆执行合同过程中的资金往来记录列表，下面有

总计)、修理记录(车辆历史的修理情况列表),见图5-16。

车辆信息

车牌号：京A9××××
车型：99桑塔纳
颜色：红色
发动机号：232323
防盗器号：232
车辆价格：323
随车附件1：2323
随车附件2：2323
随车附件3：23
录入人员：杨昆

车架号：2323
启用日期：2003-7-6
价格：23
价格：232
价格：3
录入日期：2003-7-6 7:51:52

状态信息

下次保养里程：7523
部门：业务六部
当前里程：400

下次保养时间：2008-6-9
状态：待租

保险信息

保险年限：2
保险公司：人民保险公司

保险开始日期：2003-7-6
保险单号：232

业务记录

合同编号	客户名称	出车日期	(应)还车日期	出车里程	还车里程	交接单号
F52	大王	2003-9-27 13:34:00	2003-9-30 13:34:00	200	400	

收入记录

合同编号	付款日期	付款类别	金额
F52	2003-9-27 13:34:32	预付押金	10000
F52	2003-9-27 13:34:32	预付租金	600
F52	2003-9-27 13:35:15	超时收费	100
F52	2003-9-27 13:35:15	退押金	-10000
总计：700			

维修记录

报修单编号	修复单编号	报修日期	修复日期	修理费用
没有符合条件的数据!				
总计：0				

图5-16　车辆信息查询结果

该功能模块还有车辆信息修改、车辆保险修改、车辆状态修改等功能。

四、车辆维修

该功能模块主要完成车辆的维修管理功能。

(一)车辆报修

当车辆发生故障时,使用该功能提请修理,将车辆转为修理状态(如图5-17所示)。

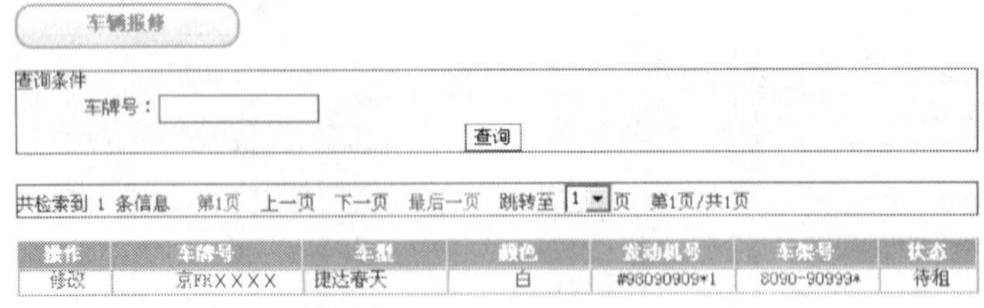

车辆报修

查询条件
车牌号：
查询

共检索到 1 条信息　第1页　上一页　下一页　最后一页　跳转至 1 页　第1页/共1页

操作	车牌号	车型	颜色	发动机号	车架号	状态
修改	京FR××××	捷达春天	白	#98090909*1	8090-90999*	待租

图5-17　车辆报修界面

在查询条件中输入车号,点“查询”(支持模糊查询),在查询条件栏目下方显示车辆列表,点要报修的车辆条目左侧的“修改”按钮,显示车辆报修单填写界面。依次填写或选择有关条目信息,确认无误后点提交完成报修操作(图5-18)。

点页面中红色“打印报修单”按钮,在新窗口显示报修单据,通过打印机打印输出即可

(图 5-19)。

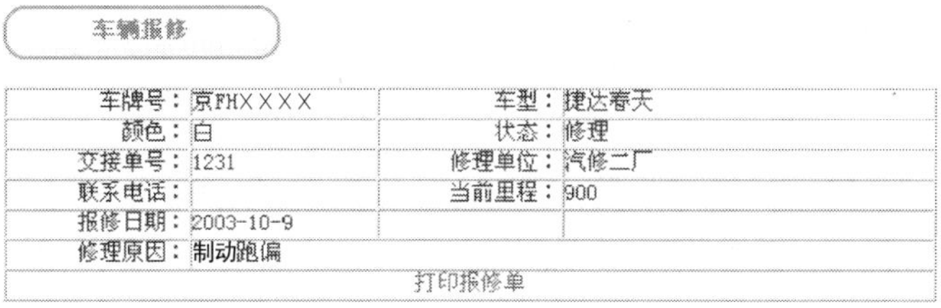

车辆报修

车牌号：	京FH××××	车型：	捷达春天
颜色：	白	状态：	修理
交接单号：	1231	修理单位：	汽修二厂
联系电话：		当前里程：	900
报修日期：	2003-10-9		
修理原因：	制动跑偏		
打印报修单			

图 5-18　车辆报修信息

编号:77　　报修日期:2003-10-9

车牌号	京 FH××××	车型	捷达春天	颜色	白
所属部门	业务一部	地址	海淀北沙滩	部门电话	625388××
交接单号	1231	修理单位	汽修二厂	联系电话	
修理原因	制动跑偏				

报修人:杨昆　　报修单位:业务六部　　出表日期:2003-10-09

图 5-19　车辆报修单

(二)车辆修复

当车辆完成修理后,使用该功能对车辆进行修复操作,回到报修前状态(图 5-20)。

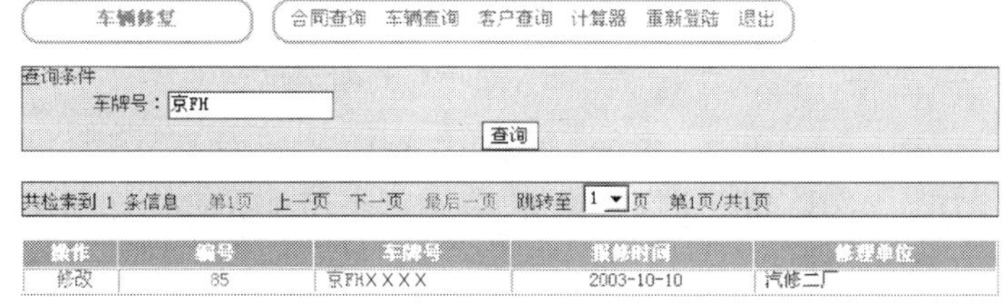

图 5-20　车辆修复界面

在查询条件中输入车号,点查询(支持模糊查询),在查询条件栏目下方显示车辆列表,点要修复的车辆条目左侧的"修改"按钮,显示车辆修复单填写界面。表单上方显示的是车辆报修单据信息,下面是修复单据填写部分,依次填写或选择各条目内容,确认无误后点提交完成修复操作(见图 5-21)。

车辆修复　　合同查询　车辆查询　客户查询　计算器　重新登陆　退出

车牌号：	京FH××××	车型：	捷达春天
颜色：	白	状态：	待租
交接单号：	12315	修理总费用：	220
修复日期：	2003-10-10	当前里程：	100
修理内容：	更换前制动片	金额：	220
修理记录：	修复		
打印修复单			

图 5-21　车辆修复信息

点页面中红色"打印修复单"按钮,在新窗口显示修复单据,通过打印机打印输出即可(图 5-22)。

编号:86　　　　报修单编号:85　　　　修复日期:2003-10-10

车牌号	京 FH × × × ×	车型	捷达春天	颜色	白
所属部门	业务一部	地址	海淀北沙滩	部门电话	625388 × ×
交接单号	12315	修理单位	汽修二厂	联系电话	121233
修理明细	修理内容	更换前制动片	金额	220	
修理总费用	220	大写	贰佰贰拾圆整		
修理记录	修复				

修复人:何小川　　　　修复单位:业务四部　　　　出表日期:2003-10-10

图 5-22　车辆修复单

该功能模块还有维修单查询、修复单作废、修理部位、修理内容、修理单位等功能。

五、客户管理

(一)新增客户

该功能用于向系统中增加客户信息(图 5-23)。

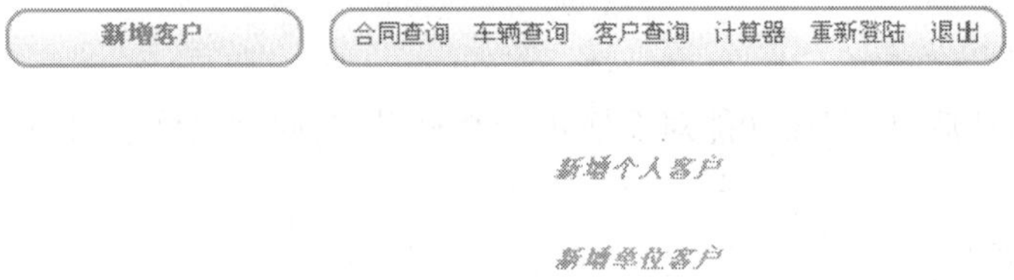

新增客户　合同查询　车辆查询　客户查询　计算器　重新登陆　退出

新增个人客户

新增单位客户

图 5-23　新增客户界面

客户按性质分为个人客户和单位客户两种,分别点新增个人客户和新增单位客户可分别进行新增个人或单位客户的操作。图 5-24 显示的是新增个人客户的界面,依次填写或选择各条目信息,确认无误后点提交完成操作。

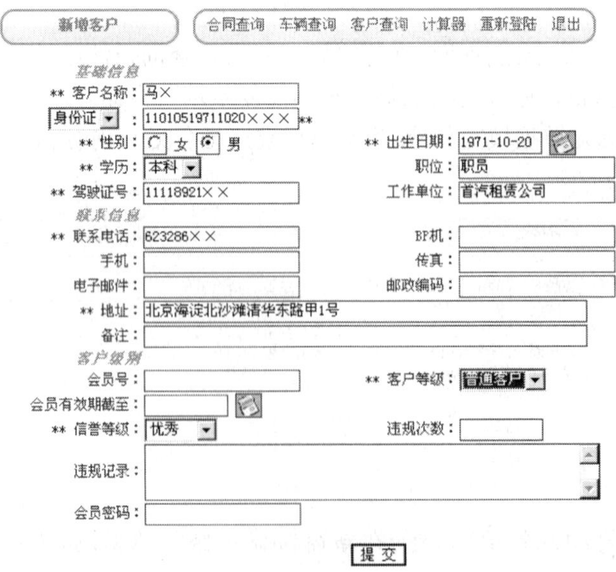

图 5-24　新增个人客户界面

(二)客户查询

该功能用于对客户的信息进行查询(图 5-25)。

在查询栏目中给定查询条件,点“查询”(支持模糊查询),在查询条件栏目下方显示符合条件的客户信息列表,点客户列表中的客户名称可以在新窗口中看到客户的详细信息。窗口中依次显示客户的基本信息、联系信息、客户级别、会员情况、违规情况等,最下面显示的是客户在公司消费历史记录的列表。

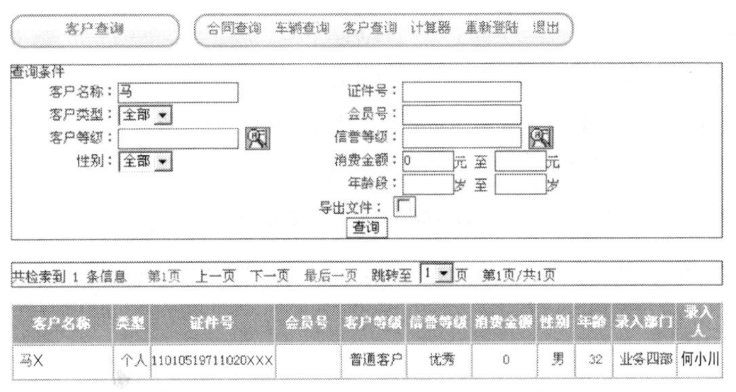

图 5-25 客户信息查询界面

该功能模块还有客户修改、照片、信用等级等内容。

六、预订

预订功能是将车辆的状态在一定的时间段内锁定,使其他操作人员不能对预订的车辆做跨预订时间段的操作,保证客户可以在预订的时间段内用到车辆。

(一)建立预订

该功能用于新建立一条预订信息(图 5-26)。

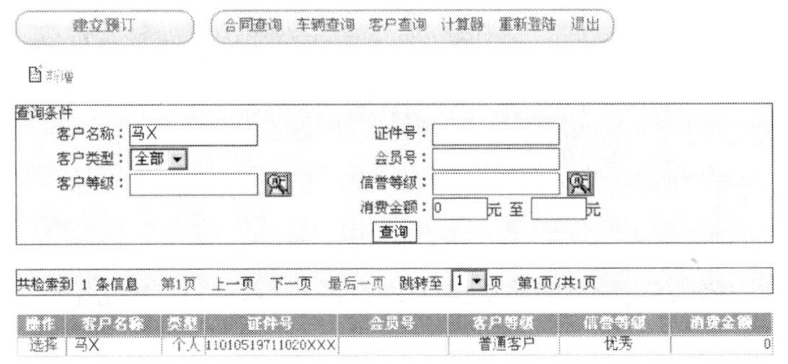

图 5-26 预订界面

通过条件选择要预订车辆的客户,如客户第一次租车,数据库里没有客户的信息,点查询条件栏目上方的“新增”按钮,将进入新增客户界面,点客户列表条目左侧操作栏目中的“选择”选定客户,显示预订信息界面(图 5-27)。

给定预计出车时间,还车时间(为必填项),以及车辆、提车部门、订金等信息,点“查询”,在选择条件栏目下方将显示符合条件可以供预订车辆的列表,点要预订的车辆条目左侧操作

栏中的“选择”选定预订车辆(图5-28)。

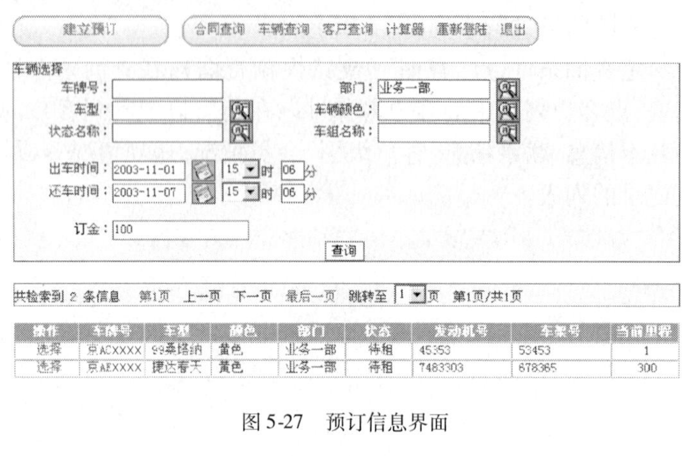

图5-27　预订信息界面

[接受预订][取消预订]

图5-28　预订信息确认界面

系统将显示预订的具体内容(租户、预订时间段、预订车辆等),若内容有误,点“取消预订”按钮退出重做,若确认无误,点“接受预订”,完成预订操作(图5-29)。

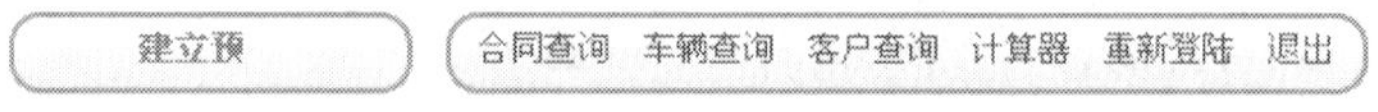

预订接受

打印预订单

图5-29　确认预订界面

点“打印预订单”按钮在新窗口中显示预订单据,通过打印机打印输出即可。预订单如图5-30所示。

编号:6　　　　预订日期:2003-10-10　15:08:43

客户名称	马×				
证件号	11010519711020×××	会员号		联系电话	623286××
车牌号	京AC××××	车型	99桑塔纳	颜色	黄色
订金	100				

录入人:何小川　　　　出车单位:业务一部　　　　出表日期:2003-10-10

图5-30　预订单

（二）预订查询

该功能用于对车辆的预订信息进行查询（图 5-31）。

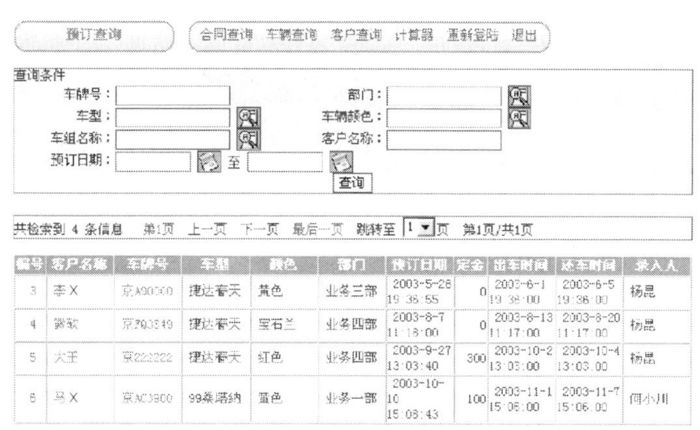

编号	客户名称	车牌号	车型	颜色	部门	预订日期	定金	出车时间	还车时间	录入人
3	李X	京A90000	捷达睿天	黄色	业务三部	2003-5-28 19:36:55	0	2003-6-1 19:38:00	2003-6-5 19:36:00	杨昆
4	谢敏	京P93849	捷达睿天	宝石兰	业务四部	2003-8-7 11:18:00	0	2003-8-13 11:17:00	2003-8-20 11:17:00	杨昆
5	大王	京222222	捷达睿天	红色	业务四部	2003-9-27 13:03:40	300	2003-10-2 13:03:00	2003-10-4 13:03:00	杨昆
6	马X	京AC3800	99桑塔纳	蓝色	业务一部	2003-10-10 15:08:43	100	2003-11-1 15:06:00	2003-11-7 15:06:00	何小川

图 5-31　预订信息查询

在查询条件栏目中给定查询条件，点“查询”（支持模糊查询），在查询条件栏目下方显示符合条件的预订信息列表，点预订条目左侧编号栏目中的编号，可以在新窗口中显示预订单据。

在查询条件栏目中给定要取消预订条目的条件，点“查询”，在查询条件栏目下方显示符合条件的预订信息列表，点预订条目左侧操作栏目中“删除”按钮，可将相关预订条目删除，系统显示确认删除提示，确认后删除。

七、业务管理

业务管理是这个系统的核心模块，主要是对合同信息建立、结算以及合同执行过程中各种变动的维护。

（一）新建合同

该功能用于新建立一个合同（图 5-32）。

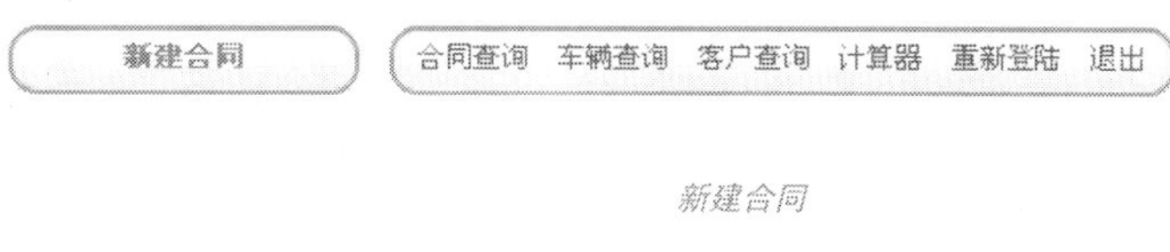

新建合同

预订转合同

图 5-32　新建合同界面

如果客户直接到门店租车点“新建合同”；如果客户已经预订车辆，可以点“预订转合同”，将跳过客户选择、车辆选择，直接将预订信息导入租赁登记表。

首先介绍新建合同的操作步骤（图 5-33）。

通过条件选定租赁车辆的客户，如果客户第一次到公司租车，数据库中没有客户的信息，

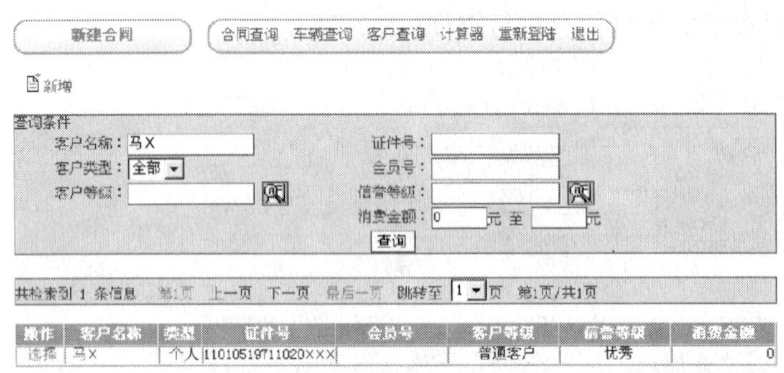

图 5-33　选择或新增客户界面

点查询条件栏目上方的“新增”按钮，增加客户（操作同客户管理中新增客户），在查询条件栏目下面客户列表中点客户条目左侧操作栏中的“选择”选定租车的客户，进入车辆选择界面（图 5-34）。

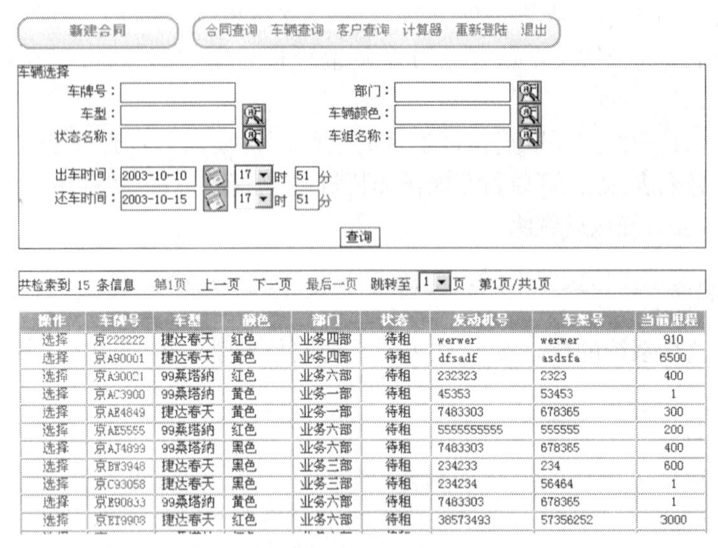

图 5-34　选择车辆界面

在车辆选择条件栏目中给定出车时间、预计的还车时间（必填项）以及车型、颜色等其他条件，点“查询”，在选择条件栏目下方显示符合条件可供出租的车辆列表，点选定的车辆条目左侧操作栏目中的“选择”，选定出租车辆，进入租赁登记表填写界面（图 5-35）。

系统将租车人以及租赁车辆的相关信息自动调入租赁登记表，默认租车人为第一个指定驾驶员，并自动计算整个租期的预付租金，操作人员可以在权限范围内对日租金、押金等数据调整（系统做记录）。如果客户在整个租期内是按一定时间段分几次支付租金，可以使用系统提供的辅助计算工具计算应付租金或下次付款时间，点预付租金条目左侧红色的“计算”就可以在新窗口中打开辅助计算工具（图 5-36）。

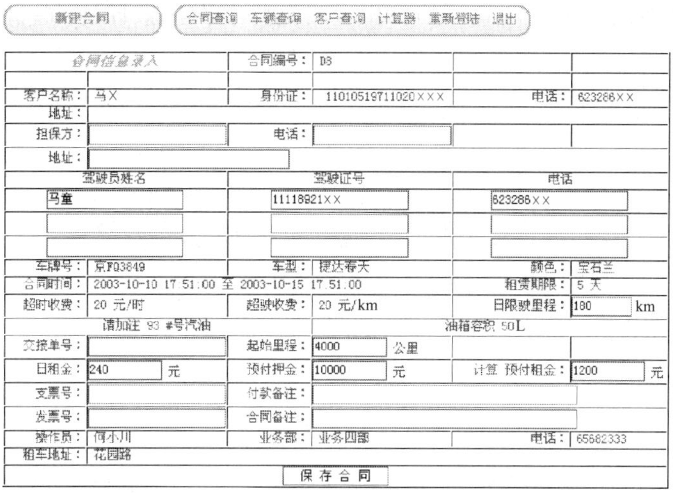

图 5-35　租赁登记表填写界面

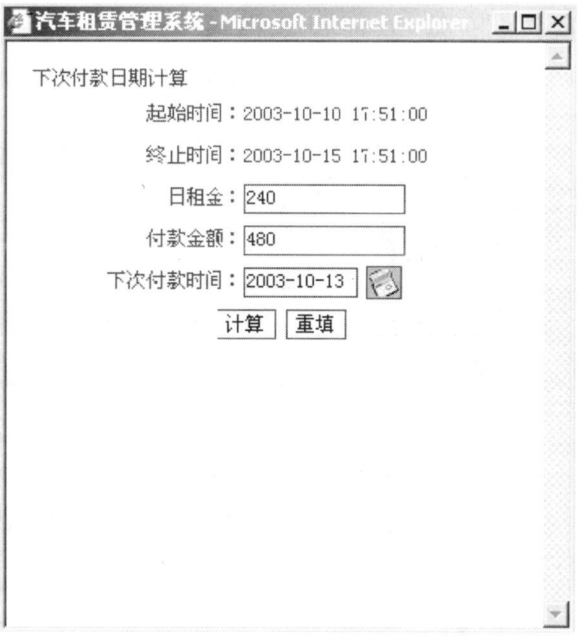

图 5-36　自动生成应付租金

选定下次付款时间,点“计算”,付款金额里将显示自租赁起始时间到下次付款时间客户应预付的租金数目,给定付款金额,点计算将显示下次付款时间。预付租金有效租赁登记表中各项内容填写完毕,确认无误后点保存合同,显示确认提示信息,确认无误后点“提交”,出现租车合同信息界面(图 5-37)。

分别点“合同记录单”、“付款单”,则打印机打印出相应单据。

(二)合同付款

该功能用于合同执行过程中,客户交纳各种费用的操作,若客户交纳的项目是租金,系统将根据租金交纳的数目以及合同签订的日租金自动将下次付款日期(租金有效期)向后延长(图5-38)。

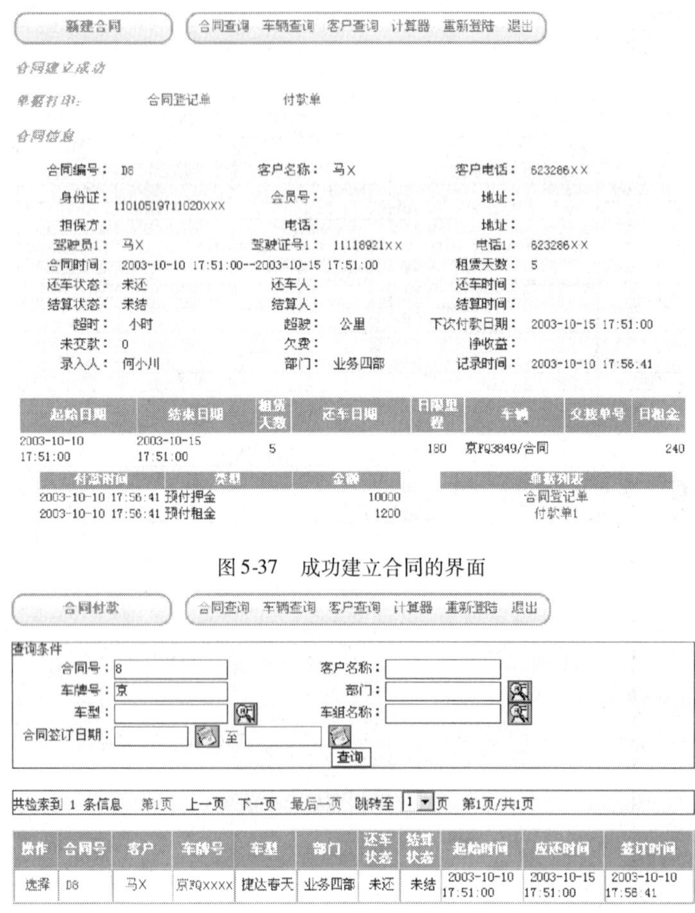

图5-37 成功建立合同的界面

图5-38 合同付款界面

通过条件选择要付款的合同,点查询条件下方合同列表左侧操作栏目中的“选择”,选定要付款的合同(图5-39)。

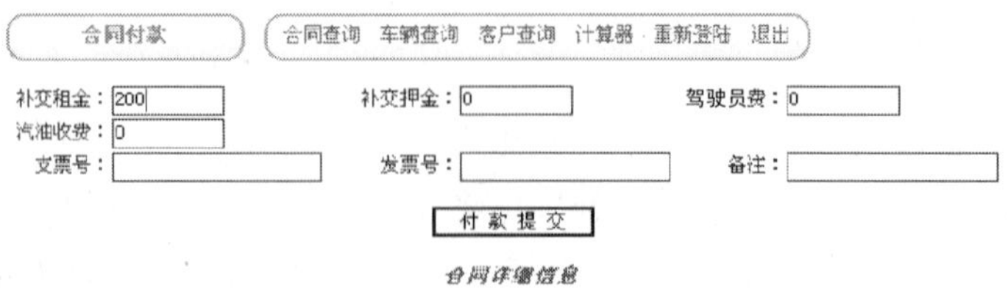

图5-39 合同付款信息查询界面

根据付款类型在相应的条目中写入付款金额,确认无误后点付款提交,显示付款信息提示界面。确认付款信息无误后,点“确定”,显示付款成功界面(图5-40)。

点页面中的“打印付款单”,在新窗口中显示付款单据,通过打印机打印输出即可(图5-41)。

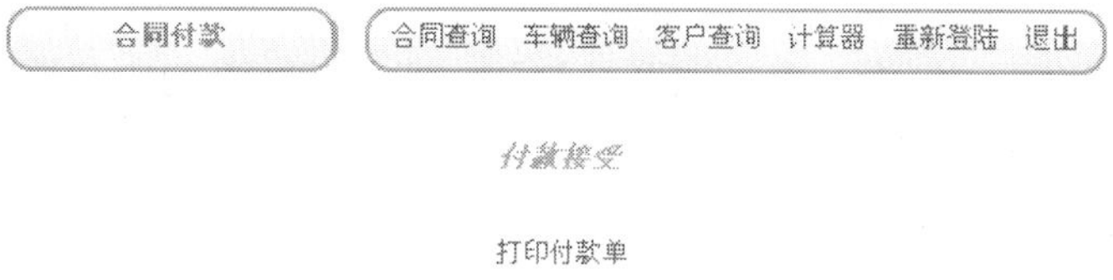

合同付款
合同查询 车辆查询 客户查询 计算器 重新登陆 退出
付款接受
打印付款单

图 5-40　确认付款界面

付款编号:2　　　合同编号:D8　　　付款日期:2003-10-10　18:11:41

车牌号	京 FQ××××	车型	捷达春天	颜色	宝石蓝
客户名称	马×	会员号		部门	业务四部
有效期截至	2003－10－15	支票号		发票号	
收费项目					
补交租金	¥200.00				
合计	¥200.00　贰佰圆整(大写)				
备注					

计费人:何小川　　　交款人:　　　收款人:　　　出表日期:2003-10-10

图 5-41　付款单

(三)合同结算

该功能用于合同执行完毕后对合同结算的操作(图 5-42)。

合同结算
合同查询 车辆查询 客户查询 计算器 重新登陆 退出
查询条件
合同号：7
客户名称：
车牌号：京
部门：
车型：
车组名称：
合同签订日期：
至
查询
共检索到 1 条信息 第1页 上一页 下一页 最后一页 跳转至 1 页 第1页/共1页
操作 合同号 客户 车牌号 车型 部门 还车状态 结算状态 起始时间 应还时间 签订时间
选择 D7 马× 京XXXXX 捷达春天 业务四部 已还 未结 2003-10-10 16:04:00 2003-10-15 16:04:00 2003-10-10 16:20:40

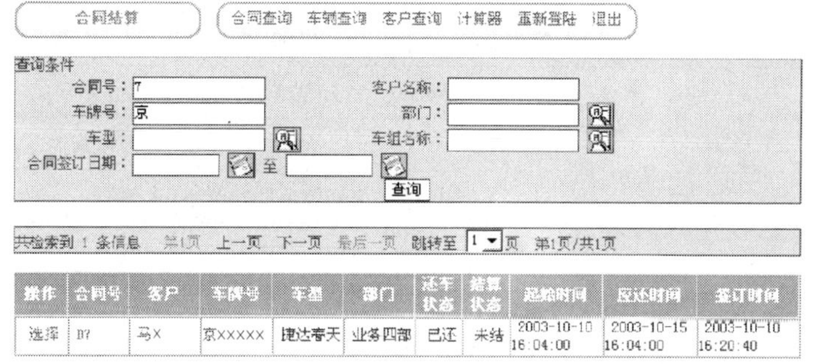

图 5-42　合同结算界面

通过条件选择要结算的合同,点查询条件栏目下方合同列表左侧操作栏目中的“选择”,选定要结算的合同(图 5-43)。

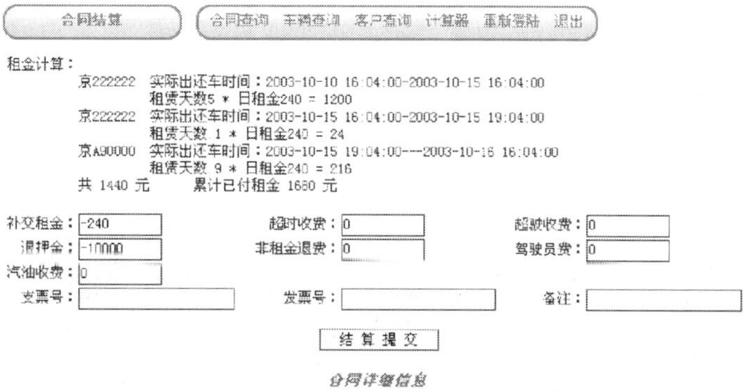

合同结算
合同查询 车辆查询 客户查询 计算器 重新登陆 退出
租金计算：
京222222 实际出还车时间：2003-10-10 16:04:00-2003-10-15 16:04:00
租赁天数5 * 日租金240 = 1200
京222222 实际出还车时间：2003-10-15 16:04:00-2003-10-15 19:04:00
租赁天数 1 * 日租金240 = 24
京A90000 实际出还车时间：2003-10-15 19:04:00---2003-10-16 16:04:00
租赁天数 9 * 日租金240 = 216
共 1440 元 累计已付租金 1680 元
补交租金：-240
超时收费：0
超驶收费：0
退押金：-10000
非租金退费：0
驾驶员费：0
汽油收费：0
支票号：
发票号：
备注：
结 算 提 交
合同详细信息

图 5-43　结算合同信息

系统将显示合同使用的每一辆车每一个使用时间段（续租替换后作为一个单独的时间段）租金的计算公式，同时按照公式计算超时、超驶收费及结算时的应交费、应退费情况，用户根据实际情况填写其他收费，并可在权限范围内对结算金额进行调整（系统做记录），确认无误后点结算提交，显示结算信息提示界面（图5-44）。确认结算信息无误后，点“确定”显示成功结算界面。

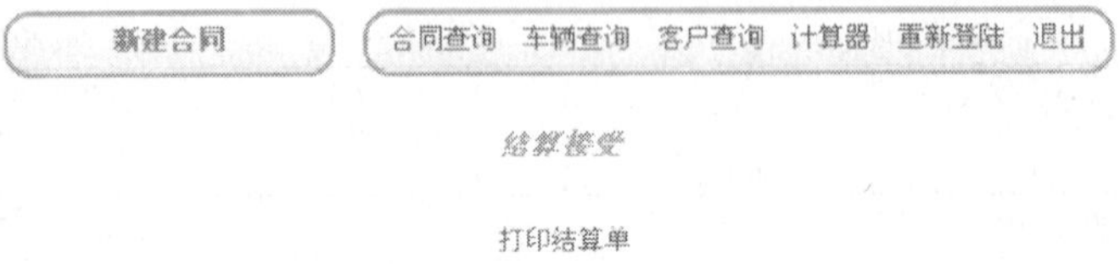

新建合同 | 合同查询 车辆查询 客户查询 计算器 重新登陆 退出

结算接受

打印结算单

图5-44 结算信息提示界面

点页面中的打印结算单，在新窗口中显示结算单据，通过打印机打印输出即可（图5-45）。

合同编号：D7 结算日期：2003-10-10 18:16:34

车牌号	京A9××××	车型	捷达春天	颜色	黄色
客户名称	马×	会员号		部门	业务四部
有效期截至	2003-10-15	支票号		发票号	
收费项目					
补交租金	￥-240.00	退押金	￥-10000.00		
结算合计	￥-10240.00 壹万零贰佰肆拾圆整（大写）				
预收押金	10000	预收租金	1680	预收其他	0
合同总费用合计	￥1440.00 壹仟肆佰肆拾圆整（大写）				
备注					

计费人：何小川 交款人： 收款人： 出表日期：2003-10-10

图5-45 结算单

（四）合同续租

该功能用于客户要求延长合同租赁时段进行合同变更的操作。在合同续租界面（图5-46）输入合同的各类信息之一，即可查询到满足这些信息的不同合同。

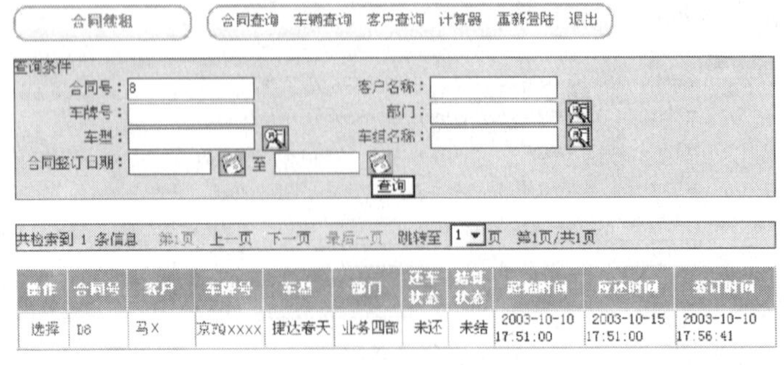

图5-46 合同续租界面

合同续租界面通过条件选择要续租的合同，点查询条件栏目下方合同列表左侧操作栏目中的“选择”，选定要续租的合同（图 5-47）。

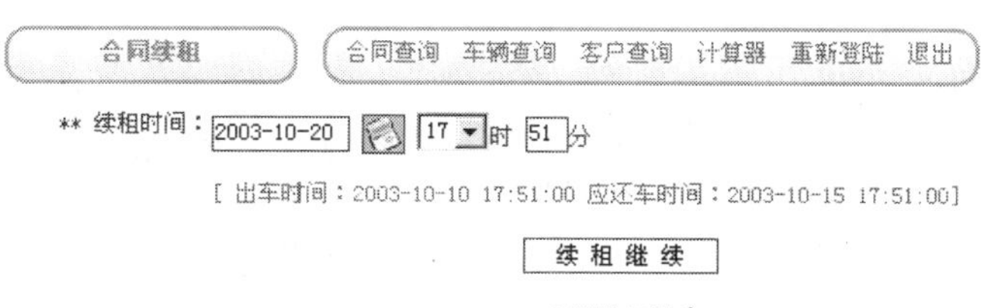

图 5-47　选定要续租的合同

填写合同延长后的预计还车时间，确认无误后点续租继续，显示续租相关信息填写界面（图 5-48）。

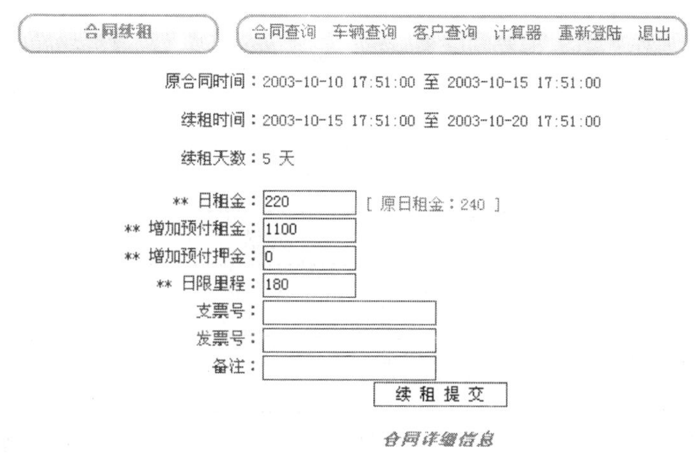

图 5-48　续租相关信息填写界面

系统将根据延长后的租赁时间段重新计算日租金，自动计算预付租金，操作人员可以在权限范围内对日租金、预付租金进行修改（系统做记录），确认无误后点续租提交，显示续租成功界面（图 5-49）。

点单据打印中的“付款单”、“变更合同登记单”，在新窗口中显示相应单据，通过打印机打印输出即可，变更合同登记表如图 5-50 所示。

该功能模块还有新建预订合同、合同查询、合同还车、合同换车、合同修改、合同欠款、付款类型等功能。

八、查询统计

系统中的各项查询统计分析功能都集中在这个查询模块中，共有 18 个功能，包括车辆查询、客户查询、合同查询、维修查询、应还车辆、已还车辆、车辆保险、车辆修理、车辆维护、待维护车辆、车辆出租率、车辆完好率、应交费合同、欠费合同、财务收入统计、预订查询、异常时间、异价出租。

合同续租 | 合同查询 车辆查询 客户查询 计算器 重新登陆 退出

变更合同建立成功

单据打印: 变更合同登记单 付款单

合同信息

合同编号:	D8	客户名称:	马童	客户电话:	623286XX
身份证:	11010519711020XXX	会员号:		地址:	
担保方:		电话:		地址:	
驾驶员1:	马X	驾驶证号1:	11118921XX	电话1:	623286XX
合同时间:	2003-10-10 17:51:00--2003-10-20 17:51:00			租赁天数:	10
还车状态:	未还	还车人:		还车时间:	
结算状态:	未结	结算人:		结算时间:	
超时:	小时	超驶:	公里	下次付款日期:	2003-10-20 17:51:00
未交款:	0	欠费:		净收益:	
录入人:	何小川	部门:	业务四部	记录时间:	2003-10-10 17:56:41

起始日期	结束日期	租赁天数	还车日期	日限里程	车辆	交接单号	日租金
2003-10-10 17:51:00	2003-10-15 17:51:00	5	2003-10-15 17:51:00	180	京FQ3849/合同		240
2003-10-15 17:51:00	2003-10-20 17:51:00	5		180	京FQ3849/续租		220

付款时间	类型	金额
2003-10-10 17:56:41	预付押金	10000
2003-10-10 17:56:41	预付租金	1200
2003-10-10 18:11:41	补交租金	200
2003-10-10 18:21:01	补交租金	1100

单据列表
合同登记单
续租1
付款单1
付款单2

图 5-49　续租成功界面

租赁车号:京 FQ × × × ×　　　　合同编号:D8 续租 1　　　　出表日期:2003-10-10

<table>
<tr><td>承租方</td><td colspan="3">马 ×</td><td colspan="2">电话</td><td colspan="2">623286 × ×</td></tr>
<tr><td>住址/地址</td><td colspan="7"></td></tr>
<tr><td>担保方</td><td colspan="3"></td><td colspan="2">电话</td><td colspan="2"></td></tr>
<tr><td>地址</td><td colspan="7"></td></tr>
<tr><td colspan="2">驾驶员姓名</td><td colspan="3">驾驶证号</td><td colspan="3">电话</td></tr>
<tr><td colspan="2">马 ×</td><td colspan="3">11118921 × ×</td><td colspan="3">623286 × ×</td></tr>
<tr><td>车辆车号</td><td>京 FQ × × × ×</td><td>颜色</td><td colspan="2">宝石蓝</td><td>车型</td><td colspan="2">捷达春天</td></tr>
<tr><td>租赁期限</td><td>5 天</td><td>起租时间</td><td colspan="2">2003-10-15
17:51:00</td><td>应还时间</td><td colspan="2">2003-10-20
17:51:00</td></tr>
<tr><td>超时收费</td><td>20 元/h</td><td>超驶收费</td><td colspan="2">20 元/km</td><td>付款有效日期</td><td colspan="2">2003-10-20
17:51:00</td></tr>
<tr><td colspan="2">使用时请加注 93#无铅汽油</td><td>日租金</td><td colspan="2">220 元</td><td>日限驶里程</td><td colspan="2">180km</td></tr>
<tr><td>付款日期</td><td>2003-10-10
18:21:01</td><td>预付押金</td><td colspan="2">0 元</td><td>预付租金</td><td colspan="2">1100 元</td></tr>
<tr><td>支票号</td><td colspan="4"></td><td>收款人</td><td colspan="2">何小川</td></tr>
<tr><td>备注</td><td colspan="7"></td></tr>
<tr><td colspan="5">油箱容积 50L</td><td>交接单号</td><td colspan="2"></td></tr>
<tr><td colspan="4">出租方:北京首汽租赁公司
经办人:</td><td colspan="4">承租方:马 ×
经办人:</td></tr>
</table>

图 5-50　变更合同登记表

第四节 GPS 风险防范管理技术应用

一、什么是 GPS

GPS 是全球卫星定位系统的简称,起源于美国,耗时 20 年花费 120 亿美元建成。美国国防部设计此系统主要应用在军事领域,利用卫星对锁定目标进行跟踪、监控,从而达到防御、救援的目的。开始时主要是搜寻失事的飞机、跳伞的飞行员。现在主要为所有的飞机、舰艇、陆地移动车辆提供导航、跟踪,对一些重要的军事目标进行定位,并同时开展有效的保护或实施彻底打击。

GPS 的应用范围广泛,随着社会发展由军事领域转向民用,渗透到国民经济和社会生活的各个领域,如:航空、航天、公安消防部门指挥调度,交通部门机动车辆管理,金融特种车辆管理,民用车辆跟踪定位、防盗等。

在世界上与美国 GPS 定位系统相似的有俄罗斯格罗纳斯系统和欧洲伽利略系统,还有我国自行研制的具有局部地区导航能力的北斗导航系统。

二、什么是 GIS

地理信息系统,简称 GIS(Geographic Information System)。顾名思义,地理信息系统是处理地理信息的系统。地理信息是指直接或间接与地球上的空间位置有关的信息,又常称为空间信息。一般来说,GIS 可定义为:"用于采集、存储、管理、处理、检索、分析和表达地理空间数据的计算机系统,是分析和处理海量地理数据的通用技术。"从 GIS 系统应用角度,可进一步定义为:"GIS 由计算机系统、地理数据和用户组成,通过对地理数据的集成、存储、检索、操作和分析,生成并输出各种地理信息,从而为土地利用、资源评价与管理、环境监测、交通运输、经济建设、城市规划以及政府部门行政管理提供新的知识,为工程设计和规划、管理决策服务。"

在我国地理信息系统又称为资源与环境信息系统。GIS 的应用系统主要由五部分组成,包括硬件、软件、数据、人员和方法。

地理信息系统是用于浏览和创建地图的一个或一组应用程序。地理信息系统一般包括浏览系统(有时允许用户使用网络浏览器查看地图),创建地图的环境,管理那些提供联机实时浏览的地图和数据的服务程序。

三、GPS 与 GIS 在汽车租赁行业的应用

我国汽车租赁行业在行业发展过程中,遇到了一个重要问题,就是车辆防骗防盗。因为人员信用体系发展的不足,又因为车辆运营固有的流动性,使得租车行业成了一个高风险的行业,车辆被骗被盗的情况经常发生。各家企业为了降低车辆被骗被盗风险,纷纷采用 GPS 卫星监控系统对车辆进行远程监控。

(一)租赁车辆监控系统原理

GPS 车辆监控调度系统是由 GPS 移动终端 GPRS/GSM、传输系统和监控中心三部分组成(图 5-51)。

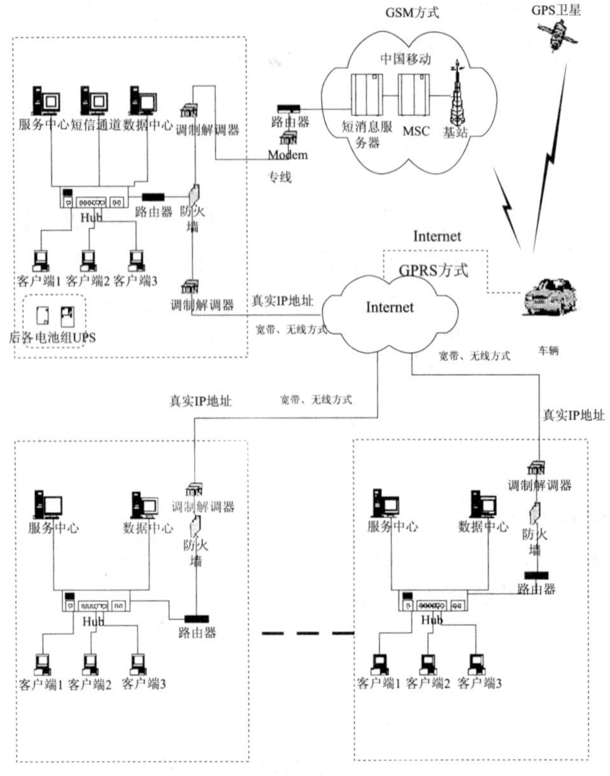

图 5-51　GPS 车辆监控调度系统原理图

1. GPS 移动终端

GPS 移动终端包括 GPS 汽车定位终端设备,它将接收到的 GPS 定位信息经过处理后,计算出车辆的经度、纬度、速度、方向。

2. 传输系统

传输系统由 GPRS/GSM 网络、短信中心、GSM 前置机、交换机、网络电缆组成,它负责 GPS 移动终端与监控中心之间的数据传输。

3. 监控中心

监控中心是整个系统的核心,直接影响系统的稳定、有效运行。它将 GPS 移动终端通过 GPRS/GSM 传输系统传来的数据与电子地图匹配,即可实现车辆的位置显示、跟踪,同时,监控中心的调度、控制指令等通过 GPRS/GSM 传输系统下达给 GPS 移动终端。

监控中心在硬件上由三部分组成:通信服务器、GIS 服务器和监控终端(或监控显示屏)。通信服务器负责处理系统与 GPS 移动终端的双向通信(通过 GSM 短信中心、TCP/IP 或 GSM 前置机)。GIS 服务器又称数据库服务器,完成各种数据记录和与电子地图的匹配,系统采用的是 SQL Server 数据库、电子地图。监控终端用于中心服务人员对车辆的监视、控制操作。

(二) 系统逻辑结构

采用数据总线结构,由多个服务和客户端程序组成,包括:

(1)提供多用户监控终端接入的用户代理服务:负责用户登录控制和数据转发。

(2)可接入多种无线通信网络通信服务:负责与电信运营商的短信中心进行网络通信,以及通过互联网与GPRS中心服务器进行网络通信，控制下行的数据流量。

(3)支持多种车载终端的协议服务：将不同的车台协议格式与标准数据格式进行转换。

(4)负责进行数据快速转发的核心转发服务：负责将接收的数据转发给不同的用户，以及将用户的命令转发到正确的通信服务上。

(5)负责进行权限管理的安全控制服务：对用户登录进行安全认证，对用户发出的命令进行有效性和权限检查，向该用户发送安全令牌。

(6)数据存储服务：负责数据的存储、检索、查询等。

(7)电子地图管理程序：维护系统内部电子地图的一致性，负责地图更新、发布等。

(8)车辆监控终端程序：面向用户的电子地图的车辆监控界面，可以呼叫和控制车辆。

(9)车辆、车载终端管理程序：维护车辆、车载终端的管理程序。

(10)用户授权管理程序：用户信息管理系统，对用户合法性、权限进行分配管理。

(11)系统监控维护程序：接收系统运行信息，分析和检测各个服务、程序、用户的工作状态，及时发出报警，必要时主动进行恢复操作。

(三)系统功能

1. 车辆监控

(1)监控功能：可以并发运行多个用户监控端。每个监控端的功能与单机版相似。

(2)车辆所属部门，车辆状态等要与汽车租赁管理系统时时同步。

(3)无信号车辆，自动报警，生成报表。报表中包括部门、车号、最后定位时间等项目。

(4)定位不准车辆，自动报警，自动发复位信息。若定位不能通过复位信息恢复成良好车辆，生成报表。报表中包括部门、车号。

(5)车辆查询时可分状态查询，如只查询待租车，只查询修理车等。

(6)即时查询车辆合同状态，当非合同车辆行驶出设定区域，系统自动报警提示。杜绝无合同出车。越界报警的车辆查询后能生成报表，显示时间、车号、部门、当时车辆状态、最近地标物名称。

(7)系统可对车辆熄火断电情况下的终端发送SMS信息激活设备，实现停车熄火后的定位。

(8)车辆查询时应支持车号的模糊查询，前面的汉字如“京”等也要便于输入。

(9)地图功能：与单机版基本相同，增加行车路线规划和行车区域规划管理功能。

(10)历史轨迹回放。

(11)报警处理。

(12)GPRS车台的上下线管理。

(13)车台初始化管理和车台配置参数查询。

(14)通信接入：支持SMPP/CMPP、SGIP短信方式、GPRS、CDMA通信方式。

(15)系统运行监控：实时察看系统各个服务的运行状态，了解用户上线情况，监视用户发送的命令，监视系统收到的数据，关闭或启动某个服务。

2. 车辆管理

车辆监控系统可以做到对全国任何一辆车进行实时监控。所有待出租车辆，在没有信用卡结算系统发来的预授权订单之前，谁也无法开动；每次车辆进出都要核对公里数、油耗等参

数。车辆配备了 GPS,任何一辆车出现异常情况,总部都可以及时发现。

四、车载 GPS 监控系统使用中常见问题

由于卫星是处在相当高的运行轨道上,其传送的信号相当的微弱,因此它不像一般通信无线电或手机等可在室内使用或收到信号,在使用时需注意下列事项:

(1)需在室外及天空开阔度较佳的地方才能使用,否则若大部分的卫星信号被建筑物、金属遮盖物、浓密树林等所阻挡,接收机将无法获得足够的卫星信息来计算出所在位置的坐标。

(2)请勿在 1.57GHz 左右的强电波环境下使用,因此环境易将卫星信号遮盖掉,造成接收机无法获得足够的卫星信息来计算出所在位置的坐标,尤其是高压电塔下方。

(3)单纯 GPS 所计算出的高程值,并非是我们一般所说的海拔高度及气压计量测的飞行高度,原因在于所使用的海平面基准点不同,因此在使用时请务必注意此点。

(4)当车辆长期不用时,常会因车载 GPS 监控器消耗电量,将车载蓄电池存电耗完,使车辆无法起动。因此,当辆长期停驶不用时,可将蓄电池线摘掉。

(5)因车载 GPS 监控终端工作环境恶劣,常在高温、振动环境中使用,国内生产的产品厂家多、批量少、故障率较高。

思 考 题

1. 什么是收益管理?
2. 收益管理的核心是什么?
3. 收益管理适用于哪些行业?
4. 适用于收益管理的行业都有哪些共同特点?
5. 汽车租赁运用收益管理必须经过哪几个过程?
6. 汽车租赁运用收益管理建立价格藩篱有哪几种方式?
7. 为什么说汽车租赁是成功利用电子商务的行业之一?
8. 汽车租赁电子商务系统由哪几部分构成?
9. 汽车租赁电子商务都有哪些功能?
10. 汽车租赁管理程序包括哪几个部分?
11. 汽车租赁管理程序的主要功能是什么?
12. 如何使用汽车租赁管理程序建立一个新合同?
13. 汽车租赁管理程序的主要查询功能是什么?
14. 车辆管理模块都有哪些功能?
15. 客户管理模块都有哪些功能?
16. 如何使用汽车租赁管理程序将预订转为合同?
17. 如何使用汽车租赁管理程序合同结算?
18. GPS 由哪几个系统组成?
19. GPS 常见问题有哪些?

第六章　汽车租赁工作内容及技能要求

汽车租赁兼有租赁服务、融资租赁、道路运输等多个行业属性，与汽车销售、保险、维修、二手车销售等汽车关联行业有密切联系。经营过程中包含市场营销、风险控制、法律事务等环节和运用收益管理、电子商务等管理技术。汽车租赁虽然历史比较短，但却是一个内涵丰富的行业，汽车租赁工作内容同样比较丰富，对工作人员的综合素质和能力有比较高的要求。除了要掌握本教材介绍的汽车租赁基础知识、业务知识、经营管理知识外，还应当掌握市场营销、汽车维修使用、汽车流通、汽车保险、风险防范、计算机网络技术、公共关系、人际交往礼仪等基础知识，还应当了解与汽车租赁经营有关的法律政策，例如物权法、合同法、民法通则、消费者权益保护法、租赁、典当、担保等有关知识以及与汽车租赁相关的司法解释。

根据汽车租赁工作所涉及的内容和难易程度，汽车租赁工作可分为初级、中级、高级三个级别。

第一节　初 级 工 作

初级工作也是汽车租赁业务的基础工作，包括租车业务、租后服务、业务信息管理、车务工作、风险控制五大部分。

一、租车业务

（一）工作内容一：接待客户，确定租赁申请

1. 技能要求

（1）能通过语言沟通了解客户需求；

（2）能够向客户提供租赁须知、租赁价格、车辆使用功能等咨询；

（3）能通过谈判协助客户确定租赁申请。

2. 相关知识

（1）礼仪知识；

（2）《汽车租赁经营服务规范》（北京市地方标准）；

（3）汽车租赁价格标准和收费方式；

（4）租赁汽车使用功能。

（二）工作内容二：审核承租人资格

1. 技能要求

（1）能判断承租方身份证明文件的真伪；

（2）能根据综合判断确定承租方是否符合租赁的信用条件。

2. 相关知识

(1)各类证件的识别知识;

(2)社团法人注册登记、企业法人工商登记知识。

(三)工作内容三:签订合同

1. 技能要求

(1)能够使用计算机汽车租赁业务程序或人工条件下检索待租车辆信息;

(2)能够使用计算机汽车租赁业务程序,录入或人工登记合同信息;

(3)能够按照档案管理标准,归纳、保存合同及相关资料。

2. 相关知识

(1)《中华人民共和国合同法》第十三、十四章有关条款;

(2)《北京市汽车租赁合同统一文本》及其他汽车租赁合同条款;

(3)合同审核知识;

(4)汽车租赁业务软件使用知识。

(四)工作内容四:收取费用

1. 技能要求

(1)能辨别钞票、支票真伪;

(2)能辨别信用卡并使用 POS 机结算;

(3)能使用发票打印机打印税控发票;

(4)能向承租方收取保证金、租金;向财务部交纳收取的费用,与承租方确认收取的费用。

2. 相关知识

(1)财务基础知识;

(2)银行票据、信用卡、保险相关知识;

(3)发票打印机使用知识、税控发票知识。

(五)工作内容五:车辆交接

1. 技能要求

(1)能够测试租赁汽车的基本使用功能;

(2)能在车辆交接单上准确记录、描述车辆状况。

2. 相关知识

(1)汽车结构、维护、使用等基础知识;

(2)租赁汽车的主要性能和使用方法;

(3)描述车辆技术状况、外观状况的符号和术语。

(六)工作内容六:终止合同

1. 技能要求

(1)能够按照业务程序要求,完成业务终止后各类数据的归整;

(2)能够根据业务类别归档保存业务档案。

2. 相关知识

(1)档案归类管理知识;

(2)汽车租赁业务程序知识。

二、租后服务

(一)工作内容一:救援服务

1. 技能要求

(1)能够在短时间内对车辆故障做出准确判断;

(2)能在短时间内更换车辆损坏的轮胎、蓄电池、传动带等易损件;

(3)能使用基本维修工具排除车辆一般故障或暂时恢复车辆行驶;

(4)能使用拖车工具将故障车辆拖回指定位置;

(5)能够指导客户按照规定处理交通事故。

2. 相关知识

(1)报险程序;

(2)租赁汽车常见故障判断和修理知识;

(3)交通事故处理程序。

(二)工作内容二:替换服务

1. 技能要求

(1)能够统筹调配待租车辆;

(2)能够将车辆送到指定地点。

2. 相关知识

同"工作内容一:救援服务"。

(三)工作内容三:保险理赔

1. 技能要求

(1)能够填写各类保险理赔单据;

(2)能够根据出险情况向保险公司提出保险理赔要求;

(3)能够跟踪保险公司理赔工作进程,按照规定时间完结理赔工作。

2. 相关知识

(1)车辆保险理论和基础知识;

(2)保险报案、定损、理赔知识。

三、业务信息管理

(一)工作内容一:客户信息管理

1. 技能要求

(1)能够及时将客户变更信息录入客户档案;

(2)能够对客户信息进行分类保存;

(3)能够编制客户信息管理的各类报表;

(4)能根据条件检索具体客户信息。

2. 相关知识

(1)汽车租赁业务管理知识;

(2)计算机硬件、程序基础知识;

(3)利用统计数据绘制趋势图;

(4)编制、填写各类报表的知识。

(二)工作内容二:车辆信息管理

1. 技能要求

(1)能够及时将车辆技术、维修、分布、车辆牌号变更、车辆新增更新等动态信息录入车辆档案;

(2)能够对车辆信息进行分类保存;

(3)能够编制车辆信息管理的各类报表;

(4)能根据条件检索具体车辆信息。

2. 相关知识

同"工作内容一:客户信息管理"。

(三)工作内容三:合同信息管理

1. 技能要求

(1)能够及时将合同变更信息录入合同档案;

(2)能够对合同信息进行分类保存;

(3)能够编制合同信息管理的各类报表;

(4)能根据条件检索具体合同信息。

2. 相关知识

同"工作内容一:客户信息管理"。

四、车务工作

(一)工作内容一:新车购置和车辆交接

1. 技能要求

(1)具有车辆驾驶的技能和资格;

(2)掌握车辆购买程序;

(3)掌握鉴定车辆各系统功能的基本技能。

2. 相关知识

车辆技术和销售知识。

(二)工作内容二:车辆登记牌证管理

1. 技能要求

(1)熟悉车辆登记办法和程序;

(2)熟悉车辆检验及牌照、证件的管理办法和程序。

2. 相关知识

车辆登记管理政策法规。

(三)工作内容三:车辆现值评估二手车交易

1. 技能要求

(1)能过对车辆现值进行初步评估;

(2)能够办理二手车交易的所有手续。

2. 相关知识

(1)车辆价值评估知识;

(2)二手车交易及登记的有关知识、法规、程序。

(四)工作内容四:车辆维护

1. 技能要求

(1)能过确定车辆技术状况及提出修理项目和要求;

(2)能够对车辆进行基本维护工作。

2. 相关知识

车辆维修知识。

五、风险控制

(一)工作内容一:寻找潜在风险

1. 技能要求

(1)能够圈定潜在违约客户;

(2)能够通过检索汽车租赁业务程序或合同档案,掌握、监控潜在违约客户合同履行情况;

(3)能够根据客户名称、地址、活动规律等初级信息,迅速确定具体监控对象地理位置。

2. 相关知识

(1)GPS 等各类防盗、定位装置的使用知识;

(2)涉及地区的道路、建筑、停车场等地理知识;

(3)自身防卫及报警知识;

(4)治安案件处理程序。

(二)工作内容二:采取预防措施

1. 技能要求

(1)能够在确定潜在风险客户后,及时发出催交欠款、归还车辆通知;

(2)能够使用 GPS 等定位、防盗装置寻找车辆位置、遥控车辆。

2. 相关知识

同"工作内容一:寻找潜在风险"。

(三)工作内容三:消除风险和减少损失

1. 技能要求

(1)能够通过各种措施取回车辆或追缴欠款;

(2)能够在车辆失控后办理报案手续;

(3)能够应对暴力等非常事件。

2. 相关知识

同"工作内容一:寻找潜在风险"。

第二节 中级工作

中级工作主要是协调各项初级工作,保证其有序、协调进行;中级工作还包括企业宏观运

营管理工作以及非常规业务。中级工作有融资租赁业务、收费管理、经营管理、市场调研分析、市场营销、服务产品设计及价格管理、服务质量监督及改进、风险评估及法律事务八部分。

一、融资租赁业务

1. 技能要求

(1)能够编制租金定额、本金定额两种融资租赁概算书;

(2)能够帮助客户设计融资租赁方案。

2. 相关知识

(1)汽车融资租赁租金计算公式;

(2)各类银行贷款息率;

(3)车辆成本构成及各类车型购置费用。

二、收费管理

(一)工作内容一:确定收费

1. 技能要求

(1)能根据条件检索具体收费信息;

(2)能够计算应收租金、滞纳金、超时费、超程费、保险补偿费等应收费用数额。

2. 相关知识

应收款、挂账等财务基础知识。

(二)工作内容二:收缴各类费用

1. 技能要求

能够根据合同及时开具租金等各类收款通知并向客户收取费用。

2. 相关知识

同“工作内容一:确定收费”。

(三)工作内容三:收费账目管理

1. 技能要求

(1)能够及时将收费情况按业务程序录入计算机或记入相关账目;

(2)能够处理应收、欠款、欠款收回等账目之间的冲销;

(3)能够编制收费管理的各类报表。

2. 相关知识

同“工作内容一:确定收费”。

三、经营管理

(一)工作内容一:建立统计分析系统

1. 技能要求

(1)能够建立及时、准确、全面反映企业经营状况的数据统计系统;

(2)能够根据业务变化调整数据统计系统;

(3)能够编制出租率、租金收入、车辆状况等反映企业经营状况的各类报表。

2. 相关知识

(1)《北京市汽车租赁经营服务规范》;

(2)ERP、ISO 等管理知识;

(3)汽车租赁经营分析;

(4)汽车租赁业务流程;

(5)汽车租赁岗位职责。

(二)工作内容二:对企业经营状况进行判断和预测

1. 技能要求

(1)能够通过各类经营数据报表,了解企业经营状况并预测未来利润;

(2)能够通过计算机业务程序或各类报表掌握业务情况。

2. 相关知识

同“工作内容一:建立统计分析系统”。

(三)工作内容三:调整租金标准、车辆分布

1. 技能要求

能通过对车辆分布、租金标准、成本等经营要素,调整改善企业经营状况。

2. 相关知识

同“工作内容一:建立统计分析系统”。

(四)工作内容四:调控业务工作

1. 技能要求

(1)能够查出并纠正工作人员不符合业务程序的行为;

(2)能够处理依正常业务程序无法处理的特例业务。

2. 相关知识

同“工作内容一:建立统计分析系统”。

(五)工作内容五:调整业务流程

1. 技能要求

能够利用 ERP 理论,根据业务变化合理调整业务流程。

2. 相关知识

同“工作内容一:建立统计分析系统”。

四、市场调研分析

(一)工作内容一:市场调研

1. 技能要求

(1)能够根据调研目的,选择调研对象、设计调查问卷;

(2)能够制订涵盖市场各因素的市场调研计划并组织调查。

2. 相关知识

(1)抽样方法、样本精度;

(2)调研方式、数据录入;

(3)调研数据分析、处理。

(二)工作内容二:市场分析

1. 技能要求

(1)能够使用相应手段,对调研数据进行分析并获得市场发展趋势等相关结论;

(2)能够撰写市场分析报告。

2. 相关知识

同“工作内容一:市场调研”。

五、市场营销

1. 技能要求

能够根据市场调研结论,策划营销方案。

2. 相关知识

(1)市场营销;

(2)汽车租赁市场有关知识;

(3)汽车租赁业务类别;

(4)企业形象设计、VI 设计等市场营销专业知识。

六、服务产品设计及价格管理

(一)工作内容一:编制车辆计划

1. 技能要求

能够根据经营分析的结论,制订新增、更新租赁车辆车型、数量计划。

2. 相关知识

(1)车辆购置成本核算;

(2)汽车租赁运营成本核算;

(3)租金与车辆残值的边际收益;

(4)汽车租赁利润预测;

(5)收益管理;

(6)合同法有关知识。

(二)工作内容二:设计服务产品

1. 技能要求

能够结合企业特点、资源,根据市场发展策略和需求设计新的服务产品。

2. 相关知识

同“工作内容一:编制车辆计划”。

(三)工作内容三:核定租金标准

1. 技能要求

(1)能够根据出租率、租金标准等营业参数,适时核定租金标准,获得最大收益;

(2)能够编制成本预算,预测新服务产品的利润。

2. 相关知识

同“工作内容一:编制车辆计划”。

（四）工作内容四：制定合同条款

1. 技能要求

能够根据新服务产品调整合同条款。

2. 相关知识

同“工作内容一：编制车辆计划”。

七、服务质量监督及改进

（一）工作内容一：了解客户需求

1. 技能要求

能够耐心倾听客户申诉。

2. 相关知识

（1）消费心理学基础知识；

（2）消费者权益保护方面的知识；

（3）《汽车租赁经营服务规范》中关于汽车租赁服务质量标准方面的知识。

（二）工作内容二：解决服务质量纠纷

1. 技能要求

善于沟通能够妥善处理纠纷。

2. 相关知识

同“工作内容一：了解客户需求”。

（三）工作内容三：提出改进相关业务程序的方案

1. 技能要求

能够通过客户对服务质量的投诉，发现业务程序缺陷并提出修改方案。

2. 相关知识

同“工作内容一：了解客户需求”。

八、风险评估及法律事务

（一）工作内容一：风险评估

1. 技能要求

（1）能够审核在租合同及承租方情况，对各类风险信息及时做出判断，果断做出处理决定；

（2）能够组织实施风险控制业务。

2. 相关知识

汽车租赁各类风险案例。

（二）工作内容二：法律事务

1. 技能要求

（1）能够通过法律渠道解决拖欠租金、车辆失控等事宜；

（2）能够处理合同审定等企业其他法律事务。

2. 相关知识

（1）司法诉讼程序；

(2)财产保全、现予执行等法律措施；
(3)涉及租赁、车辆的有关法规及司法解释。

第三节　高 级 工 作

高级工作主要是企业经营决策和部分管理事务，包括决策、运营管理、企业资本运作三大部分。

一、决策

(一)工作内容一：分析各类信息

1. 技能要求

能够通过各类报表、数据，宏观掌握企业经营状况。

2. 相关知识

(1)外部环境分析与预测；
(2)企业内部条件分析；
(3)企业在行业中的竞争地位。

(二)工作内容二：掌握企业经营各方面情况

1. 技能要求

能够确定影响企业经营状况的主要因素。

2. 相关知识

同“工作内容一：分析各类信息”。

(三)工作内容三：制订中、长期企业发展计划

1. 技能要求

能够组织可行性论证。

2. 相关知识

同“工作内容一：分析各类信息”。

(四)工作内容四：对重要经营活动做出决策

1. 技能要求

能够根据企业经营状况和市场变化制订发展规划并组织实施。

2. 相关知识

同“工作内容一：分析各类信息”。

二、运营管理

(一)工作内容一：目标管理

1. 技能要求

能够充分利用管理资源确保目标的实现。

2. 相关知识

(1)目标管理法；
(2)组织的功能及结构设计原理；

(3)资本结构、成本和收益;
(4)人力资源、成本管理和激励机制。

(二)工作内容二:组织管理

1. 技能要求

能够分解目标并有效地实现总体目标。

2. 相关知识

同"工作内容一:目标管理"。

(三)工作内容三:财务管理

1. 技能要求

能够保证财务活动符合企业经营需要。

2. 相关知识

同"工作内容一:目标管理"。

(四)工作内容四:人事管理

1. 技能要求

(1)能够进行人力资源有效整合;
(2)能够通过建立和维持企业组织机构的高效率运作,保证企业正常运营。

2. 相关知识

同"工作内容一:目标管理"。

三、企业资本运作

(一)工作内容一:筹措企业发展资金

1. 技能要求

能够根据企业财务状况,制订并执行贷款、抵押等融资方案,为企业经营筹措资本。

2. 相关知识

资本市场知识。

(二)工作内容二:资本运营

1. 技能要求

能够合理运营资本,创造最大资本收益。

2. 相关知识

同"工作内容一:筹措企业发展资金"。

思　考　题

1. 汽车租赁初级工作的主要内容是什么?
2. 汽车租赁初级工作需要什么相关知识?
3. 汽车租赁中级工作的主要内容是什么?
4. 汽车租赁中级工作需要什么相关知识?
5. 汽车租赁高级工作的主要内容是什么?
6. 汽车租赁高级工作需要什么相关知识?

附　　录

附录A　我国汽车租赁业管理框架

目前,我国对汽车租赁行业的管理,主要由交通运输部、商务部两个部门负责。

一、交通运输部

1998年4月1日中华人民共和国交通部、国家计划委员会颁布的《汽车租赁业管理暂行规定》正式实施。该规定是汽车租赁行业管理方面比较全面的文件,对汽车租赁的定义、经营资质、经营活动、租赁合同、车辆管理、法律责任等都有详尽规定,并将租赁车辆纳入营运车辆的管理范围。部分地方道路运输管理部门根据规定制订了实施细则,对汽车租赁企业的设立进行审批。

2004年修改公布的《中华人民共和国道路运输条例》未将汽车租赁纳入调整范围,《汽车租赁业管理暂行规定》涉及行政许可部分的条款失效。

2006年7月交通部公路司以中国道路运输杂志社编辑部对读者回复的形式,对新《中华人民共和国道路运输条例》颁布后汽车租赁的行业管理政策,进行了阐述:

《道路运输条例》对与道路运输安全紧密相关的运输站场、机动车维修、机动车驾驶员培训业务作了规定,而对与道路运输经营活动不甚紧密的汽车租赁未予调整。但是,不能笼统地说,《道路运输条例》没有规定汽车租赁业,就不需要政府管理。相反,对于汽车租赁业,由于涉及人民群众生命和财产安全,应当加强对其的监管。

在国家没有制定法律、行政法规前,各级交通主管部门和道路运输行业管理部门可以依据1998年交通部、原国家计委联合发布的《汽车租赁业管理暂行规定》(交通部、国家计划委员会令1998年第4号)对汽车租赁业履行监管职责。

但是,根据《行政许可法》的规定,法律可以设定行政许可。尚未制定法律的,行政法规可以设定行政许可。必要时,国务院可以采用发布决定的方式设定行政许可。实施后,除临时性行政许可事项外,国务院应当及时提请全国人民代表大会及其常务委员会制定法律,或者自行制定行政法规。尚未制定法律、行政法规的,地方性法规可以设定行政许可;尚未制定法律、行政法规和地方性法规的,因行政管理的需要,确需立即实施行政许可的,省、自治区、直辖市人民政府规章可以设定临时性的行政许可。临时性的行政许可实施满一年需要继续实施的,应当提请本级人民代表大会及其常务委员会制定地方性法规。地方性法规和省、自治区、直辖市人民政府规章,不得设定应当由国家统一确定的公民、法人或者其他组织的资格、资质的行政许可;不得设定企业或者其他组织的设立登记及其前置性行政许可。其设定的行政许可,不得限制其他地区的个人或者企业到本地区从事生产经营和提供服务,不得限制其他地区的商品进入本地区市场。由于目前尚未制定汽车租赁业管理的法律和行政法规,《汽车租赁业管理暂行规定》所设定的行政许可不符合《行政许可法》的规定,因此,交通主管部门和道路运输行业管理部门不得依据《汽车租赁业管理暂行规定》继续对申请从事汽车租赁经营活动实施行政许可。

在没有制定汽车租赁管理的法律、行政法规之前,申请从事汽车租赁经营活动的,可向工商行政机关办理登记手续。办理登记手续后,再到道路运输行业管理部门进行备案,并按照《汽车租赁业管理暂行规定》的有关规定进行运营。汽车租赁经营者不按《汽车租赁业管理暂行规定》进行运营的,交通主管部门和道路运输行业管理部门可依照《汽车租赁业管理暂行规定》的规定,按照法定程序,对汽车租赁经营者实施行政处罚。

由于汽车租赁经营活动涉及人民群众生命安全,为加强对汽车租赁经营活动的监管,保护各方当事人的合法权益,各省(自治区、直辖市)应当加大立法研究,可单独制定地方性法规或将其纳入地方道路运输管理条例中予以调整。地方在进行立法时,可按照《行政许可法》的规定,依法设定相应的行政许可,加强对汽车租赁经营活动的监管,维护市场经营秩序。

2007 年 12 月交通部正式宣布废止《汽车租赁业管理暂行规定》,交通部体法司对于废止《汽车租赁业管理暂行规定》的原因解释如下:

《汽车租赁业管理暂行规定》的核心管理制度是对汽车租赁企业设立的行政许可制度,但是《行政许可法》颁布实施后,这一许可制度因为缺乏法律和行政法规依据,不再具有合法性,因此我部决定将其废止。4 号令废止后,关于汽车租赁企业的管理工作是否需要纳入交通行业管理以及如何管理,应当依据地方性法规或者政府规章执行,如果所在地方尚未制定相关地方性法规或者政府规章,则应当尽快转变交通主管部门的相关管理职能,将管理切入点由资格准入管理转变为对经营性运输车辆的管理。

根据这一精神,我国各地方道路运输管理部门仍然对汽车租赁行业进行各种程度的管理,主要是备案制管理。部分地方通过颁布地方法律,确定汽车租赁的行政许可,实现汽车租赁的规模控制。

2008 年交通运输部成立,原建设部负责指导的出租汽车、城市公共交通管理正式划归交通运输部。根据 2009 年交通运输部的“三定”方案,汽车租赁将重新纳入道路运输管理,有关具体管理政策正在制定中。

二、商务部

商务部将汽车租赁视为租赁业务的一个分支进行管理。管理范围和内容包括:

(一)商务部的外资司负责对外商投资的租赁企业(融资租赁和租赁)进行审批、监管

2001 年 8 月 14 日,外经贸部在 1985 年外商投资租赁公司审批原则的基础上,制定了《外商投资租赁公司审批管理暂行办法》。该办法将外商投资租赁公司分为了从事融资租赁业务的融资租赁公司和从事除融资租赁外其他租赁业务的租赁公司。针对两种不同的企业,该办法规定了中、外方合营者不同的资格条件,以及设立的租赁公司需符合的条件和可以从事的不同业务。按照该办法的规定批准设立了多家融资租赁公司,还批准设立了从事汽车租赁、集装箱租赁等专业租赁业务的其他租赁公司。目前还有多家外国的银行、专业的租赁公司、制造业企业正在准备提出设立外商投资租赁公司的申请。

2005年3月，商务部对《外商投资租赁公司审批管理暂行办法》做了进一步的修改，颁布了《外商投资租赁业管理办法》，该办法将汽车租赁列入外商投资租赁企业的营业范围。最近开业的法兴(上海)融资租赁有限公司、中远大昌汽车租赁有限公司，都是按照《外商投资租赁业管理办法》，由商务部批准设立的。

(二)商务部市场建设司负责内资租赁企业的管理

2004年10月22日，商务部、国家税务总局颁布了《关于从事融资租赁业务有关问题的通知》，《通知》说，根据国务院办公厅下发的商务部"三定"方案，原国家经贸委、外经贸部有关租赁行业的管理职能和外商投资租赁公司管理职能划归商务部，今后凡《财政部、国家税务总局关于营业税若干政策问题的通知》(财税[2003]16号)中涉及原国家经贸委和外经贸部管理职能均改由商务部承担。

此外，《通知》决定商务部将在内资租赁企业开展从事融资租赁业务的试点工作。各省、自治区、直辖市、计划单列市商务主管部门可以根据本地区租赁行业发展的实际情况，推荐1~2家从事各种先进或适用的生产、通信、医疗、环保、科研等设备，工程机械及交通运输工具(包括飞机、轮船、汽车等)租赁业务的企业参与试点工作。被推荐的企业经商务部、国家税务总局联合确认后，纳入融资租赁试点范围。被纳入试点的企业(包括原来从事租赁业务的企业)可按照《财政部、国家税务总局关于营业税若干政策问题的通知》(财税[2003]16号)的规定，享受融资租赁业务的营业税政策。融资租赁与经营性租赁征收营业税的税基有很大差别。融资租赁的税基是租金收入与租赁物成本的差额，经营性租赁的税基是租金收入。因此，经营性汽车租赁公司如被列为从事融资租赁业务的试点企业，将获得相当大的经济利益。

根据《通知》精神，到2008年11月为止，商务部和国家税务总局已核准北京、天津等14个省、市37家企业成为融资租赁业务试点单位。

(三)商务部市场司负责租赁车辆报废标准的制定

汽车租赁行业最为关心的问题之一，租赁车辆的报废标准由商务部流通体制改革司负责制定。2006年10月，商务部网站刊登了机动车报废标准征求意见稿，该标准首次将租赁车辆单独分类，规定租赁车辆的报废年限为15年。

附录B 《汽车租赁经营服务规范》(北京市地方标准)

1 范围

本标准规定了汽车租赁经营服务的规范性要求，包括对经营主体、经营场所、经营设备、租赁车辆、租赁服务的要求与评价。

本标准适用于从事汽车租赁经营的企业法人、企业法人的分支机构等经营主体(以下统称汽车租赁经营者)。

2 规范性引用文件

下列文件中的条款通过本标准的引用而成为本标准的条款。凡是注日期的引用文件，其随后所有的修改单(不包括勘误的内容)或修订版均不适用于本标准，然而，鼓励根据本标准达成协议的各方研究是否可使用这些文件的最新版本。凡是不注日期的引用文件，其最新版本适用于本标准。

GB 7258—2004　《机动车运行安全技术条件》

GB/T 18344—2001　《汽车维护、检测、诊断技术规范》

3　术语和定义

下列术语和定义适用于本标准。

3.1　租赁车辆

汽车租赁经营者合法拥有的用于租赁经营的车辆。

3.2　承租人

与汽车租赁经营者订立租赁合同并获得租赁车辆使用权及租赁服务的自然人、法人等消费者。

3.3　担保人

当承租人不能履行汽车租赁合同规定的责任和义务时，按合同约定代为承担相应责任和义务的第三者。

3.4　营业门店（营业站点）

汽车租赁经营者开设的为承租人提供汽车租赁服务的营业场所。

3.5　车辆整备

租赁车辆经过一个租用合同期后，对其进行检查、调试、紧定、润滑、保洁、补给和整理，恢复其完好的待租状态。

3.6　待租车辆

具备租赁条件，随时可供租用的车辆。

3.7　在租车辆

按照租赁合同已交付承租人使用的车辆。

4　经营主体

4.1　汽车租赁经营者应持有合法有效的营业执照。

4.2　汽车租赁经营者宜创立服务品牌，注册或使用服务商标。

5　经营场所

5.1　汽车租赁经营者应有固定的营业门店。

5.1.1　租用营业门店应当依法签订租用合同，其有效期限不少于1年。

5.1.2　营业门店地址应与工商注册地址一致。

5.1.3　营业门店应有明显标志，文字标志应与工商注册的名称或字号一致。

5.1.4　营业门店宜设置中文和英文双语标志。

5.1.5　营业门店宜使用品牌标志或商标。

5.1.6　营业门店应当设立接待服务、业务办理、车辆交接等功能区域。

——接待服务区域应当公示经营服务项目、价目和租车手续、服务承诺、监督投诉事项等，备有相关的查询资料，并为承租人提供等候、咨询等便利服务。

——车辆交接区域至少具备1个停车位面积和车辆交接点验条件。

——同一经营主体的2个以上营业门店，宜实行联网经营服务，宜开展预约租车、异地租（还）车业务。

5.2　汽车租赁经营者应有供待租车辆使用的停车设施，包括自有自用、整体租用停车场

(库)和临时使用社会公共停车位。

5.2.1 整体租用停车场(库),应当签订1年期以上租用合同。

5.2.2 自有自用和整体租用停车场(库),其使用面积应当满足30%以上租赁车辆的停放需求。

5.2.3 汽车租赁经营者对自有自用和整体租用的停车场(库)负有安全管理责任,应保证其安全布局和安全设置符合《北京市机动车和机动车停车场停车库防火安全管理规定》,并经过安全生产相关部门检验合格。

——配置防火、防爆、防盗等设施设备。

——禁止放置易燃、易爆、易污染环境的物品。

——与易燃易爆源保持安全距离。

——施划停车位,预留车辆紧急疏散通道。

——设置安全警示和禁令标志。

——完备安全管理制度,配备安全值守人员。

5.2.4 临时使用社会公共停车位,不应妨碍和危及公共安全。

5.3 汽车租赁经营者自设车辆维修作业场所的,应当依据汽车维修行业安全管理的规定和标准,完备安全生产规章制度,明确各类机具设备、用电设备、燃气燃油、压力容器以及易燃、易爆、剧毒、强腐蚀、强辐射等物料的安全使用规程和安全防护措施,并明确岗位安全责任。

6 计算机设备

6.1 汽车租赁经营者应当配置计算机设备及经营管理软件。

6.2 经营管理软件应当具备车辆管理、客户管理、合同管理、租金管理、统计管理等基本功能。

7 租赁车辆

7.1 租赁车辆应取得本市机动车行驶证和机动车号牌。机动车行驶证的车主名称应与持证的汽车租赁经营者工商注册名称一致。

7.2 租赁车辆应符合GB7258—2004的要求,持有当期有效的机动车安全检验合格标志。

7.3 租赁车辆应符合本市环境保护指标要求,持有当期有效的绿色环保标志。

7.4 汽车租赁经营者应按规定向有关部门提供租赁车辆信息。

7.5 租赁车辆应办理法定的机动车交通事故责任强制保险等险种。汽车租赁经营者宜为租赁车辆办理第三者责任险、车辆损失险、全车盗抢险及其他险种。

7.6 汽车租赁经营者应按照GB/T 18344—2001的规定,对租赁车辆进行周期性技术维护,包括日常维护、一级维护、二级维护。

7.6.1 技术维护的间隔里程(间隔时间)一般按原车使用说明书的规定进行。车辆使用环境恶劣或使用强度较大的,应当相应缩短技术维护的间隔里程(间隔时间)。

7.6.2 汽车租赁经营者自行实施部分技术维护项目的,应由持有相应职业资格证书的人员进行操作和检验,并制作项目作业和项目检验单(表),履行记录和签字手续。

7.7 租赁车辆宜配置使用GPS系统或行车记录仪等终端设备和通信设施。

7.8 租赁车辆应当在租赁车辆经过一个租用合同期后,及时进行车辆整备。

7.8.1 车辆整备的基本内容是:全面检查车辆技术状况,进行必要的调试、紧定、润滑、清洁,补充发动机燃油、润滑油、冷却液和其他油、液,清点和备齐随车附件、工具、行车牌证,使车辆恢复完好的待租状态。

7.8.2 车辆整备由汽车租赁经营者自行组织实施。其中技术性项目由持有相应职业资格证书的人员进行操作和检验,并制作项目作业和项目检验单(表),履行记录和签字手续。

7.8.3 租赁车辆整备后应符合以下要求。

7.8.3.1 技术状况良好

——发动机、底盘运转稳定、正常、无异响。

——制动、转向、离合、变速各系统操纵灵敏,工作可靠。

——发动机润滑油、冷却液和蓄电池电解液加注量符合规定,通气阀(孔)畅通。

——车架、车身、悬挂、轮毂和各传动杆(件)完好无损,紧固部位紧定可靠,油脂润滑部位润滑充分。

——各部管路畅通,密封良好,无漏水、漏油、漏气现象。

——电路连接正确可靠,灯光、仪表、喇叭、信号装置及其他电气设备齐全完好。

——轮胎完好,气压正常。

7.8.3.2 外观内饰完好整洁

——车辆外观无明显损伤、缺陷和污物。

——车辆原配设施齐全完好,附加设施装配完好。

——车内整洁,无异味、无污渍,进行了消毒处理。

——行李舱内物件有序就位,无杂物、无易燃易爆等危险品。

——发动机机舱清洁,无明显油腻和污物。

7.8.3.3 随车物件配备齐全

——随车工具、备胎、灭火器、故障警示牌、防盗装置等附属物件齐备、完好。

——行车牌证、检验标志、服务监督卡齐全。

——车辆备用燃油量不低于10L。

7.9 汽车租赁经营者应当建立租赁车辆单车管理档案;并依托经营管理软件,完备租赁车辆管理数据信息。

7.9.1 单车管理档案应当完整保存和汇集如下基础资料:

——车辆购置、赋税、入籍、保险、备案、转籍、注销等原始凭据。

——车辆行驶里程以及维护、修理、换件、检测、整备等累计情况和资料。

——车辆事故损坏、修复等情况和资料。

——车辆的其他情况和资料。

7.9.2 租赁车辆管理数据信息,应当包括车辆牌证管理、车辆技术管理、车辆租赁管理、车辆运行管理及其他动态管理的数据信息。

8　租赁服务

8.1 接待服务

8.1.1 接待服务员工应当经过岗位培训,上岗时宜统一着装、佩戴标志、仪表端庄整洁、文明礼貌待客。

8.1.2 接待服务员工应当向顾客介绍经营服务项目、价目和租赁手续等事项,需要提供相关资料的应当充分提供。

8.1.3 涉外接待服务应当遵循涉外礼仪,提供外语服务,宜备有英文查询资料。

8.2 承租人身份核实

8.2.1 租赁双方确定租赁意向后,汽车租赁经营者应当查验承租人的有效身份证件。

——个人客户应当查验其居民身份证、机动车驾驶证等有效证件。

——团体客户应当查验其组织机构代码证书、营业执照、拟定驾车人员的机动车驾驶证、经办人员的居民身份证及授权经办书。

8.2.2 汽车租赁经营者应当对承租人身份查验及核实情况进行登记。必要时可要求承租人提供担保人及担保书,并对担保人身份进行核实。担保人应当具有相应的民事责任能力。

8.2.3 汽车租赁经营者应当完整保存承租人、担保人身份核实的有关资料;完备承租人身份信息、信用信息及其他数据信息,实行信息化管理。

8.2.4 汽车租赁经营者对承租人的有关信息负有保密义务。

8.3 租赁合同与告知

8.3.1 租赁双方应当签订租赁合同。

8.3.2 租赁双方需要对合同条款进行细化或者有其他事项需要约定的,可以在租赁合同示范文本基础上签订合同增补条款。

8.3.3 授权经办书、担保书和合同增补条款,应当作为租赁合同的附件。

8.3.4 汽车租赁经营者应当就租赁车辆的正确使用、安全驾驶、日常维护、救援服务等事项,向承租人书面告知。书面告知可使用附录C提供的示范文本。

8.3.5 租赁合同和书面告知的正本,经双方签字(签章)后各执1份。

8.3.6 汽车租赁经营者应当完整保存租赁合同及附件资料,完备租赁合同签订、履行、变更、终止、续签等数据信息,实行信息化管理。

8.4 租金和保证金

8.4.1 汽车租赁经营者按合同约定的金额和方式收取租金,并开具正式发票。

8.4.2 汽车租赁经营者按合同约定收取保证金。保证金不得挪作他用,不得在租赁合同正常执行期内冲抵租金。合同履行完毕,将保证金退还承租人。

8.5 发车交接

8.5.1 发车交接时,租赁双方按照租赁车辆交接单进行当场点验。点验中,允许承租人进行车辆试操作,汽车租赁经营者应当向承租人全面讲解该车性能和安全操作事项。

8.5.2 点验和试操作中发现问题的,应当及时处置和补救;一时无法处置补救但不影响车辆正常驾驶和安全运行的,应当在车辆交接单上注明;承租人对车辆不满意要求另作选择的,应当予以满足。

8.5.3 经点验无误后,租赁双方在租赁车辆交接单上签字确认。

8.6 救援服务

8.6.1 在租车辆因故障或事故不能正常行驶时,汽车租赁经营者应按照租赁合同约定,提供及时有效的车辆救援服务。

8.6.2 汽车租赁经营者应当完备救援服务预案。

——按租赁车辆总数1%预留待租车辆,不足100辆的预留1辆,以备承租人替换使用。

——按租赁车辆总数0.5%配备救援工作车,不足200辆的配备1辆,每辆救援工作车配备2名以上救援服务人员。

——备有车辆易损配件、易耗油品、便携机具和通讯、照明等应急用品,并有序就位,便于随时取用。

——设置救援服务电话,保证24h有人值守。

8.6.3 汽车租赁经营者可以与专业救援单位或汽车维修企业订立委托救援服务合同(协议)。委托救援应当遵循本标准有关救援服务的要求。

8.6.4 汽车租赁经营者接到承租人救援电话请求后,应当准确记录情况,并根据救援需求和救援预案,实施救援。事发地点在本市五环路以内或单程20km以内的,应当在2h内到达;超过此范围及行程的,应当向承租人预告到达时间,或者采取其他便捷的救助措施。

8.6.5 救援人员抵达后,故障车辆2h内无法恢复正常行驶的,汽车租赁经营者应当向承租人提供相应功能和租价的临时替换车辆,或者双方协商采取其他补救措施。

8.6.6 故障车辆需送修的,由汽车租赁经营者负责送修,或者委托承租人到指定地点送修。修理费用依车辆故障责任和租赁合同的约定承担。

8.6.7 因承租人责任造成车辆送修停运,汽车租赁经营者依租赁合同向承租人收取停运损失费的,应当向承租人明示修理项目和修理工时等原始清单。

8.7　在租车辆召回

8.7.1 在租车辆达到规定的里程或时限需要进行技术维护时,由汽车租赁经营者及时召回进行维护,或委托承租人到指定维修企业进行维护。维护费用由汽车租赁经营者承担。

8.7.2 在租车辆需要依法进行安全技术检验时,由汽车租赁经营者及时召回送检,并承担检验费用。

8.7.3 车辆租出后发现安全隐患的,汽车租赁经营者应立即告知承租人停驶,并及时采取处置措施。

8.7.4 在租车辆因维护、检验、停驶而影响承租人正常使用的,汽车租赁经营者应当提供替换车辆。

8.8　服务监督

8.8.1 汽车租赁经营者应当在随车的服务监督卡上公示服务监督、投诉电话号码或互联网址,随时接受承租人的意见和投诉。

8.8.2 汽车租赁经营者对承租人的投诉意见应当详细记录、认真查证、妥善处理,并在1周内予以回复;租赁车辆归还时,应当收集承租人的服务监督书面意见。

8.9　收车交接

8.9.1 租赁车辆归还时,租赁双方对照发车时的交接单,对车辆完好状况和随车附件进行点验。经点验无误的,在车辆交接单上注明,双方签字认可。

8.9.2 车辆经点验有异常损坏或缺失时,应当即时界定责任,并依照租赁合同确定相应的赔(补)偿责任。无法即时界定责任或租赁合同无相应约定的,双方本着公平、诚信的原则协商处理;协商不成的,可依法履行调解、仲裁或诉讼程序。

8.9.3 租赁车辆归还后,汽车租赁经营者及时将车辆租用期间的有关情况记入单车管理档案,同时将有关数据信息录入车辆租赁管理、车辆运行管理等数据库。

8.10 结算

8.10.1 租赁车辆归还后,租赁双方及时进行费用结算。

8.10.2 汽车租赁经营者应当完整保存费用结算单据;完备月度、季度、年度经营核算数据信息,实行信息化管理,并按照规定报送有关数据信息。

9 经营服务考评

9.1 建立汽车租赁经营服务考核评价机制。

9.1.1 行业协会和行政管理机构可依据本标准及附录 D,实施监管与考评,监管与考评信息应当向社会公示。

9.1.2 汽车租赁经营者可依据本标准参与行业经营服务考评活动,接受行业考评机构的考核评价意见,根据考评意见进行整改。

9.1.3 汽车租赁经营者应当及时收集和分析承租人对经营服务质量的反馈意见,建立经营服务自我考评机制,不断改进、完善、提高经营服务质量。

9.2 汽车租赁经营者宜制定和执行高于本标准的经营服务标准,并积极参与质量管理体系认证、环境管理体系认证等各类标准化活动。

附录C 车辆租用告知书示范文本

1 车辆租用告知

1.1 感谢您租用本公司车辆。请您认真阅读租赁合同条款,充分了解租赁合同内容。

1.2 本公司向您提供的车辆(牌照号:________________),行驶牌证齐全有效,技术状况良好,已在运输管理部门备案,已向保险公司投保机动车交通事故强制保险、________________险和________________险。

1.3 您驾驶的车辆如果发生事故或运行故障,请及时拨打我公司的________________救援电话,以便我们及时组织救援并办理保险索赔。

1.4 为了使您的合法权益得到保障,您租用的车辆请由租赁合同中指定的驾车人驾驶,不要转借他人使用,不要擅自改装车辆或安装其他附属设施,不得利用该车辆非法从事运营活动。在租用车辆期间发生的交通违法行为,请您及时接受处罚,自行承担法律责任。

欢迎您对我们的服务进行监督并提出宝贵意见。我公司的监督投诉电话:________________。

2 安全驾驶须知

为了您和他人的交通安全,为了创建首都和谐交通秩序环境,维护首都文明城市形象,驾驶人应严格遵守交通法律法规,自觉规范交通行为:

2.1 出车前做好车辆安全状况检查,了解熟悉车辆性能、特点,确保车辆制动、转向、电路、轮胎、燃料、车容车况完好,警告标志、灭火器具等安全装置齐全有效,驾驶证、行驶证齐备。

2.2 文明驾驶、安全礼让,服从交通警察指挥,不开"斗气车"。严禁疲劳驾驶,连续驾驶

机动车 4h 应停车休息至少 20min。严禁驾车时拨打、接听手持电话。

2.3　遵守交通标志、标线，按交通限速标志、标线标明的速度行驶。行驶中保持适当车速，不超速行驶、强行超车。通过没有交通信号灯、交通标志、交通标线或者交通警察指挥的交叉路口时，应当减速慢行，并让行人和优先通行的车辆先行；行经山区公路，严禁超速行驶、强行超车、空挡滑行、疲劳驾车。

2.4　保持适当安全距离。当机动车时速超过 100km 时，与同车道前车距离保持在100m以上，尤其要与大型客、货车辆保持适当的安全距离，以防前车紧急制动时发生追尾碰撞。

2.5　恶劣天气谨慎驾驶。遇雾、雨、雪、沙尘、冰雹等低能见度气象条件时，要开启雾灯、近光灯、示廓灯、前后位灯和危险报警闪光灯，并保持适当车速行驶。

2.6　切莫酒后驾车。酒后驾车是严重违法行为，酒后驾车极易发生交通事故。当您饮酒后要驾驶时，谨记您的家人正在时刻盼您平安归来，您的平安就是家庭的幸福。

2.7　当您驾车发生造成人员伤亡的交通事故时，请及时拨打 122 报警。

附录 D　汽车租赁经营服务考评标准

汽车租赁经营服务考评表(一)见附表 1。

汽车租赁经营服务考评表(一)　　附表 1

考评项目分类		具体项目·基本要求(150 分)	基本考评分值		
			分值设定		评价分值
经营主体(经营者)		向经营所在辖区(县)交通运输管理机构提供企业信息(含租赁车辆信息)	10	10	
经营场所	营业门店	拥有固定的营业门店(租用的合同有效期限不少于 1 年)；营业门店地址与工商注册地址一致	39	5	
		门店文字标志与工商注册名称或字号一致；且设置中文和英文双语标志		5	
		营业门店设有接待服务、业务办理、车辆交接等功能区域		5	
		接待服务区域为承租人提供等候、咨询等便利服务；公示经营服务项目、价目和租车手续、服务承诺、监督投诉事项等		2	
		车辆交接区域至少具备 1 个停车位并具备车辆交接点验条件		2	
	停车场	自有自用和整体租用的停车场(库)，使用面积满足 30% 以上租赁车辆的停放需求；(租用的合同有效期限不少于 1 年)		10	
		停车场(库)，符合《北京市机动车和机动车停车场停车库防火安全管理规定》的规定和要求；有岗位职责明确的安全生产规章制度		5	
	维修场所	自有维修场所，符合汽车维修行业管理的规定和标准；有岗位职责明确的安全生产规章制度		5	
计算机设备		配置计算机设备及经营管理软件；经营管理软件具备车辆、客户、合同、租金、统计等管理功能	5	5	

续上表

<table>
<tr><th colspan="2" rowspan="2">考评项目分类</th><th colspan="2" rowspan="2">具体项目·基本要求(150分)</th><th colspan="3">基本考评分值</th></tr>
<tr><th colspan="2">分值设定</th><th>评价分值</th></tr>
<tr><td rowspan="4">租赁车辆</td><td>车辆牌证</td><td colspan="2">取得本市机动车行驶证和机动车号牌。机动车行驶证的车主名称与持证的汽车租赁经营者工商注册名称一致</td><td rowspan="4">19</td><td>10</td><td></td></tr>
<tr><td rowspan="2">车辆维护</td><td colspan="2">按 GB/T 18344—2001 的规定及原车使用说明书规定,定程(定时)进行日常维护、一级维护、二级维护</td><td>2</td><td></td></tr>
<tr><td colspan="2">自行实施部分技术维护项目的,由持有相应职业资格证书的人员进行操作和检验;并制作项目作业和项目检验单(表),履行记录和签字手续</td><td>2</td><td></td></tr>
<tr><td>车辆整备</td><td colspan="2">租赁车辆经过一个租用合同期后,进行车辆整备并制作项目作业和项目检验单(表),履行记录和签字手续;车辆整备中的技术项目,由持有相应职业资格证书的人员进行操作、检验</td><td>5</td><td></td></tr>
<tr><td rowspan="18">租赁服务</td><td rowspan="3">接待服务</td><td colspan="2">接待服务员工经过岗位培训,仪表端庄整洁,文明礼貌待客</td><td rowspan="8">25</td><td>2</td><td></td></tr>
<tr><td colspan="2">向顾客介绍经营服务项目、价目和租赁手续,提供相关资料</td><td>2</td><td></td></tr>
<tr><td colspan="2">涉外服务遵循涉外礼仪,提供外语服务</td><td>2</td><td></td></tr>
<tr><td>承租人身份核实</td><td colspan="2">对承租人、担保人进行身份核实和登记</td><td>2</td><td></td></tr>
<tr><td rowspan="2">合同与告知</td><td colspan="2">租赁合同使用《北京市汽车租赁合同》统一示范文本</td><td>8</td><td></td></tr>
<tr><td colspan="2">向承租人提供《车辆租用告知书》;《车辆租用告知书》使用示范文本,租赁双方签字(签章)</td><td>5</td><td></td></tr>
<tr><td>租金和保证金</td><td colspan="2">按合同约定收取租金、保证金及其他费用,开具正式发票</td><td>2</td><td></td></tr>
<tr><td>发车交接</td><td colspan="2">租出的车辆点验手续完备,有交接记录和双方签字的车辆交接单</td><td>2</td><td></td></tr>
<tr><td rowspan="4">救援服务</td><td rowspan="2">有救援服务预案和措施</td><td>按租赁车辆总数 1% 预留救援替换车辆;救援车配备 2 名以上救援服务人员;车辆备有易损配件、易耗油品、便携机具和通讯、照明等应急用品,并有序就位或委托专业救援单位或汽车维修企业进行救援服务,订有委托合同(协议),委托救援事项符合救援服务的有关要求</td><td rowspan="5">21</td><td>10</td><td></td></tr>
<tr><td>设置救援服务电话,保证 24 小时有人值守</td><td>5</td><td></td></tr>
<tr><td rowspan="2">根据救援需求和救援预案实施救援</td><td>事发地点在本市五环路以内或单程 20km 以内的,2h 内到达</td><td>2</td><td></td></tr>
<tr><td>超过上述范围及行程的,向承租人预告到达时间,或者采取其他便捷的救助措施</td><td>2</td><td></td></tr>
<tr><td>在租车辆召回</td><td colspan="2">在租车辆达到规定的里程或时限需要技术维护时,及时召回进行维护,或委托承租人到指定维修企业进行维护</td><td>2</td><td></td></tr>
<tr><td rowspan="2">服务监督</td><td colspan="2">在随车的服务监督卡上公示服务监督、投诉电话号码或互联网址,接受承租人的意见和投诉</td><td rowspan="5">11</td><td>5</td><td></td></tr>
<tr><td colspan="2">对承租人的投诉意见有详细记录,1 周内予以回复</td><td>2</td><td></td></tr>
<tr><td rowspan="2">收车交接</td><td colspan="2">有双方签字的车辆交接点验单</td><td>1</td><td></td></tr>
<tr><td colspan="2">及时将车辆租用期间的有关情况记入单车管理档案,同时将有关数据信息录入车辆租赁管理、车辆运行管理等数据库</td><td>1</td><td></td></tr>
<tr><td>结算</td><td colspan="2">租赁车辆归还后,及时进行费用结算,完整保存费用结算单据</td><td>2</td><td></td></tr>
</table>

续上表

<table>
<tr><td colspan="2" rowspan="2">考评项目分类</td><td colspan="2" rowspan="2">具体项目·基本要求(150 分)</td><td colspan="3">基本考评分值</td></tr>
<tr><td colspan="2">分值设定</td><td>评价分值</td></tr>
<tr><td rowspan="6">信息管理</td><td rowspan="3">车辆信息</td><td rowspan="2">建立租赁车辆单车管理档案</td><td>有车辆购置、赋税、入籍、保险、备案、转籍、注销等原始凭据</td><td rowspan="6">12</td><td>2</td><td></td></tr>
<tr><td>有车辆行驶里程以及维护、修理、换件、检测、整备等情况资料</td><td>2</td><td></td></tr>
<tr><td colspan="2">依托经营管理软件,完备租赁车辆管理数据信息,包括车辆牌证管理、车辆技术管理、车辆租赁管理、车辆运行管理及其他动态管理的数据信息</td><td>2</td><td></td></tr>
<tr><td>承租人信息</td><td colspan="2">完整保存承租人、担保人身份核实的有关资料;并依托经营管理软件,完备承租人身份信息、信用信息及其他数据信息</td><td>2</td><td></td></tr>
<tr><td>合同信息</td><td colspan="2">完整保存租赁合同及附件资料;依托经营管理软件,完备租赁合同签订、履行、变更、终止、续签等数据信息</td><td>2</td><td></td></tr>
<tr><td>核算信息</td><td colspan="2">完整保存费用结算单据;依托经营管理软件,完备月度、季度、年度经营核算数据信息;按规定上报</td><td>2</td><td></td></tr>
<tr><td colspan="2" rowspan="2">经营服务评价</td><td colspan="2">参与行业经营服务考评活动</td><td rowspan="2">8</td><td>5</td><td></td></tr>
<tr><td colspan="2">及时收集和分析承租人对经营服务质量的反馈意见,建立经营服务自我考评机制,不断改进、完善、提高经营服务质量</td><td>3</td><td></td></tr>
</table>

汽车租赁经营服务考评表(二)见附表 2。

汽车租赁经营服务考评表(二)　　附表 2

具体项目·鼓励引导要求(50 分)	考评加分分值	
	分值设定	评价分值
*创立服务品牌,注册或使用服务商标	5	
*使用品牌标志或商标	3	
*2 个以上营业门店实行联网经营服务,开展预约租车、异地租(还)车业务	5	
*使用行业通用的经营管理软件	5	
*办理第三者责任险	2	
*办理车辆损失险、全车盗抢险及其他险种	2	
*配置使用 GPS 系统或行车记录仪等设备	5	
*接待员工统一着装,佩戴服务标牌	5	
*涉外服务备有英文查询资料	5	
*制定和执行高于地方标准的经营服务标准	3	
*积极参与质量管理体系认证、环境管理体系认证等各类标准化活动	10	

注:1. 考评结果满分为 200 分。180 分以上为优秀;160 ~ 179 分为良好;120 ~ 159 分为达标;120 分以下为不达标。

2. “分值设定”中分项分值宜根据考核重点适度调节。

附录 E　英国汽车租赁协会经营规范

一、序

英国汽车租赁协会成立于 1967 年,目的在于引导和发展车辆租赁和车队管理。英国汽车

租赁协会是代表短期和长期汽车租赁行业的组织。协会的会员提供短期的客户自己驾驶的租赁车辆,为企业和消费者提供长期的租赁车辆和车队管理。英国汽车租赁协会拥有850个会员,会员中有各种规模的企业,经营租赁车辆220万辆。为英国各行业提供极其重要的服务。每年购置的新车超过100万辆,大约相当于每年新登记车辆的45%。对汽车工业是重大的支持,相当于为英国经济贡献130亿英镑。

协会致力于通过行业行为规范,促进和提高合乎职业道德规范的经营和服务标准,该行业行为规范特别涉及安全、服务质量和保险方面的标准。协会特别注重于为客户提供的车辆是安全的、适合道路使用的,协会有权对会员的经营进行调查,以确保各会员遵循经营行为规范。

会员应保证汽车租赁的价格是透明的,并保证合同的条款是清楚明了没有歧义的。协会将取消屡次或严重违反行为规范,不重视质量和安全的会员的资格。

协会设有专门处理会员与客户的投诉和调解的程序。遵守行为规范是取得会员资格的条件。根据要求可提供协会会员一览表。

二、原则

(一)行为规范

本行为规范为小汽车和商用汽车租赁及合同雇用行业建立诚信经营的标准。规范旨在保证从英国汽车租赁协会会员获得租赁汽车或租赁设施的客户,有绝对的权利期待和接受最高水平的、诚实和完善的服务。在有投诉的情况下,协会要求会员运作客户投诉程序,用调解服务解决争议,保证及时和有效地处理投诉。

(二)会员宪章

协会制定有宪章,供会员使用,宪章概括了英国汽车租赁协会行为规范的内容。汽车租赁企业会员在所有汽车租赁经营点,向公司客户展示汽车租赁宪章,并按客户要求将宪章提供给所有公司客户和个人客户。

(三)车辆安全

协会特别注重保证提供给客户的车辆是安全的、适合道路行驶条件的,并至少按照车辆制造商的要求维护的。

(四)车辆损坏

英国汽车租赁协会的会员坚持遵照行为规范中关于废旧汽车的处理规定,履行他们作为车辆注册保管者的法律责任,通告已经遭受严重损坏的车辆(定义为:车辆维修费用超过该车辆事故前的价值),该规范也在如何处理废旧和修复车辆方面,对自我保险的会员提供指导。

协会的目的在于促使在用车辆的历史记录更加透明,以保护消费者,不受到不讲信誉的汽车销售商的欺骗。

(五)检查的权利

协会拥有检查和调查会员业务的权利,以便确定其是否有资格作为协会的会员。协会还有对会员进行随机检查的权利,以确保会员完全遵守行为规范,在会员有严重违规或屡次违规的情况下终止其会员资格。

(六)标志和材料

客户应当能够容易辨认对遵守英国汽车租赁协会的行为规范做出承诺的公司。会员应当在他们的经营点、文件和文具上展示协会批准的与他们的经营业务有关的标志或材料。因此客户就能够容易地确定这些公司承诺遵守的行为规范。非本协会的会员，不允许展示上述的标志或标记。对于任何错误地声称是本协会的个人或组织，本协会将采取针对性的步骤。

三、标准条款

英国汽车租赁协会将客户的利益置于我们行为规范的核心。客户在使用英国汽车租赁协会会员提供的产品或服务时，完全可以放心。

会员对使用其服务或产品的客户作出以下保证和承诺：

（一）公平和负责的交易

会员将：

（1）与他们的客户打交道的过程中，合法地从事他们的业务，并遵守所有有关法律和司法决定，公平负责地进行交易；

（2）遵守英国汽车租赁协会颁布的有关指南；

（3）在客户需要信息和指导的情况下帮助客户；

（4）保证始终以诚实诚信的态度同等处理所有的与会员的商务关系；

（5）对客户不故意歪曲有关租赁交易的实事。

（二）财务状况

按照要求提供有关他们财务状况稳定和可靠的证据。

（三）服务标准

完全承诺遵守行为规范的原则，目的在于通过保证所提供的服务水平达到尽可能高的标准来维护客户的利益。

（四）运营

（1）在每个经营业务地点经营的业务，完全符合地方的法规。

（2）专业地、规范地维护会员所经营的任何经营点和设施。

（五）培训

保证对他们的雇员在雇用的第一年内提供适当的培训，以至少达到英国汽车租赁协会批准的培训方案所规定的他们应达到的高标准，并始终反映本行为规范中所规定的承诺。

（六）广告

保证所有的广告和文字资料不包括误导或不准确的陈述，并符合广告标准管理部门（涉及非广播媒体）、独立电视委员会和无线电广播管理部门制订的规则和标准。

（七）工作人员获取行为规范册子

保证行为规范册子分发到所有会员所有的经营点，并使所有的经营工作人员适当地理解行为规范。

（八）客户获取行为规范册子

在客户提出要求的情况同意向客户提供行为规范册子。

（九）车辆损坏

遵守废旧车辆处置规范，履行他们作为车辆注册保管者的法律责任，通告已经遭受严重损坏的车辆（定义为：车辆维修费用超过该车辆事故前的价值），该规范也在如何处理废旧和修复车辆方面,对自我保险的会员提供指导。

协会的目的在于促使在用车辆的历史记录更加透明,以保护消费者,不致于受到不讲信誉的汽车销售商的欺骗。

四、专用条款

以下条款是行为规范标准的组成部分,分别适用各类租赁业务:短期租赁、长期租赁和车队管理的规范必须展示在提供服务的经营点。

(一)短期租赁条款——小汽车

1. 车辆的适用性

(1)英国汽车租赁协会会员通常仅经营新车的租赁。

(2)会员在事先获得英国汽车租赁协会批准的条件下,可以租赁使用过的或老牌汽车。

(3)所有车辆尽可能是最新型号的,任何情况下都必须适用租车的目的。

(4)无需协会批准的租赁小汽车:自首次注册登记之日起不应超过 3 年或 6 万英里(96540km)。在首次申请加入协会时以及每年重新登记时,应向英国汽车租赁协会报告这类租赁车辆详细的适用状况以及先前使用过的车辆的详细状况。

2. 维护和安全

所有会员应当至少满足英国汽车租赁协会的质量保证方案的最低标准,维护、检查和运营车辆。该方案包括:允许协会对其即将出租的车辆进行预先不通知的独立检查,并保证车辆至少能满足车辆制造商建议的标准。这些最低标准是根据运输部的要求制定的。

除了制造商建议的日常维护和报告之外,还应当在适当的间隔时间检查和确定对安全运行很重要的部件的状况。

3. 保险

所有情况下会员必须执行由经授权的英国汽车保险公司提供的以下最低水平的保险:

(1)提供无数量限制的人身伤害的第三者责任保险。

(2)提供不低于 100 万英镑的财产损失的第三者责任保险。

会员始终必须规定其对于租赁车辆的损坏或损失责任的限制和强制性的责任水平,并在车辆租赁协议中明确。

根据客户的要求,会员应当向客户提供详细的所有由会员提供的责任保险的情况。为了帮助客户,会员应当向客户着重说明各类可获得的保险选择方案,并解释如果租赁车辆归还时被损坏或盗窃的情况下,承租方应承担的资金责任。

如果是有客户自己提供保险的情况下,租赁协会会员应当采取步骤保证车辆在出租时有有效的保险,然而,所同意的保险继续有效的责任,则在于客户或客户的保险公司。还要求客户填写适当的第三者责任赔偿表。从英国汽车租赁协会可获得这类表。

4. 租赁之前车辆的检查

租赁车辆在出租前必须按照英国汽车租赁协会规定的租前检查表进行租前的检查,以保证车辆干净并适合道路行驶。

建议将所有检查到的车辆损坏状况的细节,如,划痕和凹痕,明确写明在检查报告或租赁协议之中。

在租赁开始之前,客户在签署租赁协议之前,应给予检查并同意车辆状况的机会。遵循这个程序,将有助于消除租赁结束时对车辆状况或任何增加的损坏状况方面的意见分歧。

在客户有要求的情况下,会员应当帮助客户熟悉作租赁车辆的基本运行和使用,并对车辆所使用的燃油提供咨询意见。

5. 预留和预订

会员可以提供未来某一日期预留或预订租赁车辆的服务。在这种情况下,会员必须保证明确在其开列的租车价格中所包括的内容,包括额外支付费用的细节,如会员对预留或预订者"不租车"或"取消"租车的情况可能收取的费用,同时必须保证客户在预留或预订时,完全了解这种收费政策。

6. 超额里程的收费

会员应当明确其关于里程限制的政策,并清楚地解释每天允许的里程。会员还必须保证,明确地解释在超额里程的情况下如何计算收费。

7. 租车协议

租车协议必须符合现行有效的法规。

租车协议的标准格式可从英国汽车租赁协会获得。客户必须获得一份协议和适用租车条款和条件的副本。在签署租车协议之前,会员应当要求客户阅读和理解租车协议正反面所有的条款,并按照要求弄清楚有关条款。

8. 租车结束后的检查

在实际可能的情况下,一旦租赁车辆归还之后,租赁公司应派一位代表检查所归还的车辆。在车辆被清理干净和检查之后,应编写一份完整的车辆租赁结束后的车辆检查报告。

9. 在办公时间之外归还的车辆

在租赁公司同意客户可在公司正常办公时间之外归还车辆的情况下,会员公司应明确规定车辆归还的程序和做法,包括保险责任、租赁车辆的损坏责任和所有停车费用的责任。

10. 租赁结束时的收费

在车辆租赁期结束时,承租人没有归还车辆的情况下,会员公司应向承租人发出租赁结束收费的通知单,同时详细说明收费是如何计算的。

应通告客户有关询问收费的程序,并在客户有要求的情况下提供所有必要的文件,具体结算最终租车费用。

11. 定价

会员应当在所有费用可计算的基础上,明确透明地制定价格。在租车开始之前会员应向客户陈述归还燃油的政策,以及其他可选择的做法,同时说明重新加油收费的计算办法。在取车及还车时会员应对油箱内燃油的液面位置做上记号。

12. 支付办法

会员应在汽车租赁开始前说明任何所要求的预付款,包括强制性的保险免赔额,以及在归还车辆时客户支付费用的各种选择方案。如果客户不到租车点还车,那么公司只能通过客户已经同意的办法收取结算租车的费用,通常通过租赁协议中强制性的收费办法。

(二)短期租赁条款——商用车辆

1. 车辆适用性

短期租赁车辆是会员租赁公司车队保管的车辆,目的在于有效利用商用车辆,而不管车辆的年龄和里程。因此,仔细地维护车辆是极其重要的,不管车龄和里程如何,所有车辆必须是健全地符合使用目的,并符合法律规定的要求。

2. 维护和安全

所有会员应至少按照英国汽车租赁协会的质量保证方案的最低标准维护、检查和运营车辆。该方案包括允许英国汽车租赁协会对租赁车辆进行不预先通知的独立检查,保证车辆的维护至少符合制造商建议的标准,以及英国汽车租赁协会的商用车辆质量保证标准,该标准是根据运输部关于"O"类执照规章的要求制定的。除了制造商建议的日常维护和驾驶员报告之外,应当安排适当的间隔时间对安全运行有重要影响部件的检查,以确定这些部件的状况。英国汽车租赁协会建议其会员按照运输部建议的公布在"适合道路使用的车辆维护指南"中的指导方针进行车辆的维护。

3. 装载的安全性

各会员应当熟悉行为规范中运输部制定的"车辆安全装载"建议。此外,会员必须向客户指出车辆超载的危险性,并需要符合所有现行有效的法规。

4. 保险

所有情况下会员必须执行由经授权的英国汽车保险公司提供的以下最低水平的保险:

(1)提供无数量限制的人身伤害的第三者责任保险。

(2)提供不低于100万英镑的财产损失的第三者责任保险。

会员始终必须规定其对于租赁车辆的损坏或损失责任的限制和强制性的责任水平,并在车辆租赁协议中明确。

根据客户的要求,会员应当向客户提供详细的所有由会员提供的责任保险的情况。为了帮助客户,会员应当向客户着重说明各类可获得的保险选择方案,并解释如果租赁车辆归还时被损坏或盗窃的情况下,承租方应承担的资金责任。

如果是有客户自己提供保险的情况下,租赁协会会员应当采取步骤保证车辆在出租时有有效的保险。然而,所同意的保险继续有效的责任,则在于客户或客户的保险公司。还要求客户填写适当的第三者责任赔偿表。从英国汽车租赁协会可获得这类表。

5. 租赁之前车辆的检查

租赁车辆在出租前必须按照英国汽车租赁协会规定的租前检查表进行租前的检查,以保证车辆干净并适合道路行驶。

建议将所有检查到的车辆损坏状况的细节,如划痕和凹痕,明确写明在检查报告或租赁协议之中。

在租赁开始之前,客户在签署租赁协议之前,应给予检查并同意车辆状况的机会。遵循这个程序,将有助于消除租赁结束时对车辆状况或任何增加的损坏状况方面的意见分歧。

在客户有要求的情况下,会员应当帮助客户熟悉租赁车辆的基本运行和使用,并对车辆所使用的燃油提供咨询意见。

6. 预留和预订

会员可以提供未来某一日期预留或预订租赁车辆的服务。在这种情况下，会员必须保证明确在其开列的租车价格中所包括的内容，包括额外支付费用的细节，如会员对预留或预订者“不租车”或“取消”租车的情况可能收取的费用，同时必须保证客户在预留或预订时，完全了解这种收费政策。

7. 超额里程的收费

会员应当明确其关于里程限制的政策，并清楚地解释每天允许的里程。会员还必须保证，明确地解释在超额里程的情况下如何计算收费。

8. 租车协议

租车协议必须符合现行有效的法规。

租车协议的标准格式可从英国汽车租赁协会获得。客户必须获得一份协议和适用租车条款和条件的副本。在签署租车协议之前，会员应当要求客户阅读和理解租车协议正反面所有的条款，并按照要求弄清楚有关条款。

9. 租车结束后的检查

在实际可能的情况下，一旦租赁车辆归还之后，租赁公司应派一位代表检查所归还的车辆。在车辆被清理干净和检查之后，应编写一份完整的车辆租赁结束后的车辆检查报告。

10. 在办公时间之外归还的车辆

在租赁公司同意客户可在公司正常办公时间之外归还车辆的情况下，会员公司应明确规定车辆归还的程序和做法，包括保险责任、租赁车辆的损坏责任和所有停车费用的责任。

11. 租赁结束时的收费

在车辆租赁期结束时，承租人没有归还车辆的情况下，会员公司应向承租人发出租赁结束收费的通知单，同时详细说明收费是如何计算的。

应通告客户有关询问收费的程序，并在客户有要求的情况下提供所有必要的文件，具体结算最终租车费用。

12. 定价

会员应当在所有费用可计算的基础上，明确、透明地制定价格。在租车开始之前会员应向客户陈述归还燃油的政策，以及其他可选择的做法，同时说明重新加油收费的计算办法。在取车及还车时会员应对油箱内燃油的液面位置做上记号。

13. 支付办法

会员应在汽车租赁开始前说明任何所要求的预付款，包括强制性的保险免赔额，以及在归还车辆时客户支付费用的各种选择方案。如果客户不到租车点还车，那么公司只能通过客户已经同意的办法收取结算租车的费用，通常通过租赁协议中强制性的收费办法。

(三)长期租赁和车队管理条款——小汽车和商用车辆

1. 法规控制和规章

所有会员应当了解并完全遵守所有现行有效的法规，及其对最终车辆使用者公司的影响。会员必须按要求持有有效的消费者信誉执照。

2. 合同

所有合同必须是书面合同，同时要求给客户提供一个合同副本。如有要求，标准的或主要的合同格式应存放在英国汽车租赁协会。

3. 财务

会员必须是一个有限责任公司，并要求在法定限制范围内报告其财务账。会员应当按照要求向其客户提供经审计的财务报告副本。

4. 价格的稳定性

所有会员应考虑所报出的车辆租赁价格与车辆价格之间的关系，并考虑在车辆出租之前，影响租赁价格因素可能发生变化的情况。会员应当使客户了解所有对先前报出的租车价格可能产生影响的各种因素在车辆出租之前可能发生变化的情况。

5. 支付条款

会员应当提供一个简单明了的根据合同支付费用的次数和时间的说明。该说明必须包括，由于客户延误支付费用而违反合同的规定。

6. 提前或自愿终止合同

会员应明确定义关于提前终止合同的政策。这样的政策可包括以下内容：

(1)通过造成的损失；

(2)处理车辆维护剩余或赤字；

(3)超额里程收费；

(4)任何财务收费的调整；

(5)租赁车辆完全丧失的情况下结算的办法。

7. 合同延期

会员应当确定其在以下情况下的政策：

(1)正式或非正式合同延期的情况下所提供的服务方面的变化；

(2)在合同的正式延期期间，可能收回车辆的各种情况；

(3)正式的或长期的延期。

8. 超额里程

会员应当明确以下情况下的政策：

(1)在规定里程条件下归还车辆的要求；

(2)与里程有关的要求强制性重新签订合同的各种情况；

(3)与重新签订合同有关的收费；

(4)在正式或非正式合同延期期间，增加或减少允许行驶的里程；

(5)在合同期末超过里程或不超过里程的收费机制或许可。

9. 合同的终止和车辆修复收费

会员应当清楚地解释终止长期租赁归还车辆和检查车辆的程序，并着重解释客户有关检查及/或车辆损坏的证据方面的权利。

会员应清楚地说明其何种损坏类型将收费的政策、费用的起点以及正常磨损的情况的描述。此外，应对客户检查及/或损坏车辆照相的权利作出规定。

在对车辆状况有争议的情况下，会员应当支付费用，由一个独立的有资质的工程师，例如来自皇家汽车俱乐部(RAC)或汽车协会(AA)的工程师，对车辆的状况进行检查。该工程师的决定对争议双方有约束力。建议会员遵照英国汽车租赁协会不时颁布的公平磨损指南，并以该指南所倡导的精神工作。

10. 客户的信息

在车队管理协议终止以及在车队管理转交给另一个英国汽车租赁协会会员的情况下，代表他们的客户进行车队管理的英国汽车租赁协会会员有责任按照客户的要求，或代表客户顺利地将移交有关车队的信息。在客户发出要求的通知后，会员应保证其代表客户管理车队的所有的，诸如车辆使用历史、车辆文档等有关车队的数据，以及时有效的方式提供给受让人。任何商业敏感性信息不在信息转交之列。

在合同雇用协议的情况下鼓励会员遵循诚信互利的商业实践精神。

（四）投诉处理

英国汽车租赁协会的会员总是要努力以高水平的服务保证他们的客户没有任何理由投诉。应当指出，客户对绝大部分的交易是满意的，这是正常的。遗憾的是，对少数交易结果有投诉，这类投诉问题应当尽快而友好地解决。会员应保证对他们的雇员，就如何处理客户投诉和对待客户进行指导。

会员应当果断迅速地处理所有的投诉，特别注意要保证：

(1)认真处理投诉，并以积极的友好的方式处理投诉；

(2)在 5 个工作日内对投诉做出反应，在 15 个工作日内解决争议问题；

(3)对所接收到的投诉给予充分的考虑、周到的回应；

(4)建立明确的权力范围处理投诉。

为客户提供投诉程序、如何利用投诉程序以及可供客户选择的其他解决措施方面的咨询。

会员应当维持一个完整的管理投诉的记录，并利用该记录信息帮助他们学习，并采取必要的行动改进客户的服务。投诉管理数据库内的信息应当提供与本行为规范所涉及的行动方面清晰详细的情况。

有少数的投诉问题可能仍然无法解决，这常常是由于误会或沟通中断。因此，有一个调解程序，以帮助解决有关各方采用上述方法无法解决的争议。

附录 F　汽车租赁英语常用单词

基本术语

租赁物	object for rental
出租人	Lessor
承租人	Renter
租期	rental period
租金	rental charge
付款间隔	pcriod of installments
保证金	deposit
车型	model
车牌号	registration No.
发动机号	engine serial No.

底盘号 chassis serial No.

汽车主要操作装置

转向盘 steering wheel

加速踏板 accelerator

离合器踏板 clutch pedal pad

制动踏板 brake pedal

转向灯 cornering lamp

汽车易耗品

机油滤清器 oil filter

空气滤清器 air filter

汽油滤清器 gas filter

汽油 gasoline (petrol)

无铅汽油 unleaded gasoline

柴油 diesel fuel

润滑剂 lubricant

机油 oil

防冻剂 freezing inhibitor

主要机件

机油量尺 dipstick

轮罩护板 wheel house

仪表板 dash board

后围侧板 rear wall side cover

保险杠 bumper

遮阳板 sun visor

随车工具 tool box

通风口 duct

天线 antenna

恒温控制器 thermostatic control

三点式安全带 three-point belt

座椅安全带 seat belt

气囊 bag

膝气囊 knee bag

胸气囊 torso bag

车辆修理

汽车大修 major repair of vehicle

汽车中修 medium repair of vehicle

汽车小修 current repair of vehicle

总成修理 unit repair

零件修理	parts repair
计划修理	scheduled repair
定期修理	regulation repair
非计划修理	unscheduled repair
修复	reconditioning
怠速时	at idle
汽车停车场(库)	park
汽车修理厂	vehicle repair plant
汽车总成修理厂	unit repair plant for vehicle
汽车诊断站	vehicle diagnostic station
汽车检测站	detecting test station of vehicle
汽车维修网点	network of vehicle maintenance and repair
车辆分类	
轿车	passenger car
微型轿车	minicar
普通级轿车	subcompact car
中级轿车	compact car
中高级轿车	intermediate car
高级轿车	limousine (pullman saloon)
活顶轿车	convertible saloon
旅行轿车	station wagon
跑车	sports car
赛车	racer (racing car)
七座小客车	seven-seater
越野车	off-road vehicle
吉普车	jeep
客车	bus
微型客车	minibus
客货两用小客车	estate car (estate)
多用途客车	multipurpose vehicle
事故术语	
交通事故	traffic accident
事故原因	accident cause
单车事故	single vehicle accident
多车事故	multi vehicle accident
翻车	rollover
火灾	fire
驶离道路	run off the roadway

变形	deformation
撞车地点	crash site
保险	
机动车交通事故强制责任险	compulsory traffic insurance
第三者责任险	third-party liability insurance
车辆损失险	collision damage waiver
盗抢险	burglary insurance
不计免赔险	no deductible insurance
玻璃险	glass breakage insurance
车上人员意外险	driver and passenger accident insurance

参 考 文 献

[1] 史燕平.融资租赁及其宏观经济效应[M].北京:对外经济贸易大学出版社,2004.
[2] 姜仲勤.融资租赁在中国[M].北京:当代中国出版社,2008.
[3] 裘企阳.融资租赁[M].北京:中国财政经济出版社,2001.
[4] 王再祥.汽车金融[M].北京:中国金融出版社,2004.